NATIONAL KEY PROTECTED WILD PLANTS OF CHINA

国家重点保护野生植物

金效华　周志华　袁良琛　等　主编　第二卷

长江出版传媒

湖北科学技术出版社

图书在版编目（CIP）数据

国家重点保护野生植物 . 第二卷 / 金效华等主编 . —武汉：湖北
科学技术出版社 , 2023.6（2024.7 重印）

ISBN 978-7-5706-2589-5

Ⅰ . ①国… Ⅱ . ①金… Ⅲ . ①野生植物－植物保护－中国
Ⅳ . ① Q948.52

中国国家版本馆 CIP 数据核字（2023）第 096755 号

国家重点保护野生植物（第二卷）
GUOJIA ZHONGDIAN BAOHU YESHENG ZHIWU（DI-ER JUAN）

策划编辑：杨瑰玉　刘　亮
责任编辑：刘　亮　张波军　曾紫风
责任校对：陈横宇　　　　　　　　　　　　　　　封面设计：张子容　胡　博

出版发行：湖北科学技术出版社
地　　址：武汉市雄楚大街 268 号（湖北出版文化城 B 座 13—14 层）
电　　话：027-87679468　　　　　　　　　　　　邮　编：430070

印　　刷：湖北金港彩印有限公司　　　　　　　　邮　编：430040

880×1230　　　1/16　　　　　　　　　　29.5 印张　　　676 千字
2023 年 6 月第 1 版　　　　　　　　　　　2024 年 7 月第 2 次印刷
定　　价：980.00 元（全三卷）

　　我国是世界上植物多样性最丰富的国家之一，仅高等植物就有 3.8 万种（含种下等级），其中特有种 15 000～18 000 种。1999 年，经国务院批准，国家林业局和农业部发布的《国家重点保护野生植物名录》[以下简称《名录》(第一批)] 明确了国家重点保护野生植物范围。时隔 22 年，经国务院批准，2021 年 9 月 7 日，国家林业和草原局、农业农村部发布了调整后的《国家重点保护野生植物名录》(以下简称《名录》)，455 种 40 类野生植物，约 1101 种列入其中。

　　为保证《名录》前后的衔接，增加《名录》使用的可操作性、准确性、客观性，减少执法工作中的争论，保证法律的严肃性和公平性，以及为依法强化保护野生植物、打击乱采滥挖及非法交易野生植物、提高公众保护意识等奠定基础，在国家林业和草原局野生动植物保护司、农业农村部科技教育司领导和支持下，中国科学院植物研究所组织全国专家编写了《国家重点保护野生植物》(三卷)，它涵盖《名录》所列物种、亚种和变种，共计 1069 种，并标注了各物种的国家保护级别、CITES 附录和 IUCN 红色名录等级。

　　本书的主要写作者（括号内为编写分工）如下：洪德元（芍药科）、贾渝（苔藓植物）、张宪春（部分蕨类植物）、董仕勇（桫椤科）、严岳鸿和舒江平（水韭属、水蕨属、石杉属）、蒋日红（马尾杉属）、高连明（红豆杉科、杜鹃花属等）、龚洵和席辉辉及王祎晴（苏铁科、人参属）、孙卫邦（木兰科）、李世晋（豆科红豆属）、王瑞江（茜草科、海人树科）、张志翔（杨柳科、壳斗科）、金效华（兰科植物等）、陈文俐（禾本科）、纪运恒（藜芦科）、齐耀东和赵鑫磊（贝母属）、萨仁（豆科大部分）、杨世雄（山茶科）、刘演（苦苣苔科）、田代科（秋海棠科）、高天刚（菊科）、姚小洪（秤锤树属、猕猴桃属、海菜花属）、李剑武（龙脑香科、漆树科、无患子科、使君子科）、孟世勇和张建强（红景天属）、王婷（观音莲座属）、叶超（松科等部分裸子植物、兜兰属、蔷薇科部分植物）、马崇波（姜科、小檗科、毛茛科）、王翰臣（梧桐属、石竹科、苋科等）、邵冰怡（芸香科）、张天凯（伞形科、列当科等）、王兆琪（桦木科等）等。

　　本书由金效华、周志华、袁良琛、闫成、陈宝雄进行总审稿，还邀请了王永强（藻类）、陈娟（菌类）、董仕勇（石松类和蕨类）、严岳鸿（石松类和蕨类）、毛康珊（柏科）、张志翔（松科）、高连明（红豆杉科、杜鹃花属）、萨仁（豆科）、李述万（樟科）、白琳（兰花蕉科、姜科）、谢磊（毛茛科）、高信芬（蔷薇科）、陈进明（海菜花属）、郭丽秀（棕榈科）、吴沙沙（独蒜兰属）、杨福生（绿绒蒿属）、田怀珍（金线兰属）、邱英雄（小檗科）、亚吉东（兰科）、李剑武（热带植物）等对部分类群审稿。

本书在编写过程中得到很多专家在物种鉴定、图片提供等方面的大力支持：Allen Lyu（台湾省野生鸟类协会）、Ralf Knapp（法国国家自然历史博物馆）、Holger Perner（北京横断山科技有限公司）、钟诗文（台湾省林业试验所）、张丽兵（美国密苏里植物园）、邵剑文（安徽师范大学）、郭明（陕西长青国家级自然保护区）、陈炳华（福建师范大学）、胡一民（安徽省林业科学研究院）、朱鑫鑫（信阳师范大学）、郑宝江（东北林业大学）、沐先运（北京林业大学）、徐波（中国科学院成都生物研究所）、李策宏（峨眉山生物资源实验站）、王晖（深圳市仙湖植物园）、钟鑫（上海辰山植物园）、顾钰峰（深圳市兰科植物保护研究中心）、安明态（贵州大学）、杨焱冰（贵州大学）、刘念（中国科学院华南植物园）、王瑞江（中国科学院华南植物园）、李恒（中国科学院昆明植物研究所）、李德铢（中国科学院昆明植物研究所）、张挺（中国科学院昆明植物研究所）、亚吉东（中国科学院昆明植物研究所）、李嵘（中国科学院昆明植物研究所）、牛洋（中国科学院昆明植物研究所）、张良（中国科学院昆明植物研究所）、徐克学（中国科学院植物研究所）、陈思思（中国科学院植物研究所）、覃海宁（中国科学院植物研究所）、于胜祥（中国科学院植物研究所）、刘冰（中国科学院植物研究所）、叶超（中国科学院植物研究所）、林秦文（中国科学院植物研究所）、蒋宏（云南省林业和草原科学院）、郑希龙（海南大学）、宋希强（海南大学）、李健玲（中南林业科技大学）、朱大海（四川卧龙国家级自然保护区管理局）、孙明洲（东北师范大学）、黄云峰（广西中医药研究院）、许敏（西藏自治区林业调查规划研究院）、杨宗宗（自然里植物学社）、陈娟（中国医学科学院药用植物研究所）、赵鑫磊（中国医学科学院药用植物研究所）、易思荣（重庆三峡医药高等专科学校）、张贵良（云南大围山国家级自然保护区）、袁浪兴（中国热带农业科学院）、黄明忠（中国热带农业科学院）、施金竹（贵州大学）、李攀（浙江大学）、黎斌（西安植物园）、宋希强（海南大学）、许为斌（中国科学院广西植物研究所）、朱瑞良（华东师范大学）、向建英（西南林业大学）、张成（吉首大学）、张丽丽（西藏自治区农牧科学院蔬菜研究所）、图力古尔（吉林农业大学）、王向华（中国科学院昆明植物研究所）、王永强（中国科学院海洋研究所）、王苗苗（国家植物园）等，李爱莉负责绘制线条图。这里对他们的支持表示衷心的感谢！

本书石松和蕨类植物的分类系统采用 PPG I，被子植物分类系统采用 APG IV。物种的学名主要依据《中国生物物种名录·第一卷 植物》，并参考最近的研究进展进行了调整，如苏铁属、人参属、重楼属等的物种界定；物种的濒危状况依据《中国高等植物 IUCN 红色名录》（覃海宁等，2017）。标 * 的物种，由农业农村部主管。

近 20 年来，许多类群，如兰属、石斛属、兜兰属等，发表了 200 多个新物种以及中国新记录种，由于大部分新种基于温室栽培材料等发表，自然分布区不明，或者与近缘物种区别特征不明显，本次暂不收录部分这样的新类群。

《国家重点保护野生植物》 编委会

2023 年 5 月

目录

国家重点保护野生植物

（第二卷）

被子植物

—— Angiosperms ——

莼菜科 Cabombaceae — 兰科 Orchidaceae

▼

莼菜（水案板）

（莼菜科　Cabombaceae）

Brasenia schreberi J.F. Gmel.

国家重点保护级别	CITES 附录	IUCN 红色名录
二级		无危（LC）

▶**形态特征**　多年生水生草本。根状茎具叶及匍匐枝，后者在节部生根，并生具叶枝条及其他匍匐枝。叶椭圆状矩圆形，长 3.5 ~ 6 cm，宽 5 ~ 10 cm，背面蓝绿色，两面无毛，从叶脉处皱缩；叶柄长 25 ~ 40 cm，叶柄和花梗均具柔毛。花直径 1 ~ 2 cm，暗紫色；花梗长 6 ~ 10 cm；萼片及花瓣条形，长 1 ~ 1.5 cm，先端圆钝；花药条形，长约 4 mm；心皮条形，具微柔毛。坚果矩圆卵形，有 3 个或更多成熟心皮；种子 1 ~ 2 枚，卵形。

▶**花　果　期**　花期 6 月，果期 10—11 月。

▶**分　　布**　安徽、江苏、浙江、江西、湖南、湖北、四川、云南、台湾。

▶**生　　境**　水生。

▶**用　　途**　嫩茎叶作蔬菜食用。

▶**致危因素**　生境退化或丧失。

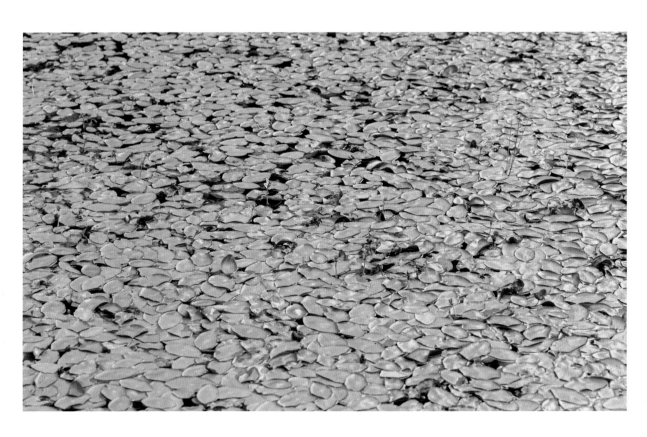

雪白睡莲

Nymphaea candida C. Presl

（睡莲科　Nymphaeaceae）

国家重点保护级别	CITES 附录	IUCN 红色名录
二级		濒危（EN）

▶**形态特征**　多年生水生草本。根状茎直立或斜升。叶纸质，近圆形，直径 10～25 cm，基部裂片邻接或重叠，裂片尖锐，近平行或开展，全缘或波状，两面无毛，有小点；叶柄长达 50 cm。花直径 10～20 cm，芳香；花梗略和叶柄等长；萼片披针形，长 3～5 cm，脱落或花期后腐烂；花瓣 20～25 片，白色，卵状矩圆形，长 3～5.5 cm，外轮比萼片稍长；内轮花丝披针形；花托略四角形；花药先端不延长，花粉粒皱缩，具乳突；柱头具 6～14 辐射线，深凹。浆果扁平至半球形，长 2.5～3 cm；种子椭球形，长 3～4 mm。

▶**花 果 期**　花期 6 月，果期 8 月。

▶**分　　布**　新疆；俄罗斯西伯利亚、中亚、欧洲。

▶**生　　境**　生于池塘、沼泽中。

▶**用　　途**　花供观赏；根状茎可食。

▶**致危因素**　生境退化或丧失、过度采集。

地枫皮

（五味子科　Schisandraceae）

Illicium difengpi B.N. Chang

国家重点保护级别	CITES 附录	IUCN 红色名录
二级		

▶**形态特征**　常绿灌木，高 1 ~ 3 m，全株均具八角的芳香气味。根外皮暗红褐色，内皮红褐色。嫩枝褐色。叶常 3 ~ 5 片聚生或在枝的近顶端簇生，革质或厚革质，倒披针形或长椭圆形，长 7 ~ 14 cm，宽 2 ~ 5 cm，先端短尖或近圆形，基部楔形，边缘稍外卷，两面密布褐色细小油点；中脉在叶上面下凹，干后网脉在两面比较明显；叶柄较粗壮。花紫红色或红色，腋生或近顶生，单朵或 2 ~ 4 朵簇生；花被片 11 ~ 21 枚，最大一片宽椭圆形或近圆形，肉质；雄蕊 20 ~ 23 枚，稀 14 ~ 17 枚；心皮常为 11 ~ 13 枚。聚合果直径 2.5 ~ 3 cm，蓇葖 9 ~ 11 枚，顶端常有向内弯曲的尖头。

▶**花　果　期**　花期 4—5 月，果期 8—10 月。

▶**分　　　布**　广西（都安、马山、德保至龙州）。

▶**生　　　境**　常生于海拔 100 ~ 1700 m 的石灰岩山地林中。

▶**用　　　途**　药用。

▶**致危因素**　生境破坏、过度采集。

大果五味子

（五味子科　Schisandraceae）

Schisandra macrocarpa Q. Lin & Y.M. Shui

国家重点保护级别	CITES 附录	IUCN 红色名录
二级		濒危（EN）

▶**形态特征**　常绿木质藤本；雌雄异株或雌雄同株。当年生枝条呈深紫色；二年生枝条皮孔明显。单叶，互生，革质，基部圆形或宽楔形，边缘全缘；无托叶。花腋生于小枝或茎，多数 2～5 朵簇生或 3～8 朵构成总状花序，稀单生；花被片 12～16 枚，淡黄色或黄色；外轮花被卵形，内轮花被卵形或椭圆状倒卵形；雄花具 3～8 枚雄蕊，联合成肉质块状，球形的花托肉质，膨大，红色；雌花具卵形雌蕊，雌蕊具 20～30 枚心皮，心皮离生，心皮通常倒卵球形。果红色，球形。种子 1 枚，黄褐色，扁椭球形，种皮光滑，种脐大，呈"U"形。

▶**花 果 期**　花期 4—5 月。

▶**分　　布**　云南（河口、个旧、马关、文山）。

▶**生　　境**　生于海拔 300～1300 m 的石灰岩山地季雨林。

▶**用　　途**　果可食。

▶**致危因素**　分布地狭窄。

囊花马兜铃

（马兜铃科　Aristolochiaceae）

Aristolochia utriformis S.M. Hwang

国家重点保护级别	CITES 附录	IUCN 红色名录
二级		濒危（EN）

▶**形态特征**　草质藤本。茎无毛，平滑或稍具纵棱。叶硬纸质或革质，卵状披针形，顶端短尖，基部耳形，上面平滑无毛，下面疏被灰色长柔毛；叶柄常弯扭。花单生于叶腋，淡黄绿色；花梗长 4 ~ 6 cm，常向下弯垂，中部以下有小苞片；花被管中部急遽弯曲，下部长 1.5 ~ 2 cm，直径 3 ~ 5 mm，具纵脉纹和网纹，无毛，淡黄色，弯曲处至檐部长约 1 cm，直径 8 ~ 10 mm，网脉明显，向上渐收狭；檐部囊状，卵形，不对称，一侧肿胀，前端 3 裂，裂片直出，卵状三角形，内具乳头状突起；花药长圆形，成对贴生于合蕊柱近基部，并与其裂片对生；子房圆柱形，6 棱，密被褐色长柔毛；合蕊柱顶端 3 裂，裂片钝三角形，有乳头状突起，边缘向下延伸。

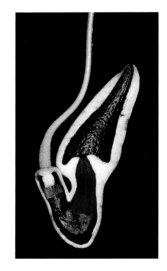

▶**花 果 期**　花期 4 月。

▶**分　　布**　云南（文山）。

▶**生　　境**　生于海拔 1900 m 阔叶林中。

▶**用　　途**　药用。

▶**致危因素**　生境退化或丧失、物种内在因素。

▶**备　　注**　马兜铃属重新进行了界定，囊花马兜铃转入关木通属为囊花关木通 *Isotrema utriforme* (S.M.Hwang) X.X.Zhu, S.Liao & J.S.Ma。

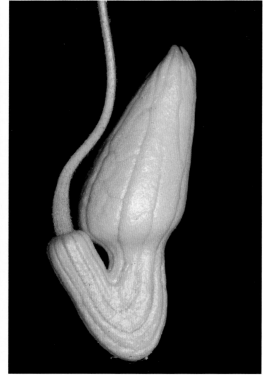

金耳环

（马兜铃科　Aristolochiaceae）

Asarum insigne Diels

国家重点保护级别	CITES 附录	IUCN 红色名录
二级		易危（VU）

▶**形态特征**　多年生草本。根状茎粗短，根丛生，有浓烈的麻辣味。叶片长卵形、卵形或三角状卵形，长 10 ~ 15 cm，宽 6 ~ 11 cm，先端急尖或渐尖，基部耳状深裂，通常外展，叶面中脉两旁有白色云斑，叶背可见细小颗粒状油点，脉上和叶缘有柔毛；芽苞叶窄卵形，先端渐尖，边缘有睫毛。花紫色，直径 3.5 ~ 5.5 cm，花梗长 2 ~ 9.5 cm，花梗常弯曲；花被管钟状，中部以上扩展成一环突，然后缢缩，喉孔窄三角形，无膜环；花被裂片宽卵形至肾状卵形，长 1.5 ~ 2.5 cm，宽 2 ~ 3.5 cm，中部至基部有一半圆形白色垫状斑块，药隔伸出，锥状或宽舌状，或中央稍下凹；子房下位，外有 6 棱，花柱 6 枚，顶端 2 裂；柱头侧生。

▶**花 果 期**　花期 3—4 月。

▶**分　　布**　广东、广西、江西。

▶**生　　境**　生于海拔 450 ~ 700 m 林下阴湿地或土石山坡上。

▶**用　　途**　本种全草具浓烈麻辣味，为广东产的"跌打万花油"的主要原料之一。

▶**致危因素**　生境退化、过度采集。

马蹄香

（马兜铃科　Aristolochiaceae）

Saruma henryi Oliv.

国家重点保护级别	CITES 附录	IUCN 红色名录
二级		濒危（EN）

▶**形态特征**　多年生直立草本，高 50 ~ 100 cm，被灰棕色短柔毛，根状茎粗壮；有多数细长须根。叶心形，长 6 ~ 15 cm，顶端短渐尖，基部心形，两面和边缘均被柔毛；叶柄被毛。花单生，花梗被毛；萼片心形；花瓣黄绿色，肾心形，长约 10 mm，宽约 8 mm，基部耳状心形，有爪；雄蕊与花柱近等高，花药长圆形，药隔不伸出；心皮大部离生，花柱不明显，柱头细小，胚珠多数，着生于心皮腹缝线上。蓇葖果状，长约 9 mm，成熟时沿腹缝线开裂。种子三角状倒锥形，背面有细密横纹。

▶**花 果 期**　花期 4—7 月。

▶**分　　布**　江西、湖北、河南、陕西、甘肃、四川、贵州。

▶**生　　境**　生于海拔 600 ~ 1600 m 的山谷林下和沟边草丛中。

▶**用　　途**　根状茎和根可入药。

▶**致危因素**　生境退化或丧失、过度采集。

风吹楠

（肉豆蔻科　Myristicaceae）

Horsfieldia amygdalina (Wall.) Warb.

国家重点保护级别	CITES 附录	IUCN 红色名录
二级		

▶**形态特征**　乔木。树皮灰白色；分枝平展，小枝褐色，具淡褐色卵形皮孔。叶坚纸质，椭圆状披针形或长圆状椭圆形，长 12 ~ 18 cm，宽 3.5 ~ 5.5（~ 7.5）cm，两面无毛；侧脉 8 ~ 12 对；叶柄无毛。雄花序腋生或从落叶腋生出，圆锥状，分叉稀疏；花被通常 3 裂，无毛；雄蕊聚合成平顶球形；雄蕊柱有短柄；花药 10 ~ 15 个；雌花序通常着生于老枝上。果成熟时卵球形至椭球形，橙黄色，先端具短喙，基部有时下延成短柄；果皮肉质；假种皮橙红色，完全包被种子，有时顶端成极短的覆瓦状排列的条裂；种子卵形，干时淡红褐色，平滑；种皮脆壳质，具纤细脉纹，有光泽。

▶**花 果 期**　花期 8—10 月，果期次年 3—5 月。

▶**分　　布**　云南、广东、海南、广西。从越南、缅甸至印度东北部和安达曼群岛。

▶**生　　境**　生于海拔 140 ~ 1200 m 的平坝疏林或山坡、沟谷的密林中。

▶**用　　途**　种子含 29% ~ 33% 固体油，可作工业用油。

▶**致危因素**　生境丧失、分布区狭小。

大叶风吹楠

（肉豆蔻科　Myristicaceae）

Horsfieldia kingii (Hook. f.) Warb.

国家重点保护级别	CITES 附录	IUCN 红色名录
二级		易危（VU）

▶**形态特征**　乔木，高 6～10 m。小枝髓中空，皮层棕褐色，幼时光滑，疏生长椭圆形小皮孔，无毛。叶坚纸质，倒卵形或长圆状倒披针形，长 12～55 cm，宽 5～22 cm，基部宽楔形，两面无毛；侧脉 14～18 对。雄花序腋生或通常从落叶腋生出，被疏而短的微茸毛，花几成簇，球形；花被 2～3 裂，裂片阔卵形，先端锐尖。雌花序短，多分枝，花近球形；花被片 2～3 深裂；子房倒卵球形，被茸毛，柱头无柄。果长球形，盘状花被裂片肥厚，宿存，围绕在果的基部，果外面无毛；果皮厚，革质；假种皮薄，完全包被种子。种子长圆状卵球形，顶端微尖；种皮厚，光滑无毛，具光泽，褐色。

▶**花　果　期**　果期 10—12 月。

▶**分　　　布**　云南（盈江、瑞丽、龙陵、沧源、景洪）。

▶**生　　　境**　生于海拔 800～1200 m 的沟谷密林中。

▶**用　　　途**　未知。

▶**致危因素**　生境退化或丧失。

云南风吹楠

（肉豆蔻科　Myristicaceae）

Horsfieldia prainii (King) Warb.

其他常用学名：*Endocomia macrocoma* subsp. *prainii* (King)W.J.de Wilde

国家重点保护级别	CITES 附录	IUCN 红色名录
二级		易危（VU）

▶**形态特征**　乔木，高 10～24 m。树皮灰褐色，纵裂；小枝粗壮，无毛。叶倒卵状长圆形至近提琴形，长（10～）16～34 cm，宽 6～9.5 cm。雄花序圆锥状，分枝稀疏，腋生，长 12～15 cm，有时可达 30 cm，无毛；花序轴紫红色；雄花卵球形，长 1.5～2 mm；花梗长约为雄花的 2 倍；花被裂片通常 4 枚，较薄，基部下延；雄蕊 10 枚，合生成球形，微具短柄。果序圆锥状，长 10～18 cm，成熟果通常 1～3 个；果卵状椭球形，先端锐尖，基部不偏斜，成熟时长 3～4.5 cm，直径 2～2.5 cm，黄褐色；花被裂片早落；果皮木质状壳质，厚约 1.8 mm，外面光滑；假种皮鲜红色。种子卵球形至卵球状椭球形，长 2.5～3.2 cm，宽 1.6～1.8 cm，顶端具明显的突尖；种皮厚，硬壳质，灰白色，具脉纹及淡褐色斑块，基部偏生卵形疤痕。

▶**花 果 期**　花期 5—7 月，果期次年 4—6 月。

▶**分　　布**　云南。

▶**生　　境**　生于海拔 500～1100 m 的山谷中。

▶**用　　途**　木材可作轻建筑的板材；种子含 57.39% 固体油，可作工业用油。

▶**致危因素**　生境退化或丧失。

云南肉豆蔻

（肉豆蔻科　Myristicaceae）

Myristica yunnanensis Y.H. Li

国家重点保护级别	CITES 附录	IUCN 红色名录
二级		濒危（EN）

▶**形态特征**　乔木，高达 30 m。老枝有时密生明显的小瘤突，暗褐色。叶圆状披针形或长圆状倒披针形，长 24 ~ 45 cm，背面锈褐色，密被锈色树枝状毛；侧脉在 20 对以上，多达 32 对。雄花序腋生或从落叶腋生出，2 歧或 3 歧式假伞形排列，每个小花序有花 3 ~ 5 朵；总花梗密被锈色茸毛；雄花壶形；花被裂片 3 枚，三角状卵形，外面密被锈色短茸毛；小苞片卵状椭圆形，着生于花被基部，脱落后留有明显的疤痕；雄蕊 7 ~ 10 枚，合生成柱状，花药基部被毛。果椭球形，外面密被具节的锈色绵羊毛状毛；果皮厚；假种皮成熟时深红色。种子卵状椭球形，干时暗褐色，具粗浅的沟槽；种皮薄壳质，易裂。

▶**花 果 期**　花期 9—12 月，果期次年 3—6 月。

▶**分　　布**　云南南部。

▶**生　　境**　生于海拔 540 ~ 600 m 的山坡或沟谷斜坡的密林中。

▶**用　　途**　种子含肉豆蔻酸达 66.79%，可作工业油料。

▶**致危因素**　生境明显退化、物种内在因素。

长蕊木兰

（木兰科　Magnoliaceae）

Alcimandra cathcartii（Hook.f.et Thoms.）Dandy

国家重点保护级别	CITES 附录	IUCN 红色名录
二级		易危（VU）

▶**形态特征**　乔木。嫩枝被柔毛；顶芽长锥形，被白色长毛。叶革质，卵形或椭圆状卵形，先端渐尖或尾状渐尖，基部圆或阔楔形，上面有光泽，侧脉纤细，末端与密致的网脉网结而不明显，叶柄无托叶痕。花白色，佛焰苞状苞片绿色，紧接花被片；花被片9枚，有透明油点，具约9条脉纹，外轮3枚长圆形；内两轮倒卵状椭圆形，比外轮稍短小，药隔伸长成短尖；花药内向开裂；雌蕊群圆柱形，具约30枚雌蕊。聚合果长3.5 ~ 4 cm；蓇葖扁球形，有白色皮孔。

▶**花 果 期**　花期4—5月，果期8—9月。

▶**分　　布**　云南、西藏；不丹、印度（阿萨姆、锡金）、缅甸、越南。

▶**生　　境**　生于海拔1800 ~ 2700 m的山林中，常与壳斗科、樟科树种混交成林。

▶**用　　途**　树干通直，木材优良；花芳香，树形美丽，可作园林绿化树种。

▶**致危因素**　生境退化或丧失、砍伐。

厚朴

（木兰科　Magnoliaceae）

Houpoea officinalis (Rehder & E.H. Wilson) N.H. Xia & C.Y. Wu

其他常用学名：*Magnolia officinalis* Rehder & E.H. Wilson

国家重点保护级别	CITES 附录	IUCN 红色名录
二级		濒危（EN）

▶**形态特征**　落叶乔木。树皮厚，褐色，不开裂。小枝粗壮；顶芽大，狭卵状圆锥形。叶近革质，7～9 片聚生于枝端，长圆状倒卵形，基部楔形，全缘而微波状，下面灰绿色，被灰色柔毛；叶柄粗壮。花白色，芳香；花梗粗短，被长柔毛，花被片 9～12（～17）枚，厚肉质，外轮 3 枚淡绿色，长圆状倒卵形，内两轮白色，倒卵状匙形，基部具爪，最内轮盛开时中内轮直立；雄蕊多数，内向开裂，花丝红色；雌蕊群椭圆状卵圆形。聚合果长圆状卵圆形；种子三角状倒卵形。

▶**花果期**　花期 5—6 月，果期 8—10 月。

▶**分　布**　安徽、福建、甘肃东南部、广东北部、广西、贵州东北部、河南东南部、湖北西部、湖南西北部、江西、陕西南部、四川东部和南部、浙江。

▶**生　境**　生于海拔 300～1500 m 的山地林间。

▶**用　途**　本种为我国贵重的药用树种，且叶大荫浓，花大而美丽，可作庭院观赏植物。

▶**致危因素**　生境退化或丧失、过度采集利用。

长喙厚朴

（木兰科　Magnoliaceae）

Houpoea rostrata (W.W. Smith) N.H. Xia & C.Y. Wu

其他常用学名：*Magnolia rostrata* W.W. Smith

国家重点保护级别	CITES 附录	IUCN 红色名录
二级		易危（VU）

▶**形态特征**　落叶乔木。芽、嫩枝被红褐色而皱曲的长柔毛。小枝粗壮，腋芽圆柱形，无毛。叶 7～9 片集生枝端，倒卵形或宽倒卵形，先端宽圆，具短急尖，或有时 2 浅裂，基部宽楔形，圆钝或心形，上面绿色，下面苍白色，被红褐色而弯曲长柔毛；叶柄粗壮。花白色，芳香，花被片 9～12 枚，外轮 3 枚，背面绿而染粉红色，腹面粉红色，向外反卷；内两轮

通常 8 枚，白色，直立；雄蕊群紫红色；雌蕊群圆柱形。聚合果圆柱形，直立；蓇葖具弯曲，长 5～8 mm 的喙；种子扁。

▶**花 果 期**　花期 5—7 月，果期 9—10 月。

▶**分　　布**　云南西部、西藏东南部；缅甸东北部。

▶**生　　境**　生于海拔 2100～3000 m 的山地阔叶林中。

▶**用　　途**　本种为著名中药"厚朴"的正品，且叶大浓密，花大而美丽，为优良的庭院观赏树种。

▶**致危因素**　生境退化或丧失、过度采集利用。

大叶木兰

（木兰科　Magnoliaceae）

Lirianthe henryi (Dunn) N.H. Xia & C.Y. Wu

其他常用学名：*Magnolia henryi* Dunn

国家重点保护级别	CITES 附录	IUCN 红色名录
二级		濒危（EN）

▶**形态特征**　常绿乔木。嫩枝被平伏毛，后脱落无毛。叶革质，倒卵状长圆形，长 20 ~ 65 cm，宽 7 ~ 22 cm，先端圆钝或急尖，基部阔楔形，上面无毛，中脉凸起，下面疏被平伏柔毛；叶柄嫩时被平伏毛；托叶痕几达叶柄顶端。花梗向下弯垂，有 2 条苞片脱落痕；花被片 9 枚，外轮 3 枚绿色，卵状椭圆形，中内轮乳白色，内轮 3 枚较狭小；雄蕊长 1.2 ~ 1.5 cm，花药药隔伸出成尖或钝尖头；雌蕊群狭椭圆体形，无毛；心皮狭长椭圆体形，背面有 4 ~ 5 条棱。聚合果卵状椭球体形。

▶**花 果 期**　花期 4—5 月，果期 8—9 月。

▶**分　　布**　产于云南南部；缅甸及泰国也有分布。

▶**生　　境**　生于海拔 540 ~ 1500 m 的密林中。

▶**用　　途**　叶大翠绿，株型优美，花朵优雅，可作庭院观赏及城市绿化树种。

▶**致危因素**　生境退化或丧失、滥伐。

馨香玉兰（馨香木兰）

（木兰科　Magnoliaceae）

Lirianthe odoratissima (Y.W. Law & R.Z. Zhou) N.H. Xia & C.Y. Wu

其他常用学名：*Magnolia odoratissima* Law et R.Z. Zhou

国家重点保护级别	CITES 附录	IUCN 红色名录
二级		极危（CR）

▶**形态特征**　常绿乔木。嫩枝密被白色长毛；小枝淡灰褐色。叶革质，卵状椭圆形、椭圆形或长圆状椭圆形，先端渐尖或短急尖，基部楔形或阔楔形，叶面深绿色，叶背淡绿色，被白色弯曲毛；托叶痕几达叶柄全长。花直立，花蕾卵圆形，花白色，极芳香，花被片 9 枚，凹弯，肉质，外轮 3 枚较薄，倒卵形或长圆形，具约 9 条纵脉纹；中轮 3 片倒卵形，内轮 3 片倒卵状匙形；雄蕊多数，花药内向开裂，花丝长约 5 mm，药隔伸出三角短尖。聚合果圆柱形或圆柱状卵球形。

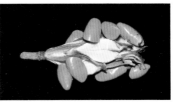

▶**花　果　期**　花期 4—5 月，果熟期 9 月。

▶**分　　　布**　云南东南部。

▶**生　　　境**　生于石灰岩林下。

▶**用　　　途**　本种花洁白芳香、枝繁叶茂，可作庭院观赏树种。

▶**致危因素**　生境退化、直接砍伐。

鹅掌楸（马褂木）

（木兰科　Magnoliaceae）

Liriodendron chinense (Hemsley) Sargent

国家重点保护级别	CITES 附录	IUCN 红色名录
二级		近危（NT）

▶**形态特征**　乔木。小枝灰色或灰褐色。叶马褂状，膜质至纸质，基部截形至浅心形，近基部每边具1侧裂片，先端具2浅裂，下面苍白色。花杯状，花被片9枚，外轮3枚绿色，萼片状，向外弯垂，内两轮6枚，直立，花瓣状，倒卵形，绿色，具黄色纵条纹，花期时雌蕊群超出花被之上，心皮黄绿色。聚合果长7～9 cm，小坚果具翅，顶端钝或钝尖，具种子1～2枚。

▶**花 果 期**　花期5月，果期9—10月。

▶**分　　布**　安徽、重庆、福建、广西、贵州、湖北、湖南、江西、陕西、四川东南部、云南、浙江；越南北部也有分布。

▶**生　　境**　生于海拔900～1000 m的山地林中。

▶**用　　途**　木材供建筑、造船、家具、细木工用，亦可制胶合板；叶和树皮入药；本种树干端直，树冠宽广，为珍贵的庭院绿化树种。

▶**致危因素**　过度采挖、自然更新困难。

香木莲

（木兰科　Magnoliaceae）

Manglietia aromatica Dandy

其他常用学名：*Magnolia aromatica* (Dandy) V.S. Kumar

国家重点保护级别	CITES 附录	IUCN 红色名录
二级		易危（VU）

▶**形态特征**　乔木。树皮灰色，光滑；新枝淡绿色，除芽被白色平伏毛外全株无毛，各部揉碎有芳香；顶芽椭圆柱形。叶薄革质，倒披针状长圆形，倒披针形，先端短渐尖或渐尖；托叶痕长为叶柄的 1/4 ~ 1/3。花梗粗壮，苞片脱落痕 1；花被片白色，11 ~ 12 枚，4 轮排列，每轮 3 枚，外轮 3 枚，近革质，倒卵状长圆形，内数轮厚肉质，倒卵状匙形，基部成爪；雌蕊群卵球形，心皮无毛。聚合果鲜红色，近球形或卵状球形，成熟菁葖沿腹缝及背缝开裂。

▶**花 果 期**　花期 5—6 月，果期 9—10 月。

▶**分　　布**　云南东南部、广西西南部、贵州；越南。

▶**生　　境**　生于海拔 900 ~ 1600 m 的山地、丘陵常绿阔叶林中。

▶**用　　途**　树干通直，木材有芳香气味，纹理细致，抗虫蛀和腐蚀，为优良用材；花大芳香，聚合果熟时鲜红夺目，是优良的庭院观赏树木。

▶**致危因素**　生境退化或丧失、自然更新困难。

大叶木莲

（木兰科　Magnoliaceae）

Manglietia dandyi (Gagnepain) Dandy

国家重点保护级别	CITES 附录	IUCN 红色名录
二级		濒危（EN）

▶**形态特征**　乔木。小枝、叶下面、叶柄、托叶、果柄、佛焰苞状苞片均密被锈褐色长茸毛。叶常 5 ~ 6 片集生于枝端，倒卵形，上面无毛；托叶痕为叶柄长的 1/3 ~ 2/3。花梗粗壮，紧靠花被下具 1 佛焰苞状苞片；花被片厚肉质，9 ~ 10 枚，3 轮，外轮 3 枚倒卵状长圆形，腹面具约 7 条纵纹，内面 2 轮较狭小；雄蕊群被长柔毛，花丝宽扁；雌蕊群卵圆形；雌蕊具 1 纵沟直至花柱末端。聚合果卵球形或长圆状卵球形；蓇葖顶端尖，稍向外弯，沿背缝及腹缝开裂；果梗粗壮。

▶**花 果 期**　花期 5—6 月，果期 9—10 月。

▶**分　　布**　广西西部、云南东南部；老挝、越南。

▶**生　　境**　生于海拔 450 ~ 1500 m 的山地林中，沟谷两旁。

▶**用　　途**　木材纹理细致，材质轻软，加工容易，耐久，供建筑、家具、胶合板等用材；本种茂密的绿叶衬托大白花，色香兼备，为优良的园林观赏树种。

▶**致危因素**　生境丧失、直接砍伐。

落叶木莲

（木兰科　Magnoliaceae）

Manglietia decidua Q.Y. Zheng

国家重点保护级别	CITES 附录	IUCN 红色名录
二级		易危（VU）

▶**形态特征**　落叶乔木。树冠宽卵形，树干端直，枝条开展；芽及小枝无毛；叶革质，长圆状倒卵形、长圆状椭圆形或椭圆形，先端钝或短尖，基部楔形，上面深绿色，无毛，下面粉绿色，初被白色丝状柔毛，后渐脱落，边缘微反卷；花淡黄色，花被

片 15～16 枚，披针形至狭倒卵形，螺旋状排列成 5～6 轮；聚合果卵圆形或近球形，成熟时沿果轴从顶部至基部开裂，后反卷；蓇葖沿腹缝及几沿背缝全裂；种子红色。

▶**花 果 期**　花期 5—6 月，果期 9—10 月。

▶**分　　布**　江西（宜春）。

▶**生　　境**　生于竹林中。

▶**用　　途**　本种树干挺拔、树形美观、花芳香艳丽，为优良的庭院观赏树种。

▶**致危因素**　生境退化或丧失、自然更新困难。

大果木莲

（木兰科　Magnoliaceae）

Manglietia grandis Hu & W.C. Cheng

国家重点保护级别	CITES 附录	IUCN 红色名录
二级		易危（VU）

▶**形态特征**　乔木。小枝粗壮，淡灰色，无毛。叶革质，椭圆状长圆形或倒卵状长圆形，先端钝尖或短突尖，基部阔楔形，两面无毛，下面有乳头状突起，常灰白色；托叶无毛，托叶痕约为叶柄的 1/4。花红色，花被片 12 枚，外轮 3 枚较薄，倒卵状长圆形，内 3 轮肉质，倒卵状匙形；雌蕊群卵圆形，每心皮背面中肋凹至花柱顶端。聚合果长圆状卵圆形，长 10 ~ 12 cm，果柄粗壮，直径 1.3 cm，成熟蓇葖长 3 ~ 4 cm，沿背缝线及腹缝线开裂，顶端尖，微内曲。

▶**花　果　期**　花期 4—5 月，果期 9—10 月。

▶**分　　布**　广西西南部、云南东南部。

▶**生　　境**　生于海拔 1200 m 的山谷密林中。

▶**用　　途**　木材细致，具耐腐、耐水湿、不虫蛀等特性，为优良的用材树种。叶大而浓绿，花大而红艳、芳香，可作为城市庭院观赏树种。

▶**致危因素**　生境退化、直接砍伐。

厚叶木莲

Manglietia pachyphylla* Hung T. Chang*

国家重点保护级别	CITES 附录	IUCN 红色名录
二级		易危（VU）

▶**形态特征**　乔木。小枝粗壮，被白粉，无毛；芽具淡黄色或深褐色长柔毛。叶厚革质，倒卵状椭圆形或倒卵状长圆形，上面深绿色，下面浅绿色，两面均无毛，网脉不明显；叶柄粗壮。花梗粗壮，无毛，花被下具 1 苞片脱落痕；花芳香，白色，花被片 9（~10）枚，外轮 3 枚倒卵形，中轮 3 枚倒卵形，肉质，内轮有时 4 枚，倒卵形，基部收狭成爪，肉质，最内 1 枚较狭长；雌蕊群卵圆形。聚合果椭球体形；蓇葖 38~46 枚，背面有凹沟，顶端有短喙；种子 3~4 枚，扁球形。

▶**花 果 期**　花期 5 月，果期 9—10 月。

▶**分　　布**　广东中南部。

▶**生　　境**　生于海拔 800 m 的林中。

▶**用　　途**　木材供家具、建筑及胶合板等用。树形美观，叶片宽大，质坚硬，可作庭园绿化观赏树种。

▶**致危因素**　生境退化、直接砍伐、自然更新困难。

毛果木莲

（木兰科　Magnoliaceae）

Manglietia ventii N.V. Tiep

国家重点保护级别	CITES 附录	IUCN 红色名录
二级		濒危（EN）

▶**形态特征**　常绿乔木。外芽鳞、嫩枝、叶柄、叶背、佛焰苞状苞片背面及雌蕊群密被淡黄色平伏柔毛。叶椭圆形，先端短渐尖，基部楔形。花梗紧贴花被片下具1佛焰苞状苞片；花被片9枚，肉质，外轮3枚倒卵形，外面基部被黄色短柔毛，中内两轮卵形或狭卵形，内轮基部具爪；雌蕊群倒卵状球形，密被黄色平伏毛，仅露出柱头。胚珠2列，8～10枚。聚合果倒卵状球形或长圆状卵球形，残留有黄色长柔毛；蓇葖狭椭球体形，顶端具长5～7 mm的喙。种子横椭圆形。

▶**花 果 期**　花期4—5月，果期8—9月。

▶**分　　布**　云南东南部；越南。

▶**生　　境**　生于海拔800～1600 m的季风常绿阔叶林中。

▶**用　　途**　家具及建筑用材；树冠宽广、花大芳香、纯白美丽，可作庭院观赏树种。

▶**致危因素**　生境退化或丧失、直接砍伐、物种内在因素。

香子含笑（香籽含笑）

（木兰科　Magnoliaceae）

Michelia hypolampra Dandy

其他常用学名：*Magnolia hypolampra* (Dandy) Figlar

国家重点保护级别	CITES 附录	IUCN 红色名录
二级		濒危（EN）

▶**形态特征**　乔木。小枝黑色，老枝浅褐色，疏生皮孔。芽、嫩叶柄、花梗、花蕾及心皮密被平伏短绢毛。叶薄革质，倒卵形或椭圆状倒卵形，先端尖，基部宽楔形，无毛；叶柄无托叶痕。花芳香，花被片9枚，3轮，外轮条形，内两轮狭椭圆形；雌蕊群卵圆形，心皮约10枚，狭椭圆体形，背面有5条纵棱，外卷，胚珠6~8粒。聚合果果梗较粗；蓇葖灰黑色，椭球体形，密生皮孔，顶端具短尖，基部收缩成柄，果瓣质厚，熟时向外反卷，露出白色内皮；种子1~4枚。

▶**花 果 期**　花期3—4月，果期9—10月。

▶**分　　布**　海南、广西西南部、云南南部。

▶**生　　境**　生于海拔300~800 m的山坡、沟谷林中。

▶**用　　途**　本种树干挺拔、枝繁叶茂、花芳香美丽，可作庭院绿化树种；种子可做香料。

▶**致危因素**　生境退化或丧失。

广东含笑

（木兰科　Magnoliaceae）

Michelia guangdongensis Y.H. Yan et al.

国家重点保护级别	CITES 附录	IUCN 红色名录
二级		极危（CR）

▶**形态特征**　灌木或小乔木。树皮灰棕色；嫩枝及芽密被红棕色贴伏短柔毛。叶柄密被红棕色长柔毛，无托叶痕。叶片倒卵状椭圆形至倒卵形，背面具红棕色贴伏长柔毛，正面无毛，基部圆形至宽楔形，先端圆形至短锐尖。花蕾密被红棕色贴伏长柔毛。花芳香；花被片 9～12 枚，白色；外轮花被片卵状椭圆形；中轮花被片椭圆形至倒卵状椭圆形；内轮花被片椭圆形；雄蕊淡绿色，花丝紫红色；雌蕊柄被微柔毛；雌蕊群绿色，被红棕色短柔毛；花柱紫红色，向外弯曲。

▶**花果期**　花期 3 月。

▶**分　布**　广东（英德）。

▶**生　境**　生于海拔 1200～1400 m 的密林中。

▶**用　途**　树形优美、花美丽芳香，可作庭院绿化树种。

▶**致危因素**　生境退化或丧失。

石碌含笑

（木兰科　Magnoliaceae）

Michelia shiluensis Chun et Y.F. Wu

国家重点保护级别	CITES 附录	IUCN 红色名录
二级		濒危（EN）

▶**形态特征**　乔木。树皮灰色。顶芽狭椭圆形，被橙黄色或灰色有光泽的柔毛。小枝、叶、叶柄均无毛。叶革质，稍坚硬，倒卵状长圆形，先端圆钝，具短尖，基部楔形或宽楔形，上面深绿色，下面粉绿色，无毛；叶柄具宽沟，无托叶痕。花白色，花被片 9 枚，3 轮，倒卵形；花丝红色；雌蕊群被微柔毛；心皮卵圆形。蓇葖有时仅数个发育，倒卵球形或倒卵状椭球体形，顶端具短喙。种子宽椭球形。

▶**花 果 期**　花期 3—5 月，果期 6—8 月。

▶**分　　布**　海南。

▶**生　　境**　生于海拔 200 ~ 1500 m 的山沟、山坡、路旁、水边。

▶**用　　途**　树冠宽广优美、枝繁叶茂、花美丽芳香，是优良的庭院绿化树种。

▶**致危因素**　未知。

峨眉含笑

（木兰科　Magnoliaceae）

Michelia wilsonii Finet & Gagnep.

国家重点保护级别	CITES 附录	IUCN 红色名录
二级		易危（VU）

▶**形态特征**　乔木。嫩枝绿色，被淡褐色稀疏短平伏毛。叶革质，倒卵形、狭倒卵形、倒披针形，上面无毛，下面灰白色，疏被白色平伏短毛。花黄色，芳香；花被片带肉质，9 ~ 12 枚，倒卵形或倒披针形，内轮的较狭小；花药长，内向开裂，花丝绿色；雌蕊群圆柱形；子房卵状椭圆体形，密被银灰色平伏细毛；胚珠约 14 粒。花梗具 2 ~ 4 条苞片脱落痕。聚合果果托扭曲；蓇葖紫褐色，长球体形或倒卵球形，具灰黄色皮孔，顶端具弯曲短喙，成熟后 2 瓣开裂。

▶**花 果 期**　花期 3—5 月，果期 8—9 月。

▶**分　　布**　重庆、贵州、湖北西南部和西部、湖南、江西、四川、云南。

▶**生　　境**　生于海拔 600 ~ 2000 m 的林间。

▶**用　　途**　树形优美、花美丽芳香，是优良的庭院绿化树种。

▶**致危因素**　生境退化或丧失、自然更新困难。

圆叶天女花（圆叶玉兰）

（木兰科　Magnoliaceae）

Oyama sinensis (Rehder & E.H. Wilson) N.H. Xia & C.Y. Wu

其他常用学名：*Magnolia sinensis* (Rehder & E.H. Wilson) Stapf

国家重点保护级别	CITES 附录	IUCN 红色名录
二级		易危（VU）

▶**形态特征**　落叶灌木。树皮淡褐色，枝细长。叶纸质，倒卵形、宽倒卵形或倒卵状椭圆形，先端宽圆，或具短急尖。基部圆平截或阔楔形，上面近无毛，下面被淡灰黄色长柔毛，中脉、侧脉及叶柄被淡黄色平伏长柔毛。花与叶同时开放，白色，悬垂；花被片

9（～10）枚，外轮 3 枚，卵形或椭圆形，内两轮较大，宽倒卵形；花丝紫红色；雌蕊群绿色，狭倒卵状椭圆体形。聚合果红色，长圆状圆柱形，蓇葖狭椭球体形，仅沿背缝开裂，具外弯的喙；种子近心形。

▶**花 果 期**　花期 5—6 月，果期 9—10 月。

▶**分　　布**　四川。

▶**生　　境**　生于海拔 2600 m 的林间。

▶**用　　途**　枝叶扶疏，为著名的庭院观赏树种；皮药用，为厚朴的代用品。

▶**致危因素**　直接采挖或砍伐、生境退化或丧失。

西康天女花（西康玉兰）

Oyama wilsonii (Finet & Gagnepain) N.H. Xia & C.Y. Wu

其他常用学名：***Magnolia wilsonii*** (Finet & Gagnepain) Rehd.

国家重点保护级别	CITES 附录	IUCN 红色名录
二级		易危（VU）

▶**形态特征**　落叶灌木或小乔木。当年生枝紫红色，老枝灰色。叶纸质，椭圆状卵形或长圆状卵形，先端急尖或渐尖，基部圆或稍心形，上面沿中脉及侧脉初被灰黄色柔毛，下面密被银灰色平伏长柔毛；叶柄密披褐色长柔毛，托叶痕为叶柄长的 4/5 ~ 5/6。花与叶同时开放，白色，芳香，花梗下垂，被褐色长毛；花被片 9（~ 12）枚，外轮 3 枚与内两轮近等大，宽匙形或倒卵形；雄蕊紫红色，花丝红色；雌蕊群绿色，卵状圆柱形。聚合果下垂，蓇葖具喙；种子倒卵球形。

▶**花　果　期**　花期 5—6 月，果期 9—10 月。

▶**分　　　布**　贵州、四川、云南。

▶**生　　　境**　生于海拔 1900 ~ 3300 m 的山林间。

▶**用　　　途**　枝叶扶疏，花朵洁白、芳香，为著名的庭院观赏树种；树皮可药用。

▶**致危因素**　生境退化或丧失、直接采挖或砍伐。

华盖木

Pachylarnax sinica (Y.W. Law) N.H. Xia & C.Y. Wu

其他常用学名：*Manglietiastrum sinicum* Y.W. Law;
Magnolia sinica (Y.W.Law) Noot.

国家重点保护级别	CITES 附录	IUCN 红色名录
一级		极危（CR）

▶**形态特征**　常绿大乔木。全株无毛。小枝深绿色；老枝暗褐色。叶革质，狭倒卵形或狭倒卵状椭圆形，基部渐狭楔形，下面淡绿色；叶柄无托叶痕。花单生枝顶，花被片 9 枚或 11 或 12 枚，排 3 轮或 4 轮，外轮花被片红色、粉红色或白色，长圆状匙形，内 2 轮或内 3 轮花被片较小，最内轮花被片 2 枚或 3 枚；雄蕊约 65 枚，药室内向开裂；雌蕊群长卵球形，心皮 13 ~ 16 枚。聚合果椭圆状卵球形或倒卵球形；蓇葖厚木质，沿腹缝线全裂及顶端 2 浅裂，背面具粗皮孔；每心皮有种子 1 ~ 3 枚，种子横椭球体形，两侧扁。

▶**花　果　期**　花期 4—5 月，果期 9—11 月。

▶**分　　布**　云南东南部。

▶**生　　境**　长于海拔 1300 ~ 1500 m 的季风常绿阔叶林中。

▶**用　　途**　树干挺拔通直，木材结构细致，耐腐、抗虫，为稀有珍贵树种；树冠宽广、花芳香，可作庭院观赏树种。

▶**致危因素**　生境退化或丧失、自然更新困难。

峨眉拟单性木兰

（木兰科　Magnoliaceae）

Parakmeria omeiensis W.C. Cheng

国家重点保护级别	CITES 附录	IUCN 红色名录
一级		极危（CR）

▶**形态特征**　常绿乔木。树皮深灰色。叶革质，椭圆形、狭椭圆形或倒卵状椭圆形，先端短渐尖而尖头钝，基部楔形或狭楔形，下面淡灰绿色，有腺点。雄花两性花异株；雄花花被片 12 枚，外轮 3 枚浅黄色较薄，长圆形，先端圆或钝圆，内 3 轮较狭小，乳白色，肉质倒卵状匙形。药隔顶端伸出成钝尖，药隔及花丝深红色，花托顶端短钝尖；两性花花被片与雄花同，雄蕊 16 ~ 18 枚；雌蕊群椭圆体形，具雌蕊 8 ~ 12 枚。聚合果倒卵球形，种子倒卵球形，外种皮红褐色。

▶**花　果　期**　花期 5 月，果期 9 月。

▶**分　　布**　四川（峨眉山）。

▶**生　　境**　生于海拔 1200 ~ 1300 m 的林中。

▶**用　　途**　树冠雄伟、花芳香，为优良的园林观赏树种。

▶**致危因素**　生境退化或丧失、物种内在因素。

云南拟单性木兰

Parakmeria yunnanensis Hu

（木兰科　Magnoliaceae）

国家重点保护级别	CITES 附录	IUCN 红色名录
二级		易危（VU）

▶**形态特征**　常绿乔木。树皮灰白色，光滑不裂。叶薄革质，卵状长圆形或卵状椭圆形，先端短渐尖或渐尖，基部阔楔形或近圆形，上面绿色，下面浅绿色，嫩叶紫红色，两面网脉明显。雄花两性花异株，芳香；雄花花被片 12 枚，4 轮，外轮红色，倒卵形，内 3 轮白色，肉质，狭倒卵状匙形，基部渐狭成爪状。花丝红色，花托顶端圆；两性花花被片与雄花同而雄蕊极少，雌蕊群卵圆形，绿色，聚合果长圆状卵球形，蓇葖菱形，熟时背缝开裂；种子扁，外种皮红色。

▶**花 果 期**　花期 5 月，果期 9—10 月。

▶**分　　布**　云南、西藏东南部；缅甸北部。

▶**生　　境**　生于海拔 1200 ~ 1500 m 的山谷密林中。

▶**用　　途**　木材纹理直、结构细致、耐腐，为珍贵用材；树冠雄伟、叶片浓密亮绿、花芳香，为优良的园林绿化树种。

▶**致危因素**　生境退化或丧失、自然更新困难。

合果木

（木兰科　Magnoliaceae）

Paramichelia baillonii (Pierre) Hu

其他常用学名：*Michelia baillonii* (Pierre) Finet & Gagnepain

国家重点保护级别	CITES 附录	IUCN 红色名录
二级		易危（VU）

▶**形态特征**　大乔木。嫩枝、叶柄、叶背被淡褐色平伏长毛。叶椭圆形、卵状椭圆形或披针形，先端渐尖，基部楔形、阔楔形，上面初被褐色平伏长毛；托叶痕为叶柄长的 1/3 或 1/2 以上。花芳香，黄色，花被片 18～21 枚，6 枚 1 轮，外 2 轮倒披针形，内轮披针形；雌蕊群狭卵圆形，密被淡黄色柔毛，心皮完全合生。聚合果倒卵球形、椭圆状圆柱形，成熟心皮完全合生，具圆点状凸起皮孔，干后不规则小块状脱落；心皮中脉木质化，扁平，弯钩状，宿存于粗壮的果轴上。

▶**花 果 期**　花期 3—5 月，果期 8—10 月。

▶**分　　布**　云南南部；柬埔寨、印度、缅甸、泰国、越南。

▶**生　　境**　生于海拔 500～1500 m 的山林中。

▶**用　　途**　树干通直、生长迅速、材质坚硬、抗虫耐腐力强，为制造家具、重要建筑物的上等木材；花美丽芳香，可作庭院绿化及造林树种。

▶**致危因素**　生境退化或丧失。

焕镛木（单性木兰）

（木兰科　Magnoliaceae）

Woonyoungia septentrionalis (Dandy) Y.W. Law

其他常用学名：***Kmeria septentrionalis*** Dandy

国家重点保护级别	CITES 附录	IUCN 红色名录
一级		易危（VU）

▶**形态特征**　乔木。树皮灰色；小枝绿色，初被平伏短柔毛。叶革质，椭圆状长圆形或倒卵状长圆形，先端圆钝而微缺，基部阔楔形，叶两面无毛，托叶痕几达叶柄先端。花单性异株，雄花花被片白带淡绿色，外轮 3 枚，内轮 2 枚；雄蕊群白色带淡黄色，倒卵圆形；花药侧向开裂；雌花外轮花被片 3 枚，内轮花被片 8 ~ 10 枚；雌蕊群绿色，倒卵圆形，具 6 ~ 9 枚雌蕊。聚合果近球形，果皮革质，熟时红色，蓇葖背缝全裂，具种子 1 ~ 2 枚；种子外种皮红色，豆形或心形。

▶**花 果 期**　花期 5—6 月，果期 10—11 月。

▶**分　　布**　广西北部、贵州东南部、云南东南部。

▶**生　　境**　生于海拔 300 ~ 500 m 的石灰岩山地林中。

▶**用　　途**　树干通直，树姿美丽，花芳香，为珍贵的用材树种和庭院绿化树种；花单性、雌雄异株，这在原始木兰科植物中是极为少见的，具有重要的科研价值。

▶**致危因素**　生境退化或丧失、直接采挖或砍伐、自然更新困难。

宝华玉兰

（木兰科　Magnoliaceae）

Yulania zenii (W.C. Cheng) D.L. Fu

其他常用学名：*Magnolia zenii* Cheng

国家重点保护级别	CITES 附录	IUCN 红色名录
二级		极危（CR）

▶**形态特征**　落叶乔木。树皮灰白色。嫩枝绿色，老枝紫色，疏生皮孔；芽狭卵形，被长绢毛。叶膜质，倒卵状长圆形或长圆形，先端宽圆具渐尖头，基部阔楔形或圆钝，下面中脉及侧脉有长弯曲毛；叶柄初被长柔毛，托叶痕长为叶柄长的 1/5～1/2。花先叶开放；花梗密被长毛；花被片 9 枚，近匙形，先端圆或稍尖，白色，背面中部以下淡紫红色；花药两药室分开，内侧向开裂，花丝紫色；雌蕊群圆柱形。聚合果圆柱形；成熟蓇葖近圆形，有疣点状凸起，顶端钝圆。

▶**花 果 期**　花期 3—4 月，果期 8—9 月。

▶**分　　布**　江苏（句容宝华山）。

▶**生　　境**　生于海拔 220 m 的丘陵地。

▶**用　　途**　本种花直径达 12 cm，芳香艳丽，为优美的庭院观赏树种。

▶**致危因素**　生境退化或丧失、直接采挖或砍伐。

蕉木

（番荔枝科　Annonaceae）

Chieniodendron hainanense (Merr.) Tsiang et P.T. Li

国家重点保护级别	CITES 附录	IUCN 红色名录
二级		濒危（EN）

▶**形态特征**　常绿乔木，高可达 16 m。小枝、小苞片、花梗、萼片外面、外轮花瓣两面、内轮花瓣外面和果实均被锈色柔毛。叶薄纸质，长圆形或长圆状披针形，长 6～10 cm，顶端短渐尖，基部圆形，除叶柄和叶脉被柔毛外无毛；中脉上面凹陷，下面凸起，侧脉每边 6～10 条，斜升，未达叶缘网结，上面扁平，下面凸起。花黄绿色，1～2 朵腋生或腋外生；花梗基部有小苞片；小苞片卵圆形；萼片卵圆状三角形，顶端钝；外轮花瓣长卵圆形，内轮花瓣略厚而短；心皮长圆形，密被长柔毛，柱头棍棒状，直立，基部缢缩，顶端全缘，被疏短柔毛。果长圆筒状或倒卵状，外果皮有凸起纵脊，种子间有缢纹。种子黄色，斜四方形；胚小，直立，基生，狭长球形。

▶**花 果 期**　花期 4—12 月，果期冬季至次年春季。

▶**分　　布**　海南、广西。

▶**生　　境**　生于山谷水旁密林中。

▶**用　　途**　未知。

▶**致危因素**　生境退化或丧失、物种内在因素。

文采木

（番荔枝科　Annonaceae）

Wangia saccopetaloides (W.T.Wang) X.Guo & R.M.K.Saunders

国家重点保护级别	CITES 附录	IUCN 红色名录
二级		濒危（EN）

▶**形态特征**　乔木，高约 6 m。小枝和叶柄被紧贴的锈色柔毛，老枝无毛，有皮孔。叶长圆形或椭圆形，长 5.5～13.5 cm，宽 2～4.5 cm，叶面除中脉被微毛外无毛，叶背绿色，被极稀疏短柔毛，老渐无毛。花绿黄色，单朵与叶对生；花梗被疏微毛；苞片极小，披针形。萼片三角状卵形，外面被锈色柔毛；外轮花瓣小，三角状卵形，内轮花瓣大，卵状长圆形或阔披针形，外面被短柔毛，内面被毛更密。心皮约 12 个，长约 2.2 mm，密被淡黄色茸毛，柱头圆球状，无柄；每心皮有胚珠约 8 颗，2 排。果倒卵状椭球形至长圆状线形，有时有 1～3 缢缩。

▶**花 果 期**　花期 8 月，果期次年 6 月。

▶**分　　布**　云南。

▶**生　　境**　生于 1800～2300 m 的山地林中。

▶**用　　途**　未知。

▶**致危因素**　生境退化或丧失。

夏蜡梅

（腊梅科　Calycanthaceae）

Calycanthus chinensis (W.C. Cheng & S.Y. Chang) W.C. Cheng & S.Y. Chang ex P.T. Li

国家重点保护级别	CITES 附录	IUCN 红色名录
二级		濒危（EN）

▶**形态特征**　灌木，高可达 3 m。树皮灰白色或灰褐色，皮孔凸起。叶宽卵状椭圆形、卵圆形或倒卵形，长 11 ~ 26 cm，宽 8 ~ 16 cm，基部两侧略不对称，叶背幼时沿脉上被褐色硬毛，老渐无毛。花直径 4.5 ~ 7 cm；花被片螺旋状着生于杯状或坛状的花托上；外面的花被片 12 ~ 14 枚，倒卵形或倒卵状匙形，长 1.4 ~ 3.6 cm，宽 1.2 ~ 2.6 cm，白色，边缘淡紫红色，有脉纹；内面的花被片 9 ~ 12 枚，向上直立，顶端内弯，椭圆形，长 1.1 ~ 1.7 cm，宽 0.9 ~ 1.3 cm，中部以上淡黄色，中部以下白色，内面基部有淡紫红色斑纹；心皮 11 ~ 12 个，着生于杯状或坛状的花托之内，被绢毛，花柱丝状伸长。

▶**花 果 期**　花期 5 月中下旬，果期 10 月上旬。

▶**分　　布**　浙江（昌化、天台）。

▶**生　　境**　生于海拔 600 ~ 1000 m 的山地沟边林荫下。

▶**用　　途**　花朵大而美丽，可作观赏植物。

▶**致危因素**　生境退化或丧失。

莲叶桐

（莲叶桐科　Hernandiaceae）

Hernandia nymphaeifolia (C. Presl) Kubitzki

国家重点保护级别	CITES 附录	IUCN 红色名录
二级		无危（LC）

▶**形态特征**　常绿乔木。树皮光滑。单叶互生，心状圆形，盾状，长 20 ~ 40 cm，宽 15 ~ 30 cm，先端急尖，基部圆形至心形，纸质，全缘；叶柄几与叶片等长。聚伞花序或圆锥花序腋生；花梗被茸毛；每个聚伞花序具苞片 4 枚。花单性同株，两侧为雄花，具短的小花梗；花被片 6 枚，排列成 2 轮；雄蕊 3 枚，每个花丝基部具 2 个腺体；中央为雌花，无小花梗，花被片 8 枚，2 轮，基部具杯状总苞；子房下位，花柱短，柱头膨大，不规则齿裂，具不育雄蕊 4 枚。果为一膨大总苞所包被，肉质，具肋状凸起；种子 1 枚，球形，种皮厚而坚硬。

▶**花 果 期**　花期 7—9 月。

▶**分　　布**　台湾南部；亚洲热带地区。

▶**生　　境**　常生长在海滩上。

▶**用　　途**　是恢复退化海岸植被生态系统的优良树种之一。

▶**致危因素**　生境退化或丧失。

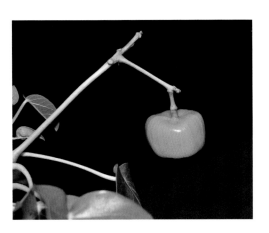

油丹

（樟科　Lauraceae）

Alseodaphnopsis hainanensis (Merr.) H.W.Li & J.Li

《国家重点保护野生植物名录》使用学名：*Alseodaphne hainanensis* Merr.

国家重点保护级别	CITES 附录	IUCN 红色名录
二级		易危（VU）

▶**形态特征**　乔木，高可达 25 m，除幼嫩部分外全体无毛。枝及幼枝圆柱形，灰白色，有少数近圆形的叶痕，幼枝基部有多数密集的鳞片痕。顶芽小，有灰色或锈色绢毛。叶多数，聚集于枝顶，长椭圆形，长 6 ~ 10（~ 16）cm，上面有蜂巢状浅窝穴，下面带绿白色，晦暗，边缘反卷。圆锥花序生于枝条上部叶腋内，长 3.5 ~ 8（10 ~ 12）cm，无毛，干时黑色，少分枝；总梗伸长，与花梗近肉质。花被裂片稍肉质，长圆形，外面无毛，内面被白色绢毛。能育雄蕊被疏柔毛，花药椭圆状四方形，钝头，与花丝等长，其花丝基部有 1 对具柄腺体；退化雄蕊明显，箭头形，具柄。子房卵珠形，花柱纤细，柱头不明显。果球形或卵形，鲜时绿色，干时黑色。

▶**花 果 期**　花期 7 月，果期 10 月至次年 2 月。

▶**分　　布**　广东、海南；越南北部。

▶**生　　境**　生于海拔 1400 ~ 1700 m 的林谷或密林中。

▶**用　　途**　材用。

▶**致危因素**　生境退化或丧失。

皱皮油丹

（樟科 Lauraceae）

Alseodaphnopsis rugosa (Merr. & Chun) H.W.Li & J.Li

《国家重点保护野生植物名录》使用学名：***Alseodaphne rugosa*** Merr. & Chun

国家重点保护级别	CITES 附录	IUCN 红色名录
二级		无危（LC）

▶**形态特征** 乔木，高达 12 m。小枝圆柱形，粗壮，具皱纹，近梢端有密集的叶痕。叶着生于枝梢，密集而近于轮生，长圆状倒卵形或长圆状倒披针形，长 15～36 cm，宽 4～10 cm，先端短渐尖，基部楔形，革质，上面干时浅棕色，光亮，下面绿白色，中脉浅棕色，上面凹陷，下面明显凸起，浅棕色，细脉显著，网状，叶柄粗壮。果序近顶生，粗壮，总梗无毛。果扁球形；果梗粗壮，鲜时肉质，红色，多疣。

▶**花 果 期** 果期 7—12 月。

▶**分　　布** 广东、海南。

▶**生　　境** 生于海拔 1200～1300 m 的林谷混交林中。

▶**用　　途** 未知。

▶**致危因素** 生境退化或丧失。

茶果樟

（樟科　Lauraceae）

Cinnamomum chago B.S.Sun & H.L.Zhao

国家重点保护级别	CITES 附录	IUCN 红色名录
二级		易危（VU）

▶**形态特征**　乔木，高可达 25 m。树皮黑色。叶近对生或互生，革质，叶形多变，常为狭椭圆状披针形，有时卵形，先端骤尖或渐尖，基部楔形，侧脉脉腋内无腺窝与泡状突起。花黄绿色；花被片一般 6 枚，两轮排列，肉质肥厚，内面具白色柔毛；雄蕊 12 枚，4 轮，1～3 轮为能育雄蕊，位于最内轮的是不育雄蕊。子房卵球形，柱头盘状。果近球形，直径约 2.5 cm，长约 3 cm。

▶**花 果 期**　花期 4—5 月，果期 9—10 月。

▶**分　　布**　云南（漾濞、云龙）。

▶**生　　境**　生于海拔 2200～2400 m 的山地路边。

▶**用　　途**　食用。

▶**致危因素**　未知。

天竺桂

（樟科 Lauraceae）

Cinnamomum japonicum Siebold

国家重点保护级别	CITES 附录	IUCN 红色名录
二级		易危（VU）

▶**形态特征** 常绿乔木。枝条细弱，圆柱形，红色或红褐色，具香气。叶近对生，卵圆状长圆形至长圆状披针形，长 7 ~ 10 cm，先端锐尖至渐尖，基部宽楔形或钝形，革质，下面灰绿色，晦暗，两面无毛，离基三出脉，中脉直贯叶端；叶柄粗壮，腹凹背凸，红褐色，无毛。圆锥花序腋生，均无毛，末端为 3 ~ 5 朵花的聚伞花序。花被筒倒锥形，短小，花被裂片 6 枚，卵圆形，先端锐尖，外面无毛，内面被柔毛。花丝被柔毛，第一、二轮花丝无腺体，第三轮花丝近中部有一对圆状肾形腺体。退化雄蕊 3 枚，位于最内轮。子房卵珠形，略被微柔毛，花柱稍长于子房，柱头盘状。果长球形，无毛；果托浅杯状，顶部极开张，边缘近全缘或具浅圆齿，基部骤然收缩成细长的果梗。

▶**花 果 期** 花期 4—5 月，果期 7—9 月。

▶**分 布** 江苏、浙江、安徽、江西、福建、台湾；朝鲜、日本。

▶**生 境** 生于海拔 300 ~ 1000 m 或 300 m 以下的低山或近海的常绿阔叶林中。

▶**用 途** 工业用和材用。

▶**致危因素** 过度利用。

油樟

（樟科　Lauraceae）

Camphora longepaniculata (Gamble) Y. Yang, Bing Liu & Zhi Yang

《国家重点保护野生植物名录》使用学名：***Cinnamomum longepaniculatum*** (Gamble)
N.Chao ex H.W. Li

国家重点保护级别	CITES 附录	IUCN 红色名录
二级		近危（NT）

▶**形态特征**　乔木，高可达 20 m。树皮灰色，光滑。枝条圆柱形，无毛，幼枝纤细。叶互生，卵形或椭圆形，边缘软骨质，内卷，薄革质，下面灰绿色，两面无毛，侧脉脉腋在上面呈泡状隆起，下面有小腺窝，横脉两面在放大镜下呈小浅窝穴。圆锥花序腋生，纤细，具分枝，末端二歧状，每歧为 3 ~ 7 朵花的聚伞花序。花淡黄色，有香气；花梗纤细，无毛。花被筒倒锥形，花被裂片 6 枚，卵圆形，近等大，先端锐尖，外面无毛，内面密被白色丝状柔毛，具腺点。能育雄蕊 9 枚，花丝被白柔毛。退化雄蕊 3 枚，位于最内轮，被白柔毛。子房卵珠形，无毛，花柱纤细，柱头不明显。幼果球形，绿色；果托顶端盘状增大。

▶**花 果 期**　花期 5—6 月，果期 7—9 月。

▶**分　　布**　四川。

▶**生　　境**　生于海拔 600 ~ 2000 m 的常绿阔叶林中。

▶**用　　途**　树干及枝叶均含芳香油，油的主要成分为桉叶油素、芳樟醇及樟脑等。果核可榨油。

▶**致危因素**　直接采挖或砍伐。

曾孝濂　绘

卵叶桂

（樟科　Lauraceae）

Cinnamomum rigidissimum Hung T. Chang

国家重点保护级别	CITES 附录	IUCN 红色名录
二级		近危（NT）

▶**形态特征**　小至中型乔木，高 3 ~ 22 m。树皮褐色。枝条圆柱形，灰褐或黑褐色；小枝略扁，有棱角，幼嫩时被灰褐色的茸毛，棱角更为显著。叶对生，卵圆形，阔卵形或椭圆形，先端钝或急尖，基部宽楔形、钝至近圆形，革质或硬革质，上面绿色，光亮，下面淡绿色，晦暗，网脉两面不明显；叶柄扁平而宽，腹面略具沟，无毛。花序近伞形，生于当年生枝的叶腋内，有花 3 ~ 7（11）朵，总梗略被稀疏贴伏的短柔毛。成熟果卵球形，乳黄色；果托浅杯状，顶端截形，淡绿至绿蓝色。

▶**花 果 期**　果期 8 月。

▶**分　　布**　广西、广东、台湾。

▶**生　　境**　生于林中沿溪边，海拔约 1700 m 或以下。

▶**用　　途**　未知。

▶**致危因素**　未知。

引自 *Flora of Taiwan,* Second Edition, Vol.2. 1996.

润楠

（樟科　Lauraceae）

Machilus nanmu (Oliv.) Hemsl.

国家重点保护级别	CITES 附录	IUCN 红色名录
二级		濒危（EN）

▶**形态特征**　乔木，高达 40 m。芽鳞外面常密被黄褐色短柔毛，内面无毛，有时最外轮芽鳞无毛。小枝干时常黑色，一年生枝密被黄褐色短柔毛，毛后渐脱落至无毛。叶革质，椭圆形或椭圆状倒披针形，基部楔形，中脉在背面隆起，正面凹陷，侧脉正面不明显，背面稍明显；叶柄幼时被毛，老时无毛。圆锥花序生于一年生枝中下部，被黄褐色短柔毛，花被裂片长圆形，两面被黄褐色短柔毛，外面毛较密；雄蕊近等长，第三轮雄蕊基部腺体具短柄；子房无毛。果熟时黑色，扁球形。

▶**花 果 期**　花期 4—6 月，果期 6—8 月。

▶**分　　布**　云南东北部、四川中部及西南部。

▶**生　　境**　生于海拔 1000 m 左右的山地杂木林中，少见。

▶**用　　途**　本种材质优良，可作建筑、家具等用材。

▶**致危因素**　生境退化或丧失；直接采挖或砍伐。

舟山新木姜子

Neolitsea sericea (Blume) Koidz.

国家重点保护级别	CITES 附录	IUCN 红色名录
二级		濒危（EN）

▶**形态特征** 乔木，高达 10 m。嫩枝密被金黄色丝状柔毛，老枝紫褐色，无毛。顶芽圆卵形，鳞片外面密被金黄色丝状柔毛。叶互生，椭圆形至披针状椭圆形，长 6.5～20 cm，两端渐狭，革质，幼叶两面密被金黄色绢毛，老叶上面毛脱落呈绿色而有光泽，下面粉绿，有贴伏黄褐或橙褐色绢毛；叶柄初时密被金黄色丝状柔毛，后毛渐脱落变无毛。伞形花序簇生叶腋或枝侧，无总梗；每一花序有花 5 朵；花梗密被长柔毛；花被裂片 4 枚，椭圆形，外面密被长柔毛，内面基部有长柔毛；雄花能育雄蕊 6 枚，花丝基部有长柔毛，第三轮基部腺体肾形，有柄；具退化雌蕊；雌花退化雄蕊基部有长柔毛；子房卵球形、无毛，花柱稍长，柱头扁平。果球形；果托浅盘状；果梗粗壮，有柔毛。

▶**花 果 期** 花期 9—10 月，果期次年 1—2 月。

▶**分 布** 浙江（舟山）、上海（崇明）；朝鲜、日本。

▶**生 境** 生于山坡林中。

▶**用 途** 未知。

▶**致危因素** 直接采挖或砍伐。

闽楠

（樟科　Lauraceae）

Phoebe bournei (Hemsl.) Yen C.Yang

国家重点保护级别	CITES 附录	IUCN 红色名录
二级		易危（VU）

▶**形态特征**　大乔木，树干通直，分枝少。老的树皮灰白色，新的树皮带黄褐色。叶革质或厚革质，披针形或倒披针形，先端渐尖或长渐尖，基部渐狭或楔形，上面发亮，下面有短柔毛。花序生于新枝中、下部，被毛，通常 3～4 个，为紧缩不开展的圆锥花序；花被片卵形，两面被短柔毛；第一、二轮花丝疏被柔毛，第三轮密被长柔毛，基部的腺体近无柄，退化雄蕊三角形，具柄，有长柔毛；子房近球形，柱头帽状。果椭球形或长球形；宿存花被片被毛，紧贴。

▶**花 果 期**　花期 4 月，果期 10—11 月。

▶**分　　布**　江西、福建、浙江、广东、广西、湖南、湖北、贵州。

▶**生　　境**　野生的多见于山地沟谷阔叶林中，也有栽培。

▶**用　　途**　材用。

▶**致危因素**　直接采挖或砍伐。

浙江楠

（樟科　Lauraceae）

Phoebe chekiangensis C.B. Shang

国家重点保护级别	CITES 附录	IUCN 红色名录
二级		易危（VU）

▶**形态特征**　大乔木，树干通直。树皮淡褐黄色，薄片状脱落，具明显的褐色皮孔。小枝有棱，密被黄褐色或灰黑色柔毛或茸毛。叶革质，倒卵状椭圆形或倒卵状披针形，基部楔形或近圆形，下面被灰褐色柔毛，脉上被长柔毛；叶柄密被黄褐色茸毛或柔毛。圆锥花序密被黄褐色茸毛；花被片卵形，两面被毛，第一、二轮花丝疏被灰白色长柔毛，第三轮密被灰白色长柔毛，退化雄蕊箭头形，被毛；子房卵形，无毛，花柱细，直或弯，柱头盘状。果椭圆状卵形，熟时外被白粉；宿存花被片革质，紧贴。种子两侧不等，多胚性。

▶**花 果 期**　花期4—5月，果期9—10月。

▶**分　　布**　浙江西北部及东北部、福建北部、江西东部。

▶**生　　境**　生于山地阔叶林中。

▶**用　　途**　木材、绿化等。

▶**致危因素**　直接采挖或砍伐。

细叶楠

（樟科　Lauraceae）

Phoebe hui W.C.Cheng ex Yen C.Yang

国家重点保护级别	CITES 附录	IUCN 红色名录
二级		近危（NT）

▶**形态特征**　大乔木，高达 25 m；树皮暗灰色，平滑。新枝有棱，初时密被灰白色或灰褐色柔毛，后毛渐脱落。叶革质，椭圆形、椭圆状倒披针形或椭圆状披针形，长 5 ~ 10 cm，宽 1.5 ~ 3 cm，先端渐尖或尾状渐尖，尖头作镰状，基部狭楔形，下面密被贴伏小柔毛，中脉细，下面明显，叶柄细，被柔毛。圆锥花序生新枝上部，纤弱，在顶端分枝，被柔毛；花小，花梗约与花等长；花被裂片卵形，两面密被灰白色长柔毛；能育雄蕊各轮花丝被毛，第三轮花丝基部腺体无柄或近无柄；子房卵形，花柱无毛，柱头盘状。果椭球形，长 1.1 ~ 1.4 cm，直径 6 ~ 9 mm；果梗不增粗，宿存花被片紧贴。

▶**花 果 期**　花期 4—5 月，果期 8—9 月。

▶**分　　布**　陕西南部、四川、云南东北部。

▶**生　　境**　野生的多见于海拔 1500 m 以下的密林中。

▶**用　　途**　材用。

▶**致危因素**　过度利用。

楠木

（樟科　Lauraceae）

Phoebe zhennan S.K. Lee & F.N. Wei

国家重点保护级别	CITES 附录	IUCN 红色名录
二级		易危（VU）

▶**形态特征**　大乔木，高达 30 m，树干通直。芽鳞被灰黄色贴伏长毛。小枝有棱或近于圆柱形，被灰黄色或灰褐色长柔毛或短柔毛。叶革质，椭圆形，下面密被短柔毛，长 7～13 cm，宽 2.5～4 cm，脉上被长柔毛，中脉在上面下陷成沟；叶柄细，被毛。聚伞状圆锥花序十分开展，被毛，纤细，每伞形花序有花 3～6 朵，一般为 5 朵。花中等大，花梗与花等长；花被片近等大，外轮卵形，内轮卵状长圆形，先端钝，两面被灰黄色长或短柔毛，内面较密；花丝均被毛，第三轮花丝基部的腺体无柄，退化雄蕊三角形，具柄，被毛；子房球形，柱头盘状。果椭球形；果梗微增粗；宿存花被片卵形，革质、紧贴，两面被短柔毛或外面被微柔毛。

▶**花 果 期**　花期 4—5 月，果期 9—10 月。

▶**分　　布**　湖北西部、贵州西北部、四川。

▶**生　　境**　野生的多见于海拔 1500 m 以下的阔叶林中。

▶**用　　途**　材用。

▶**致危因素**　直接采挖或砍伐。

孔药楠

（樟科　Lauraceae）

Sinopora hongkongensis (N.H.Xia, Y.F.Deng & K.L.Yip) J. Li, N.H. Xia & H.W. Li

国家重点保护级别	CITES 附录	IUCN 红色名录
二级		极危（CR）

▶**形态特征**　乔木，高可达 16 m。小枝红棕色。叶互生，椭圆形，长 6 ~ 10 cm，宽 2.5 ~ 4 cm，先端渐尖，基部楔形，不对称，正面深绿色，背面淡绿色，有白霜，侧脉 4 ~ 5 对。圆锥花序。花小，两性，花黄绿色，芽内球状；花被片 6 枚，密被茸毛；雄蕊 6 枚，2 轮，被茸毛；退化雄蕊 6 枚；花药 2 室；花柱基部被茸毛。果黄褐色，幼时基部具宿存的增长花被。果皮木质，直径约 4 cm；果梗在果下加厚。

▶**花 果 期**　花期 10 月，果期次年 10 月。

▶**分　　布**　香港（大帽山）。

▶**生　　境**　生于海拔 400 ~ 500 m 的常绿阔叶林。

▶**用　　途**　未知。

▶**致危因素**　生境丧失。

拟花蔺

Butomopsis latifolia (D. Don) Kunth

国家重点保护级别	CITES 附录	IUCN 红色名录
二级		无危（LC）

▶**形态特征**　一年生草本，半水生或沼生。叶基生，叶片长 5～15 cm，宽 1～5 cm；叶片先端锐尖，基部楔形，叶柄基部宽鞘状。伞形花序具花 3～15 朵；花具梗，基部有膜质小苞片，外轮花被片广椭圆形，先端圆或稍凹，边缘干膜质，内轮花被片白色，比外轮大，长约 6 mm，宽约 4 mm；花丝基部稍宽，花药狭；子房圆柱形，柱头黄色，外弯。种子小，多数，褐色。

▶**花 果 期**　未知。

▶**分　　布**　云南（勐腊）；澳大利亚、印度、北部非洲。

▶**生　　境**　生于沼泽中。

▶**用　　途**　未知。

▶**致危因素**　环境污染、生境退化或丧失。

长喙毛茛泽泻

（泽泻科 Alismataceae）

Ranalisma rostrata Stapf

国家重点保护级别	CITES 附录	IUCN 红色名录
二级		易危（VU）

▶**形态特征** 匍匐草本。叶全缘，浮叶和挺水叶卵形至卵状椭圆形，基部心形。顶生花 1~3 朵；苞片 2 枚，匙形；萼片宽卵形；花瓣倒卵状椭球形，约与萼片等长。雄蕊长 2.5 mm；花药椭球形；心皮聚合；花柱宿存；花托椭球形。瘦果倒三角形。

▶**花 果 期** 果期 8—9 月。

▶**分 布** 湖南、江西、浙江。

▶**生 境** 生于沼泽、池塘中。

▶**用 途** 未知。

▶**致危因素** 生境退化或丧失、数量少。

浮叶慈菇

Sagittaria natans Pall.

国家重点保护级别	CITES 附录	IUCN 红色名录
二级		近危（NT）

▶**形态特征**　多年生水生浮叶草本。沉水叶披针形或叶柄状；浮水叶宽披针形、圆形、箭形，长 5 ～ 17 cm，箭形叶先端急尖、钝圆或微凹；叶柄基部鞘状。花葶粗壮，直立，挺水。花序总状，具花 2 ～ 6 轮，每轮（2 ～）3 朵花，苞片基部膜质，先端钝圆或渐尖。花单性；外轮花被片广卵形，先端近圆形，边缘膜质，不反折，内轮花被片白色，倒卵形，长 8 ～ 10 mm，宽约 5.5 mm，基部缢缩；雌花 1 ～ 2 轮，花梗长 0.6 ～ 1 cm，粗壮，心皮多数，两侧压扁，分离，密集呈球形；雄花多轮，雄蕊多数，不等长；花丝通常外轮较短。瘦果两侧压扁，背翅边缘不整齐，斜倒卵形，果喙位于腹侧，直立或斜上。

▶**花 果 期**　花果期 6—9 月。

▶**分　　布**　黑龙江、吉林、辽宁、内蒙古、新疆；俄罗斯、蒙古、欧洲。

▶**生　　境**　生于池塘、水甸子、小溪及沟渠等静水或缓流水体中。

▶**用　　途**　未知。

▶**致危因素**　未知。

高雄茨藻

（水鳖科　Hydrocharitaceae）

Najas browniana Rendle

国家重点保护级别	CITES 附录	IUCN 红色名录
二级		无危（LC）

▶**形态特征**　一年生沉水草本，高可达 20～30 cm。植株纤弱，易碎，呈黄绿色或褐黄绿色，有时茎呈浅紫色，尤以节部色更深；下部匍匐，上部直立，基部节生有 1 至数枚不定根。茎圆柱形；分枝多，呈二叉状。叶呈 3 叶假轮生，于枝端较密集，无柄；叶片线形，长 1～2 cm，宽 0.5～1 mm，渐尖，齿端有褐色刺刺尖；叶基扩大成鞘，抱茎；叶耳短三角形，先端具数枚细齿，略呈撕裂状。花小，单性，多单生，或 2～3 枚聚生于叶腋；雄蕊 1 枚，花药 1 室；雌花狭长椭圆形，无佛焰苞和花被，雌蕊 1 枚，柱头 2 裂。瘦果狭长椭球形。

▶**花 果 期**　花果期 8—11 月。

▶**分　　布**　台湾、广西；印度尼西亚、巴布亚新几内亚、澳大利亚。

▶**生　　境**　生于水深 0.5～1 m 的咸水中。

▶**用　　途**　未知。

▶**致危因素**　未知。

海菜花

（水鳖科　Hydrocharitaceae）

Ottelia acuminata (Gagnep.) Dandy

国家重点保护级别	CITES 附录	IUCN 红色名录
二级		易危（VU）

▶**形态特征**　沉水草本。叶基生，先端钝，基部心形或少数渐狭，全缘或有细锯齿；叶柄长短因水深浅而异，柄上及叶背沿脉常具肉刺。花单生，雌雄异株；佛焰苞无翅，具 2～6 棱；雄佛焰苞内含 40～50 朵雄花，萼片 3 枚，开展，披针形；花瓣 3 片，白色，基部黄色或深黄色，倒心形。雄蕊黄色，花丝扁平，花药卵状椭球形，退化雄蕊 3 枚，线形，黄色；雌佛焰苞内含 2～3 朵雌花，花梗短，花萼、花瓣与雄花的相似，花柱 3 枚，橙黄色，2 裂至基部，裂片线形。子房下位，三棱柱形，有退化雄蕊 3 枚，线形，黄色。果为三棱状纺锤形，褐色，棱上有明显的肉刺和疣凸。种子多数，无毛。

▶**花　果　期**　花果期 5—10 月。

▶**分　　　布**　广西、海南、贵州、云南、四川。

▶**生　　　境**　生于湖泊、池塘、沟渠及水田中。

▶**用　　　途**　云南等地作蔬菜食用。

▶**致危因素**　环境污染、生境退化或丧失。

嵩明海菜花

（水鳖科 Hydrocharitaceae）

Ottelia songmingensis (Z.T. Jiang, H. Li & Z.L. Dao) Z.Z. Li, Q.F. Wang & J.M. Chen

国家重点保护级别	CITES 附录	IUCN 红色名录
二级		易危（VU）

▶**形态特征** 沉水草本。叶基生，带状厚纸质，不透明，先端钝圆或具短尖，基部渐狭，下延成翅，有明显中脉，叶柄平滑，基部膨大成鞘。花单性，雌雄异株；佛焰苞无翅，常具 6 棱；雄佛焰苞内含 10～30 朵雄花，萼片 3 枚，花瓣 3 片，白色，基部黄色，倒心形；雄蕊黄色，花丝扁平，花药卵状椭圆形，退化雄蕊 3 枚，线形，黄色；雌佛焰苞内含 4～6 朵雌花，花梗短，花柱 3 枚，橙黄色，2 裂至基部；子房下位，六棱柱形，有退化雄蕊 3 枚，线形，黄色。果为六棱状纺锤形，无翅。种子多数。

▶**花 果 期** 花果期 5—10 月。

▶**分 布** 云南（昆明）。

▶**生 境** 生于溪流、沟渠中。

▶**用 途** 未知。

▶**致危因素** 环境污染、生境退化或丧失。

龙舌草

（水鳖科　Hydrocharitaceae）

Ottelia alismoides (L.) Pers.

国家重点保护级别	CITES 附录	IUCN 红色名录
二级		易危（VU）

▶**形态特征**　沉水草本，具须根。叶基生，膜质；叶片多为广卵形、卵状椭圆形、近圆形或心形，常见叶形尚有狭长形、披针形乃至线形，长约 20 cm，全缘或有细齿；在植株个体发育的不同阶段，叶形常依次变更，初生叶线形，后出现披针形、椭圆形、广卵形等；叶柄长短随水体的深浅而异。两性花，偶见单性花，即杂性异株；佛焰苞椭圆形至卵形，长 2.5 ~ 4 cm，有 3 ~ 6 条纵翅；花无梗，单生；花瓣白色、淡紫色或浅蓝色；雄蕊 3 ~ 9（~ 12）枚，花丝具腺毛，花药条形，黄色，药隔扁平；子房下位，近圆形；花柱 6 ~ 10 枚，2 深裂。果长 2 ~ 5 cm。种子多数，纺锤形，细小，种皮上有纵条纹，被有白毛。

▶**花 果 期**　花期 4—10 月。

▶**分　　布**　黑龙江、河北、河南、江苏、安徽、浙江、江西、福建、台湾、湖北、湖南、广东、海南、广西、四川、贵州、云南。

▶**生　　境**　生于湖泊、沟渠、水塘、水田以及积水洼地。

▶**用　　途**　全株可作蔬菜、饵料、饲料、绿肥以及药用等。

▶**致危因素**　水体污染。

贵州水车前

（水鳖科　Hydrocharitaceae）

Ottelia balansae (Gagnep.) Dandy

国家重点保护级别	CITES 附录	IUCN 红色名录
二级		易危（VU）

▶**形态特征**　一年生或多年生沉水草本。根茎短缩。叶基生，幼叶线形、披针形，成熟后分化出叶柄和叶片；叶片绿色透明，长圆形或卵形，先端急尖或圆钝，基部楔形、心形或圆形，全缘，波状；纵脉 7 条，中脉明显，伸至叶端，横脉细而不十分明显；叶柄绿色，基部成鞘。花两性；每佛焰苞内含花 3 ~ 11 朵；萼片 3 枚，绿色，披针形，长 2 ~ 2.5 cm；花瓣 3 片，白色，长 2 ~ 3.5 cm；雄蕊 3 枚，与萼片对生，黄色，花药椭圆形，药隔不发达；腺体 3 枚，白色，与花瓣对生；子房三棱状圆柱形，心皮 3 枚，侧膜胎座；花柱 3 枚，黄色，有毛，柱头 6 个，有毛。果绿色，三棱状圆锥形，具宿存萼。

▶**花　果　期**　花果期 6—11 月。

▶**分　　　布**　广西、贵州（惠水）、云南。

▶**生　　　境**　生于池塘、河流及湖泊中。

▶**用　　　途**　未知。

▶**致危因素**　生境破碎化或丧失。

水菜花

（水鳖科　Hydrocharitaceae）

Ottelia cordata (Wall.) Dandy

国家重点保护级别	CITES 附录	IUCN 红色名录
二级		易危（VU）

▶**形态特征**　一年生或多年生水生草本。叶基生，异型；沉水叶长椭圆形、披针形或带形，长 30 ~ 60 cm，全缘，薄纸质，淡绿色；浮水叶阔披针形或长卵形，全缘，长 10 ~ 20 cm，色深具光泽。花单性，雌雄异株。雄佛焰苞内有雄花 10 ~ 30 朵，同时 2 ~ 4 朵伸出苞外开花；花瓣 3 片，倒卵形，白色，具纵条纹；雄蕊 12 枚，花丝上密被茸毛，药隔明显；退化雄蕊 3 枚，与萼片对生，黄色，扁平，先端 2 裂，有乳头状凸起，腺体 3 枚，黄红色，与花瓣对生；退化雌蕊 1 枚，圆球形，具 3 浅沟。雌佛焰苞内含雌花 1 朵，花被与雄花花被相似，稍大；子房下位，长圆形，侧膜胎座；花柱 9 ~ 18 枚，先端 2 裂，扁平状，裂缝间具毛状乳头；腺体 3 枚，与花瓣对生。果实长椭圆形。种子多数，纺锤形，光滑。

▶**花 果 期**　花期 5 月。

▶**分　　布**　海南（海口、文昌）。

▶**生　　境**　生于淡水沟渠及池塘中。

▶**用　　途**　未知。

▶**致危因素**　生境破碎化或丧失。

凤山水车前

(水鳖科 Hydrocharitaceae)

Ottelia fengshanensis Z.Z. Li, S. Wu & Q.F. Wang

国家重点保护级别	CITES 附录	IUCN 红色名录
二级		易危（VU）

▶**形态特征** 一年生或多年生草本植物。叶完全浸没水中，深绿色，线形或长圆形，基部圆形，先端锐尖或钝；有明显中脉，延伸到先端；叶柄平滑，绿色，基部膨大成鞘。佛焰苞扁球形，沿边缘有疣或平滑，含 3~4 朵花。花两性；萼片红绿色，具纵棱；花瓣白色，基部黄色，倒卵形；雄蕊 3 枚，与萼片对生，花药椭圆形，药隔不明显；腺体 3 枚，与花瓣对生，淡黄色。子房六角状圆筒形至圆筒形，具 3 枚心皮；花柱 3 枚，白色，纤细和有毛，柱头 2 裂，分裂到基部；柱头 6 个，线形，有毛。果为六角状圆筒形蒴果，具宿存花萼，总是长于佛焰苞。种子多数，纺锤形，两端有毛。花粉，近球形，具刺状颗粒。

▶**花 果 期** 花期 4—11 月。

▶**分 布** 广西（百色）。

▶**生 境** 生于喀斯特地区，深度低于 1.5 m 的河流中。

▶**用 途** 未知。

▶**致危因素** 生境破碎化或丧失。

灌阳水车前

（水鳖科　Hydrocharitaceae）

Ottelia guanyangensis Z.Z. Li , Q.F. Wang & S. Wu

国家重点保护级别	CITES 附录	IUCN 红色名录
二级		易危（VU）

▶**形态特征**　多年生草本植物。叶完全浸没水中，深绿色，不透明，线形；中脉明显，延伸至先端；叶柄平滑，深绿色，基部膨大成鞘。佛焰苞扁球形，含 2 ~ 5 朵花。花两性；萼片红棕色，具明显的纵棱；花瓣白色，基部黄色，倒卵形，具纵向褶皱；雄蕊 3 枚，花药椭圆形；腺体 3 枚，与花瓣对生，淡黄色至乳白色。子房六角形圆筒状；花柱 3 枚，淡黄色，纤细，有毛，柱头 2 裂，完全裂至基部；柱头 6 个，线形，有毛。蒴果，六角形圆筒状，具 6 翅，深绿色至红棕色，具宿存花萼，长于佛焰苞。种子多数，两端有毛。花粉，近球形，具刺状颗粒。

▶**花 果 期**　花期 4—10 月。

▶**分　　布**　广西（桂林）。

▶**生　　境**　生于河流或溪流中。

▶**用　　途**　未知。

▶**致危因素**　生境破碎化或丧失。

冰沼草

（冰沼草科 Scheuchzeriaceae）

Scheuchzeria palustris L.

国家重点保护级别	CITES 附录	IUCN 红色名录
二级		无危（LC）

▶**形态特征** 多年生草本。短根状茎上的匍匐茎长 15 ~ 30 cm。基生叶直立而相互紧靠，长 20 ~ 30 cm；茎生叶长 2 ~ 13 cm；叶舌长 3 ~ 5 mm。花茎高 12 ~ 30 cm，无毛；开花时花柄长 2 ~ 4 mm，果柄长 6 ~ 22 mm。蓇葖果几无喙。

▶**花 果 期** 花期 6—7 月，果期 7—8 月。

▶**分　　布** 吉林、河南、陕西、宁夏、青海、四川西部；北半球较寒冷地区。

▶**生　　境** 生于沼泽和其他湿地。

▶**用　　途** 未知。

▶**致危因素** 生境破碎化或丧失。

芒苞草

（翡若翠科　Velloziaceae）

Acanthochlamys bracteata P.C. Kao

国家重点保护级别	CITES 附录	IUCN 红色名录
二级		易危（VU）

▶**形态特征**　多年生草本，密丛生，高 3 ~ 5 cm。根状茎坚硬，粗 1 ~ 2 mm。须根黄白色，长约 10 cm。叶针形，上面近半圆形，具两条肋纹，下面扁平，有 1 条纵沟，长 3 ~ 7 cm，宽约 1 mm，先端渐尖。花葶高 2 ~ 5.5 cm，聚伞花序缩短成头状，外形近扫帚状；苞片 3 枚，革质，长三角形，腹面有膜质鞘，先端有一须状附属物，背面有芒，芒长约 1 cm；花梗很短。花粉红色，花被管长约 2.5 mm；花被裂片 6 枚，2 轮，内轮稍小，裂片楠圆形，长约 2.5 mm；雄蕊 6 枚；子房圆柱形，长约 2 mm。蒴果具 3 棱，长约 7 mm。

▶**花 果 期**　花期 6 月，果期 8 月。

▶**分　　布**　四川（马尔康、乾宁、雅江、稻城、乡城）、西藏。

▶**生　　境**　生于海拔 2700 ~ 3500 m 的草地上或开旷灌丛中。

▶**用　　途**　牧业、生态和科研价值。

▶**致危因素**　生境退化或丧失。

巴山重楼

（藜芦科　Melanthiaceae）

Paris bashanensis F.T. Wang & Tang

国家重点保护级别	CITES 附录	IUCN 红色名录
二级		近危（NT）

▶**形态性状**　根状茎横走，细长，黄色，节增粗；茎高 10～30 cm，绿色，无毛；叶通常 4 枚（稀 5 枚），长圆披针形至长圆形，近无柄；花梗绿色，长 3～7 cm；花基数 4 枚，稀 5 枚，与叶同数；萼片狭披针形，反折；花瓣淡绿色，丝状至线形，基本上与萼片等长或稍长；雄蕊 2 轮；花丝淡绿色；花药黄色，线形，药隔突出部分细长，长 4～14 mm；子房紫黑色，球形；中轴胎座；花柱基不明显；花柱紫色，较短，大约长 2 mm；柱头 4（或 5）个，浅裂，紫色；果近球形，紫黑色，不裂；种子无假种皮或外种皮。

▶**花 果 期**　花期 5—6 月，果期 7—9 月。

▶**分　　布**　重庆、湖北、四川。

▶**生　　境**　生于海拔 1400～2750 m 的阔叶林和竹林中。

▶**用　　途**　药用。

▶**致危因素**　生境退化或丧失、现存种群分布严重碎片化。

凌云重楼

（藜芦科 Melanthiaceae）

Paris cronquistii (Takhtajan) H. Li

国家重点保护级别	CITES 附录	IUCN 红色名录
二级		易危（VU）

▶**形态特征** 根状茎粗；茎高 20 ~ 100 cm，绿色，常紫红色；叶 4 ~ 7 枚，正面绿色，沿主脉有白色斑纹，背面常有紫色或绿色带紫色斑纹，卵形，先端骤尖，具尾尖，基部心形；叶柄长 2.5 ~ 7.6 cm，紫色；花基数 4 ~ 7 枚；花梗长 12 ~ 60 cm，绿色或紫色；萼片绿色，披针形，卵状披针形；花瓣黄绿色，丝状，长 2 ~ 8 cm，通常短于萼片（稀长于萼片）；雄蕊 3 或 2 轮；花丝淡绿色；花药金黄色，药隔突出部分绿色或黄色，长 1 ~ 6 mm；子房绿色或淡紫色，具 4 ~ 7 棱；侧膜胎座；花柱基增厚；花柱紫绿色，黄红色；柱头 5 ~ 6 裂，黄红色或紫色，外卷；成熟时的蒴果红色，不规则开裂；种子多数，近球形，被红色、多汁的外种皮包裹。

▶**花 果 期** 花期 4—6 月，果期 7—10 月。

▶**分 布** 重庆、广西、贵州、四川、云南；越南。

▶**生 境** 生于海拔 200 ~ 1950 m 的常绿阔叶林、落叶阔叶林和针叶林中。

▶**用 途** 药用。

▶**致危因素** 作为药材被商业采挖。

金线重楼

（藜芦科 Melanthiaceae）

Paris delavayi Franchet

国家重点保护级别	CITES 附录	IUCN 红色名录
二级		易危（VU）

▶**形态性状** 根状茎粗；茎绿色或紫色，高 30～60 cm。叶 5～8 枚，常膜质，狭披针形、披针形、长圆形状披针形或卵形，先端渐尖，基部楔形至圆形；叶柄长 0.6～2.5 cm。花基数 4～7 枚；花梗绿色或紫色，长 1～15 cm；萼片绿色或紫色，狭小，常反折；花瓣暗紫色（稀黄绿色），反折，比萼片和雄蕊都短；雄蕊 2 轮；花丝紫色；花药黄色，药隔突出明显，紫色，长 2～15 mm；子房圆锥形，绿色；侧膜胎座；花柱紫色，基部增厚；柱头紫色或暗红色。果圆锥形，成熟时仍然为绿色；种子多数，被红色、多汁的外种皮包裹。

▶**花 果 期** 花期 4—5 月，果期 6—10 月。

▶**分 布** 重庆、广西、贵州、湖北、海南、江西、四川、云南；越南。

▶**生 境** 生于海拔 700～2900 m 的落叶阔叶林和针叶林中。

▶**用 途** 药用。

▶**致危因素** 作为药材被商业采挖。

海南重楼

（藜芦科　Melanthiaceae）

Paris dunniana Lévl.

国家重点保护级别	CITES 附录	IUCN 红色名录
二级		易危（VU）

▶**形态性状**　高大草本，高 1 ~ 3 m。根状茎粗厚；茎绿色或暗红色，无毛。叶 5 ~ 8 枚，绿色，膜质，倒卵状长圆形，先端骤尖。花基数 5 ~ 8 枚；花梗长 60 ~ 150 cm，绿色或紫色；萼片绿色，膜质，长圆披针形；花瓣黄绿色，丝状，长于花萼；雄蕊 3 ~ 4 轮；花丝绿色，长 5 ~ 15 mm；花药长 12 ~ 25 mm，药隔突出部分尖锐，长 1 ~ 4 mm；子房具棱，淡绿色或紫色；侧膜胎座；花柱紫红色，基部增厚；柱头 5 ~ 8 个，幼时直立，花后外卷。果近球形，成熟时淡绿色，开裂；种子多数，为不规则球形，外种皮橙黄色，肉质，多汁。

▶**花 果 期**　花期 3—4 月，果期 10—11 月。

▶**分　　布**　广西、贵州、海南。

▶**生　　境**　生于海拔 400 ~ 1100 m 的常绿阔叶林中。

▶**用　　途**　药用。

▶**致危因素**　生境退化或丧失、现存种群分布严重碎片化、作为药材被商业采挖。

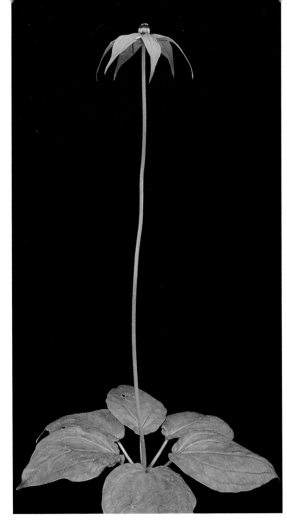

球药隔重楼

（藜芦科　Melanthiaceae）

Paris fargesii Franchet

国家重点保护级别	CITES 附录	IUCN 红色名录
二级		濒危（EN）

▶**形态性状**　根状茎粗壮；茎绿色或紫色。叶 4～6 枚，卵形或卵状长圆形，先端骤狭渐尖，基部心形或圆形，侧脉 2～3 对，近基发出，呈弧形脉；叶柄为绿色或紫色，1.5～9.5 cm。花基数 4～6 枚；花梗绿色或紫色，15～50 cm；萼片绿色，卵形、卵状披针形或披针形，先端渐尖成尾状；花瓣黄绿色或紫黑色，线形，常反折，短于萼片；雄蕊 2 轮，整个雄蕊很短；药凸近球形，花丝和药凸紫黑色；子房具棱，方柱形，五角柱形；侧膜胎座；花柱短，紫黑色，基部增厚，方形或五角形；柱头花期渐反卷。果近球形，紫黑色或绿色，开裂；种子多数，被红色、多汁的外种皮包裹。

▶**花 果 期**　花期 3—4 月，果期 5—10 月。

▶**分　　布**　重庆、广东、广西、贵州、湖北、湖南、四川、台湾、云南；越南。

▶**生　　境**　生于海拔 500～2100 m 的常绿阔叶林和落叶阔叶林中。

▶**用　　途**　药用。

▶**致危因素**　作为药材被商业采挖。

长柱重楼

Paris forrestii (Takht.) H. Li

（藜芦科　Melanthiaceae）

国家重点保护级别	CITES 附录	IUCN 红色名录
二级		无危（LC）

▶**形态性状**　根状茎圆柱状，棕褐色，有密集的环节。茎高 15 ~ 60 cm，绿色、紫色或黑紫色。叶片 4 ~ 7 枚，长圆形、倒卵状长圆形或卵状长圆形，先端短渐尖，具尾尖，基部心形、浅心形，稀圆形，基出侧脉 1 ~ 2 对；叶柄长 2.5 ~ 7 cm；花基数 4 ~ 7 枚；花梗绿色或紫色，长 4.5 ~ 40 cm，花期直立，果期弯曲；萼片卵形，长圆形或卵形披针形，偶有紫色斑点；花瓣黄绿色（稀暗红色），丝状；雄蕊 2 轮；花丝绿黄色；花药浅黄色，药隔不突出；子房绿色或红色，具 4 ~ 7 棱；中轴胎座；花柱红色，橙色，或紫绿色，花柱基明显增厚；柱头 4 ~ 7 个，通常外卷。果为浆果，具棱，成熟时绿色或暗红色；种子多数，白色或黄色，卵形，一半为黄色海绵质假种皮所包裹。

▶**花 果 期**　花期 4—5 月，果期 6—10 月。

▶**分　　布**　四川、西藏、云南；印度、尼泊尔、缅甸。

▶**生　　境**　生于海拔 600 ~ 3200 m 的常绿（或落叶）阔叶或针叶林、竹林、杜鹃灌木中。

▶**用　　途**　药用。

▶**致危因素**　作为药材被商业采挖。

高平重楼

（藜芦科　Melanthiaceae）

Paris caobangensis Y.H. Ji, H. Li & Z.K. Zhou

国家重点保护级别	CITES 附录	IUCN 红色名录
二级		易危（VU）

▶**形态性状**　根状茎圆柱状，水平或斜生。茎直立，圆柱形，下部红紫色，上部呈白绿色，30～35 cm。叶 4～16 枚，绿色，革质，有光泽，卵形、卵状披针形或长圆状披针形，先端渐尖，基部近圆，中脉明显，基部发出 1 对侧脉；叶柄绿色，2.5～3.0 cm。花基数 4～6 枚；花梗黄绿色，长 10～25 cm；萼片 4～6 枚，披针形至卵状披针形，绿色；花瓣下端窄线形，上部逐渐增宽至 2～3 mm，黄绿色，长（偶短）于萼片，有时反折；雄蕊 2 轮，花丝黄绿色；花药黄色，药凸近无；子房圆锥形，绿色，具 4～6 棱；侧膜胎座；花柱紫色，基部增厚；柱头 4～5 个，浅裂，紫色。果为蒴果，近球形，成熟时呈黄绿色，开裂。种子多数，被红色、多汁的外种皮包裹。

▶**花 果 期**　花期 3—5 月，果期 6—11 月。

▶**分　　布**　广西、贵州、湖北、湖南；越南、泰国。

▶**生　　境**　生于海拔 300～2900 m 的常绿（或落叶）阔叶林中。

▶**用　　途**　药用。

▶**致危因素**　作为药材被商业采挖。

李氏重楼

（藜芦科　Melanthiaceae）

Paris liiana Y.H.Ji

国家重点保护级别	CITES 附录	IUCN 红色名录
二级		

▶**形态性状**　根状茎粗壮，圆柱状，水平或斜生。茎紫红色或绿色，高 0.5 ~ 1.5 m。叶 5 ~ 12 枚，叶片椭圆形或长圆状倒卵形，先端锐尖，基出侧脉 2 ~ 3 对；叶柄浅绿色；花梗绿色或浅紫色，25 ~ 50 cm；花基数 5 ~ 10 枚；萼片 5 ~ 10 枚，长圆形或倒卵状长圆形，绿色；花瓣 5 ~ 10 片，丝状，下部绿色，上部黄绿色，顶部稍宽至 2 ~ 3 mm，比萼片短或稍长；雄蕊 2 轮；花丝绿黄色，3 ~ 6 mm；花药金黄色；子房基部浅绿色，顶部紫红色，具 5 ~ 10 棱；侧膜胎座；花柱 4 ~ 5 mm，基部增厚，紫红色；柱头 5 ~ 10 个，深棕色。蒴果近球形，绿色、暗红色或棕色，开裂；种子多数，被红色、多汁的外种皮包裹。

▶**花 果 期**　花期 4—5 月，果期 6—12 月。

▶**分　　布**　广西、云南、贵州；缅甸。

▶**生　　境**　生于海拔 1200 ~ 2200 m 的常绿阔叶林下。

▶**用　　途**　药用。

▶**致危因素**　作为药材被商业采挖。

禄劝花叶重楼

Paris luquanensis H. Li

（藜芦科　Melanthiaceae）

国家重点保护级别	CITES 附录	IUCN 红色名录
二级		极危（CR）

▶**形态性状**　多年生矮小草本。根状茎粗，表面棕色。茎紫色，高 5～20 cm，无毛。叶 4～7 枚，倒卵形或菱形，先端骤狭后急尖或短渐尖，基部楔形、宽楔形，稀为圆形，上面深绿色，下面深紫色，两面叶脉及沿脉淡绿色；无叶柄。花基数 4～7 枚；花梗紫色；萼片披针形、卵状披针形或椭圆形，淡绿色，叶脉绿白色；花瓣黄色，丝状，长 2～5 cm，长于萼片；雄蕊 2 轮；花药线状，黄色，药隔突出部分不明显；子房紫色或绿色，卵球形，具 4～7 棱；花柱紫色；柱头紫色，短，小于 1 mm，果期外卷。蒴果绿色。种子少数，近球形，具有红色、多汁的外种皮。

▶**花　果　期**　花期 4—6 月，果期 7—10 月。

▶**分　　　布**　四川、云南。

▶**生　　　境**　生于海拔 2300～2800 m 的常绿（或落叶）阔叶林和针叶林中。

▶**用　　　途**　药用。

▶**致危因素**　生境退化或丧失、现存种群分布严重碎片化、作为药材被商业采挖。

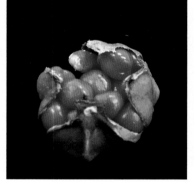

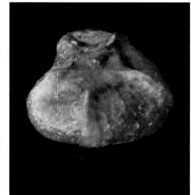

毛重楼

（藜芦科 Melanthiaceae）

Paris mairei H. Léveillé

国家重点保护级别	CITES 附录	IUCN 红色名录
二级		濒危（EN）

▶**形态性状** 根状茎粗。茎高 11 ~ 65 cm，紫色或绿色，粗糙或密被短毛。叶 5 ~ 12 枚，倒披针形或倒卵形至倒卵状披针形，绿色，背面淡绿色，上面叶脉有时淡绿色，侧脉 3 ~ 4 对，第 2 对侧脉由中肋中部伸出，弯拱延至叶顶，下面、脉上及叶缘有糠秕状短毛；叶柄长约 4 mm，具短柔毛，紫色。花基数 4 ~ 8 枚；花梗紫色（稀绿色），4.5 ~ 18.5 cm，短柔毛（有时无毛）；萼片绿色，披针形，卵形披针形，具短柔毛；花瓣黄绿色，丝状或线形，长于萼片；雄蕊 2 轮；花丝紫色或黄色，比花药短，2 ~ 6 mm；花药黄色；子房绿色或紫色，具棱，无毛或有毛；侧膜胎座；花柱基增厚，紫色，角盘状；花柱紫色；柱头紫色，幼时直立，果时外卷。蒴果成熟时紫色，近球形，有棱，开裂；种子多数，近球形，外种皮红色、多汁。

▶**花 果 期** 花期 4—5 月，果期 6—10 月。

▶**分　　布** 贵州、四川、西藏、云南。

▶**生　　境** 生于海拔 1800 ~ 3500 m 的落叶阔叶林、针叶林、竹林和灌丛中。

▶**用　　途** 药用。

▶**致危因素** 作为药材被商业采挖。

花叶重楼

（藜芦科　Melanthiaceae）

Paris marmorata Stearn

国家重点保护级别	CITES 附录	IUCN 红色名录
二级		

▶**形态性状**　根状茎粗。茎绿色或紫色，高 5～35 cm。叶 4～8 枚，无柄或近无柄，叶长圆形或披针形，上面绿色，叶脉及沿脉带淡白色，背面淡绿色或紫色，无毛，先端渐尖，基部楔形、宽楔形或近圆形，叶缘不规则或呈波状齿。花基数 4～7 枚；花梗绿色或紫色，长 3～10 cm；萼片绿色，披针形或狭卵状披针形；花瓣线形或丝状，绿黄色，比萼片短或稍长；雄蕊 2 轮；花丝绿或紫色；花药黄色（稀紫色），药凸不明显；子房绿色，近球形，具 4～7 棱；侧膜胎座；花柱圆锥形，紫色，长 1 mm；柱头 4～7 个，紫色。果成熟时仍为绿色，不规则球形，开裂；种子少数，3～4 枚，近球形，外种皮橙红色、多汁。

▶**花 果 期**　花期 4—5 月，果期 6—10 月。

▶**分　　布**　西藏、四川、云南；尼泊尔。

▶**生　　境**　生于海拔 1500～3100 m 的阔叶林、针叶林、竹林和灌木丛中。

▶**用　　途**　药用。

▶**致危因素**　作为药材被商业采挖。

七叶一枝花

（藜芦科　Melanthiaceae）

Paris chinensis Franch.

国家重点保护级别	CITES 附录	IUCN 红色名录
二级		易危（VU）

▶**形态性状**　根状茎粗壮。茎绿色或红紫色，高 25 ~ 84 cm，无毛，偶有黄绿色，上部为紫色。叶 5 ~ 12 枚，叶形多变，长圆形、卵形、披针形或倒披针形，基部楔形，稀圆形；叶柄绿色或紫色，长 0.1 ~ 3.5 cm。花基数 4 ~ 8 枚；萼片绿色，披针形；花瓣黄绿色，狭线形，短于萼片，常反折；雄蕊 2 轮；花丝淡绿色；花药黄色，药隔突出部分不明显或 0.5 ~ 2.0 mm，锐尖；子房绿色，光滑或结瘤，具 4 ~ 8 棱；侧膜胎座；花柱紫色或暗红色，基部增厚；柱头紫色或暗红色，长 4 ~ 10 mm，花期直立，果期反卷。果近球形，绿色，不规则开裂；种子少数，卵形，具有红色、多汁的外种皮。

▶**花 果 期**　花期 3—5 月，果期 6—10 月。

▶**分　　布**　安徽、重庆、福建、广东、广西、贵州、河南、湖南、湖北、江西、江苏、陕西、山西、四川、台湾、云南；泰国、越南。

▶**生　　境**　生于海拔 150 ~ 2800 m 的常绿（或落叶）阔叶林、针叶林、竹林和灌丛中。

▶**用　　途**　药用。

▶**致危因素**　作为药材被商业采挖。

狭叶重楼

（藜芦科　Melanthiaceae）

Paris lancifolia Hayata

国家重点保护级别	CITES 附录	IUCN 红色名录
二级		易危（VU）

▶**形态性状**　根状茎粗壮。茎紫红色或绿色，高 25 ~ 75 cm。叶 5 ~ 9 枚，无柄或近无柄，绿色，线形、窄披针形、披针形、倒披针形或长圆状披针形，膜质至纸质，基部楔形。花基数 4 ~ 7 枚；花梗绿色或紫色，长 5 ~ 25 cm；萼片披针形，长 2 ~ 7 cm，绿色至黄绿色；花瓣丝状，通常长于萼片；雄蕊 2 轮；花丝绿色，长 3 ~ 10 mm；花药黄色，长 5 ~ 15 mm，药凸不明显；子房紫色，光滑或结瘤，具 4 ~ 7 棱；侧膜胎座；花柱紫色，长 3 ~ 5 mm，基部增厚；柱头紫色，

长 4 ~ 10 mm，花期直立，果期反卷。果球状，成熟时绿色，不规则开裂；种子多数，具红色、多汁假种皮。

▶**花 果 期**　花期 4—6 月，果期 7—10 月。

▶**分　　布**　安徽、重庆、福建、甘肃、广西、河南、湖南、湖北、山西、四川、台湾、云南、浙江。

▶**生　　境**　生于海拔 2300 ~ 2800 m 的常绿（或落叶）阔叶林和针叶林、竹灌丛、灌丛中。

▶**用　　途**　药用。

▶**致危因素**　作为药材被商业采挖。

启良重楼

（藜芦科　Melanthiaceae）

Paris qiliangiana H. Li , J. Yang & Y.H. Wang

国家重点保护级别	CITES 附录	IUCN 红色名录
二级		

▶**形态性状**　根状茎粗壮，圆柱形。茎绿色或紫红色，高 15～50 cm。叶片 4～8 枚，长圆形、卵形、倒卵形或倒披针形，长 5～13 cm，宽 2～6 cm，先端渐尖，基部近圆形或楔形，基出侧脉 1 对。叶柄绿色或深紫色，长 0.5～7 cm；花基数 4～7 枚；花梗绿色或红紫色，长 6～30 cm；萼片绿色，卵形或披针形；花瓣线形，黄绿色，长于萼片；雄蕊 2 轮；花丝黄绿色；花药黄色或棕色，药隔突出部分近无；子房绿色，具 4～7 棱；侧膜胎座；花柱白色或紫红色，长 2～10 mm，基部增厚；柱头 4～7 个，浅黄色至紫色，花期反卷。果为蒴果，成熟时黄绿色，球状，开裂。种子近球形，具红色、多汁的外种皮。

▶**花 果 期**　花期 3—5 月，果期 6—10 月。

▶**分　　布**　湖北、重庆、陕西、四川。

▶**生　　境**　生于海拔 720～1140 m 的落叶阔叶林和针叶林下。

▶**用　　途**　药用。

▶**致危因素**　作为药材被商业采挖。

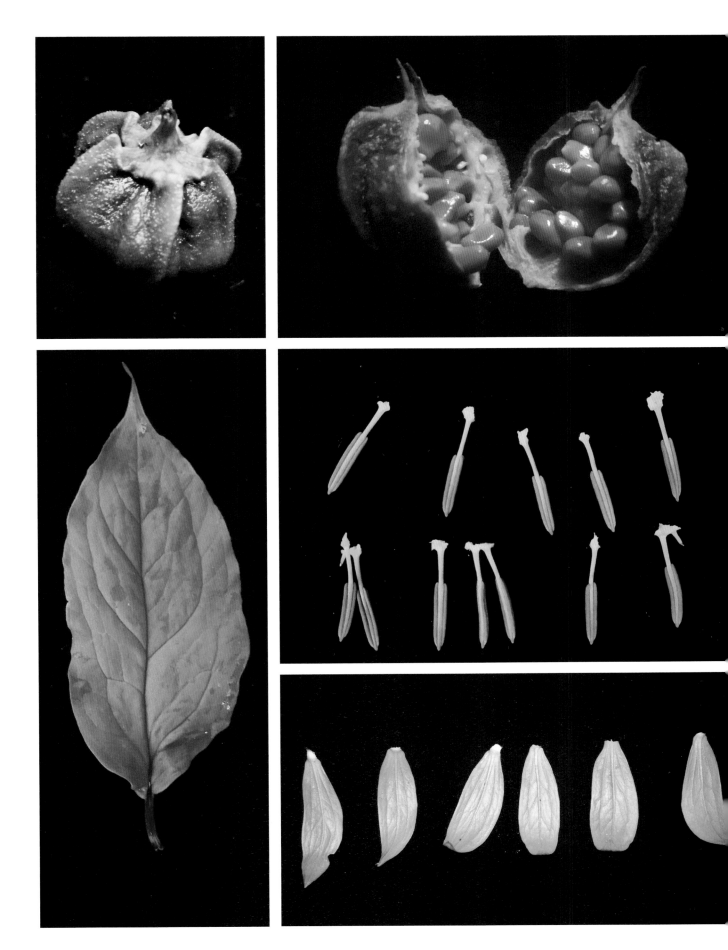

黑籽重楼

Paris thibetica Franchet

（藜芦科　Melanthiaceae）

国家重点保护级别	CITES 附录	IUCN 红色名录
二级		

▶**形态性状**　根状茎粗壮，黄褐色，内面白色。茎绿色或紫色，高 20～50 cm。叶 7～12 枚，倒披针形至长圆形，绿色，先端渐尖，基部楔形；通常无柄，或具 2～3 mm 短柄。花基数 4～7 枚；花梗绿色或紫色，长 4.5～15.0 cm，结果时稍长；萼片绿色，狭披针形至披针形；花瓣（偶无瓣）丝状，黄绿色，比萼片短；雄蕊 2 轮；花丝绿色，长 5～12 mm；花药金黄色，长 6～20 mm，药隔突出部分伸长明显，长 8～35 mm；子房圆锥形，具 7～12 棱；侧膜胎座；花柱紫色或深红色，基部增厚，柱头长 2～10 mm。果近球形，成熟时绿色，开裂。种子多数，卵形，亮黑色，光滑，坚硬，一侧被红色、多汁的假种皮包裹。

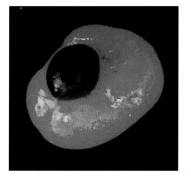

▶**花 果 期**　花期 3—4 月，果期 5—9 月。

▶**分　　布**　青海、四川、云南；尼泊尔。

▶**生　　境**　生于海拔 1600～3600 m 的落叶阔叶林、针叶林、竹林、灌丛和高山杜鹃灌丛中。

▶**用　　途**　药用。

▶**致危因素**　作为药材被商业采挖。

▶**备　　注**　变种为无瓣重楼 *Paris thibetica* var. *apetala* M.Bieb.

平伐重楼

Paris vaniotii H. Léveillé

（藜芦科 Melanthiaceae）

国家重点保护级别	CITES 附录	IUCN 红色名录
二级		濒危（EN）

▶**形态性状** 根状茎圆柱形，偶尔分枝，斜向或水平。茎紫红色或绿色，无毛（偶有短柔毛），高 30 ~ 70 cm。叶 5 ~ 7 枚，深绿色，叶片椭圆形或倒披针形，先端长渐尖，基部近楔形，基出侧脉 1 ~ 2 对；叶柄长 0.5 ~ 6.0 cm。花基数 4 ~ 7 枚；花梗绿色或紫色，长 5 ~ 37 cm；萼片卵状披针形，绿色，纸质或膜状；花瓣丝状，黄绿色，远长于萼片；雄蕊 3 轮（少 2 或 4 轮）；花丝绿黄色；花药金黄色，药隔突出部分不明显，长 0.5 ~ 1.0 mm；子房花柱具扩大的基部，紫红色、青紫色或橙黄色；子房绿色或蓝紫色，具 4 ~ 7 棱；花柱基部增厚，

紫红色、青紫色或橙黄色；柱头 4 ~ 7 个。果为浆果，成熟时深红色，不开裂。种子多数，褐色，卵球形，大部分被近白色海绵质假种皮所包裹。

▶**花 果 期** 花期 4 月，果期 7—10 月。

▶**分 布** 重庆、贵州、湖北、湖南、四川、云南。

▶**生 境** 生于海拔 700 ~ 3000 m 的常绿（或落叶）阔叶林、针叶林和竹林下。

▶**用 途** 药用。

▶**致危因素** 过度采集。

南重楼

(藜芦科 Melanthiaceae)

Paris vietnamensis (Takht.) H.Li

国家重点保护级别	CITES 附录	IUCN 红色名录
二级		易危（VU）

▶**形态性状** 根状茎粗壮，粉质。茎绿色，高 0.3～1.5 m。叶 4～7 枚，膜质，绿色，倒卵形、倒卵状长圆形，先端短，渐尖，基部圆形至宽楔形，侧脉 2～3 对，近基出；叶柄紫色，长 3.5～10.0 cm。花基数 4～7 枚；萼片绿色，披针形或长圆形披针形；花瓣黄绿色，丝状或线状，长于或等长于萼片；雄蕊 2～3 轮；花丝紫色；花药棕色，药凸通常为紫色，长 1～4 mm；子房淡紫色，有时绿色，具 4～7 棱；侧膜胎座；花柱青色、紫色，基部增厚，星状；柱头 4～7 个，向外卷曲。果成熟淡绿色，开裂；种子少数，具橙黄色的外种皮。

▶**花 果 期** 花期 1—3 月，果期 4—12 月。

▶**分　　布** 广西、云南；老挝、越南。

▶**生　　境** 生于海拔 600～2000 m 的常绿阔叶林内。

▶**用　　途** 药用。

▶**致危因素** 作为药材被商业采挖。

云龙重楼

（藜芦科　Melanthiaceae）

Paris yanchii H. Li, L.G. Lei, & Y.M. Yang

国家重点保护级别	CITES 附录	IUCN 红色名录
二级		极危（CR）

▶**形态性状**　根状茎粗壮，深棕色，内面白色，粉质。茎紫红色或绿色，高 12.5 ~ 40 cm。叶 5 ~ 9 枚，叶片卵形至长圆形，先端锐尖，基部圆形或楔形，基出 2 ~ 3 对侧脉；叶柄暗紫色。花梗绿色或紫色；萼片 4 ~ 6 枚，正面绿色，背面浅绿色，卵形至披针形；花瓣线形，紫色，果期变绿色，长于萼片，直立或平展；雄蕊 2 轮；花丝黄绿色，长 2 ~ 3 mm；花药黄色，药隔突出部分线形，紫色，长 4 ~ 15 mm；子房卵圆形，绿色，具 4 ~ 7 条紫色棱；侧膜胎座；花柱紫色，基部增厚；柱头 4 ~ 7 个，紫色，直立。果成熟时为黄绿色，球形，具 5 ~ 6 棱；种子近球形，具红色、多汁的外种皮。

▶**花　果　期**　花期 4—6 月，果期 7—10 月。

▶**分　　　布**　云南。

▶**生　　　境**　生于海拔 2300 ~ 2800 m 的落叶阔叶林和针叶林内。

▶**用　　　途**　药用。

▶**致危因素**　生境退化或丧失；现存种群分布严重碎片化；作为药材被商业采挖。

西畴重楼

（藜芦科　Melanthiaceae）

Paris xichouensis (H. Li) Y.H. Ji, H. Li & Z.K. Zhou

国家重点保护级别	CITES 附录	IUCN 红色名录
二级		极危（CR）

▶**形态性状**　根状茎粗壮。茎绿色，通常带红紫色，高 20～100 cm。叶 4～7 枚，绿色，长圆形或卵形，基部心形，稀圆形，先端骤尖，基出侧脉 2～3 对；叶柄 3～8.5 cm，带紫色。花基数 4～7 枚；花梗绿色或紫色；萼片绿色，披针形或卵状披针形；花瓣黄绿色，丝状，比萼片短；雄蕊 3 轮；花丝淡绿色；花药金黄色，药隔突出部分绿色，长 1～6 mm；子房绿色，具 4～7 棱；侧膜胎座；花柱基增厚，紫红色，稍下凹；花柱青紫色，黄红色；柱头 4～6 个，黄红色或紫色，常外卷。果绿色至红色，开裂；种子多数，近球形，具橙色、多汁的外种皮。

▶**花 果 期**　花期 2—4 月，果期 5—11 月。

▶**分　　布**　云南；越南。

▶**生　　境**　生于海拔 1200～1500 m 的常绿阔叶林内。

▶**用　　途**　药用。

▶**致危因素**　生境退化或丧失；现存种群分布严重碎片化；作为药材被商业采挖。

滇重楼

Paris yunnanensis Franch.

（藜芦科 Melanthiaceae）

国家重点保护级别	CITES 附录	IUCN 红色名录
二级		易危（VU）

▶**形态性状** 根状茎粗壮。茎直立，高 25～100 cm，光滑无毛，下部为紫色，上部为黄绿色。叶 5～11 片，绿色，卵形、倒卵形、长圆形或倒卵状长圆形，先端锐尖到渐尖，基部楔形至圆形，质地较厚，不为膜质；叶柄紫色或绿色，长 0.5～7 cm。花基数 4～7 枚；花梗绿色或紫色，高 45 cm；萼片绿色，披针形，长 2.5～7 cm；花瓣黄色（稀紫色），宽 3～5 mm，长于或等长于萼片；雄蕊 2 轮；花丝呈黄绿色；花药黄色，药凸不明显；子房绿色，光滑或具瘤，具 4～7 棱；侧膜胎座；花柱紫色，长 2 mm，基部增厚；柱头紫色，长 4～10 mm，花期直立，果期反卷。果球形，绿色，不规则开裂；种子多数，卵形，具红色、多汁的外种皮。

▶**花 果 期** 花期 4—6 月，果期 7—10 月。

▶**分 布** 贵州、重庆、四川、云南、广西、西藏；缅甸。

▶**生 境** 生于海拔 1000～3200 m 的常绿（或落叶）阔叶林、针叶林、竹丛和灌丛中。

▶**用 途** 药用。

▶**致危因素** 作为药材被商业采挖。

荞麦叶大百合

（百合科　Liliaceae）

Cardiocrinum cathayanum (E.H. Wilson) Stearn

国家重点保护级别	CITES 附录	IUCN 红色名录
二级		近危（NE）

▶**形态特征**　小鳞茎，高 2.5 cm，直径 1.2 ~ 1.5 cm。茎高 50 ~ 150 cm，直径 1 ~ 2 cm。除基生叶外，约离茎基部 25 cm 处开始有茎生叶，最下面的几枚常聚集在一处，其余散生；叶纸质，具网状脉，卵状心形或卵形，先端急尖，基部近心形，长 10 ~ 22 cm，宽 6 ~ 16 cm，叶柄长 6 ~ 20 cm，基部扩大。总状花序有花 3 ~ 5 朵；花梗短而粗，向上斜伸，每花具一枚苞片；苞片矩圆形，长 4 ~ 5.5 cm，宽 1.5 ~ 1.8 cm；花狭喇叭形，乳白色或淡绿色，内具紫色条纹；花被片条状倒披针形，外轮的先端急尖，内轮的先端稍钝；花丝长为花被片的 2/3，花药长 8 ~ 9 mm；子房圆柱形；柱头膨大，微 3 裂。蒴果近球形，长 4 ~ 5 cm，宽 3 ~ 3.5 cm，红棕色。种子扁平，红棕色，周围有膜质翅。

▶**花 果 期**　花期 7—8 月，果期 8—9 月。

▶**分　　布**　湖北、湖南、江西、浙江、安徽、江苏。

▶**生　　境**　生于海拔 600 ~ 1050 m 的山坡林下阴湿处。

▶**用　　途**　假鳞茎可食用。

▶**致危因素**　过度采集。

安徽贝母

（百合科　Liliaceae）

Fritillaria anhuiensis S.C. Chen & S.F. Yin

国家重点保护级别	CITES 附录	IUCN 红色名录
二级		易危（VU）

▶**形态特征**　植株高 10～20（～50）cm。鳞茎卵球形，直径约 2 cm；外面为 2～3 枚较大的近肾形鳞片，里面含更小的小鳞片，通常 6～9 枚，罕有更多，卵圆形或钝圆锥形，大小各异。叶 6～18 枚，基生叶通常对生或轮生，中间和上部的轮生、对生或互生；叶片长圆状披针形，（10～15）cm×（0.5～2）（～3.5）cm，先端不卷曲。单花，稀达 2～3 朵，下垂；苞片通常 3 枚，少见 2 枚，先端通常不卷曲；花被片紫色具白色斑点或白色具紫色斑点（或小方格），内面颜色较深，（3～5）cm×（1～1.5）cm；蜜腺窝在背面明显凸出；花柱 3 裂，裂片长 2～6 mm。蒴果，具翅，宽 5～10 mm。

▶**花 果 期**　花期 3—4 月，果期 5—6 月。

▶**分　　布**　主要分布于安徽、湖北、河南三省交界的大别山及其毗邻地区。

▶**生　　境**　生于海拔 200～1000 m 的林下、灌丛。

▶**用　　途**　安徽、浙江栽培作药用。

▶**致危因素**　过度采集。

川贝母（卷叶贝母）

（百合科 Liliaceae）

Fritillaria cirrhosa D. Don

国家重点保护级别	CITES 附录	IUCN 红色名录
二级		

▶**形态特征** 植株高 15～50 cm。鳞茎球形或宽卵圆形，直径 1～1.5 cm，外面的鳞片 2 枚。叶通常对生，少数在中部兼有散生或 3～4 枚轮生的，条形至条状披针形，（4～12）cm×（0.3～0.5）（～1）cm，上部叶先端常稍卷曲。单花，极少 2～3 朵，于茎顶呈总状花序状；每花通常有 3 枚叶状苞片，苞片狭长，宽 2～4 mm，顶端卷曲或略弯曲；花被片通常黄绿色，少见紫色，黄绿色花被两面有紫色小方格或斑纹，紫色花被两面具黄绿色小方格或斑纹，长 3～4 cm，外 3 片宽 1～1.4 cm，内 3 片宽可达 1.8 cm；蜜腺窝在外面明显凸出；雄蕊长约为花被片的 3/5，花药近基着，花丝稍具或不具小乳突柱；花柱 3 裂，裂片长 3～5 mm。蒴果具狭翅，翅宽 1～1.5 mm。

▶**花 果 期** 花期 5—7 月，果期 8—10 月。

▶**分　　布** 西藏南部至东部、云南西北部、四川西部至西南部；喜马拉雅山脉南坡的印度、巴基斯坦、尼泊尔也有分布。

▶**生　　境** 生于海拔 1800～3200 m 的林中、灌丛下或河滩、山谷等湿地或岩缝中。

▶**用　　途** 作"川贝母"入药。

▶**致危因素** 过度采集。

▶**备　　注** 变种康定贝母 *Fritillaria cirrhosa* var. *ecirrhosa* Franchet 叶除最下面的 1～2 对为对生外，其余的多数为散生，花被片内面和外面的黄绿色、紫色方斑相间，并镶嵌成较为规则的方格图案，遍及全花被片，叶状苞片通常 1 枚，较少 2～3 枚，先端不卷曲或仅微弯。分布于四川康定至金川一线。

粗茎贝母

（百合科　Liliaceae）

Fritillaria crassicaulis S.C. Chen

国家重点保护级别	CITES 附录	IUCN 红色名录
二级		易危（VU）

▶**形态特征**　植株高 30～80 cm。鳞茎卵球形，外面的鳞片 2 枚。茎较粗壮，上部常被白粉。叶 10～18 枚，基部 2 枚通常对生，中间和上部的对生或互生；叶片长圆状披针形至披针形，（7～13）cm×（1～2.6）cm，先端渐尖。单花，下垂，钟状，少见 2～3 朵，呈总状花序状；苞片 3 枚，先端渐尖；花梗长 2～2.5 cm；花被片黄色或黄绿色，内面具紫色斑点或呈棋盘格状，近长圆形；蜜腺窝在外面稍凸出，内面黄褐色。雄蕊长约 2 cm；花丝稍具小乳突；花药长 8～10 mm。花柱 3 浅裂，裂片长 2～3 mm。蒴果具狭翅。

▶**花 果 期**　花期 5—6 月，果期 7—8 月。

▶**分　　布**　云南西北部（丽江、香格里拉）。

▶**生　　境**　生于海拔 2500～3400 m 的森林或高山草甸。

▶**用　　途**　鳞茎可药用。

▶**致危因素**　生境退化或丧失、分布狭窄、居群数量少。

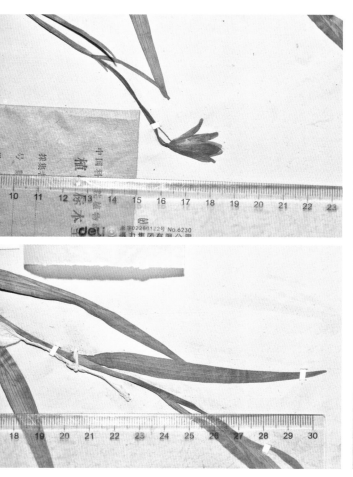

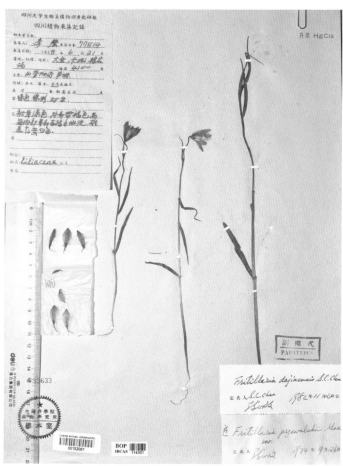

大金贝母

（百合科　Liliaceae）

Fritillaria dajinensis S.C. Chen

国家重点保护级别	CITES 附录	IUCN 红色名录
二级		濒危（EN）

▶**形态特征**　植株高 20 ~ 50 cm。鳞茎卵球形，直径通常小于 1.5 cm，外面的 2 枚鳞片近等大。茎生叶最下面的 2 片近对生，上面 2 ~ 6 枚互生或兼对生，叶片线形至线状披针形，先端不卷曲。花单生，少有 2 朵，陀螺状钟形；苞片 1 枚，与叶同形，先端渐尖不卷曲；花梗长 1.5 ~ 2 cm。花被片长 1.6 ~ 3 cm，黄绿色或紫褐色，可见紫黑色斑纹，长方形或倒卵形长方形，先端为亮黄色；雄蕊长不及花被片的 1/2，花丝长 2 ~ 3 mm，具小乳突，花药长 6 ~ 10 mm；花柱长 5 ~ 8 mm，柱头几乎不裂，极少裂片长达 1 mm。蒴果狭翅，翅宽 1 mm，少至 2 mm。花被宿存，反折。

▶**花 果 期**　花期 6—7 月，果期 7—8 月。

▶**分　　布**　四川西北部（小金、金川）。

▶**生　　境**　生于海拔 3600 ~ 4400 m 的灌丛或草甸。

▶**用　　途**　鳞茎可药用。

▶**致危因素**　生境退化或丧失、过度采挖、分布狭窄、居群数量少。

米贝母

（百合科　Liliaceae）

Fritillaria davidii Franch.

国家重点保护级别	CITES 附录	IUCN 红色名录
二级		濒危（EN）

▶**形态特征**　植株高 10～30 cm。鳞茎直径 1～2 cm，鳞茎盘肥大，中央具多数（3～10 枚）球状鳞片，外周被可达近百枚的米粒状小鳞片包围。基生叶 1～4 枚；叶柄细长；叶片椭圆形或卵形，（3～5.5）cm×（2～2.8）cm，先端锐尖。茎上仅见叶状苞片 3～4 枚，轮生。单花，钟状；花梗短，花被片黄色或黄绿色，有紫色方格斑，内面有许多小疣点，（3～4）cm×（0.7～1.4）cm，内轮稍宽于外轮，先端钝；蜜腺窝长 3 mm，不明显；雄蕊 1.5～2 cm，花药近背着；花柱 3 裂，柱头裂片 5～6 mm。果未见。

▶**花 果 期**　花期 3—5 月。

▶**分　　布**　四川西北部（宝兴、天全、彭州、峨眉）。

▶**生　　境**　生于海拔 1600～2600 m 坡度较缓的草坡、林下或小溪边。

▶**用　　途**　观赏，民间药用。

▶**致危因素**　生境退化或丧失、分布狭窄、居群数量少。

梭砂贝母

Fritillaria delavayi* Franch.*

国家重点保护级别	CITES 附录	IUCN 红色名录
二级		易危（VU）

▶**形态特征**　植株长可达 35 cm，地上部分较短小，常略呈倒伏状，地下部分通常比地上部分长，地上各器官表面薄被灰白色蜡质层。鳞茎近球形或卵球形，须根粗长，直径 1～2 cm，鳞片 2～3 枚，干时常具棕色斑。茎生叶 3～5 枚，位于中上部，互生或近对生，叶片卵形或卵状椭圆形，先端钝或圆形。花多单生，钟状，略俯垂；花梗长于着

生叶的茎段；花被片淡黄，外面多少具紫色晕，内面具紫色斑点或小方格，狭椭圆形或长圆状椭圆形，（2.5～4.5）cm×（1～2）cm；蜜腺窝明显凸出；雄蕊长约为花被片的 1/2，花丝不具小乳突；花柱 3 裂，裂片长 0.5～3 mm；蒴果近球形，翅狭，宽 2 mm，多数藏于宿存花被中。

▶**花 果 期**　花期 6—7 月，果期 8—9 月。

▶**分　　布**　青海南部、四川西部、西藏、云南西北部；不丹、印度。

▶**生　　境**　生于海拔 3400～5600 m 的流石滩上。

▶**用　　途**　作为药材"川贝母"中商品类型"炉贝"的来源。

▶**致危因素**　过度采集。

鄂北贝母

Fritillaria ebeiensis G.D.Yu & G.Q.Ji

（百合科　Liliaceae）

国家重点保护级别	CITES 附录	IUCN 红色名录
二级		

▶**形态特征**　植株高 20～40 cm。鳞茎卵球形，直径 1～1.5 cm，外面鳞片 2～3 枚，近肾形，中间有 20～60 枚小鳞片，卵球形、狭披形或类棱角形，较小，集生呈莲座状。叶轮生或对生，披针形、线状披针形或矩圆状披针形，（9.5～12.5）cm×（0.5～1.8）cm，先端不卷曲或有时稍弯曲。单花，稀达 3～4 朵，下垂，钟状；苞片 1～3 枚，先端不卷曲或稍弯曲；花梗长 0.8～1.9 cm；花被片淡黄白色，内面具紫色斑点，外轮 3 枚卵状披针形或狭椭圆形，（4.1～5）cm×（0.9～1.4）cm，内轮 3 枚近矩圆形或狭椭圆形，略宽于外轮；蜜腺窝明显凸出；雄蕊长约花被片的 1/2～3/5；花丝不具小乳突，花药近基着；柱头裂片长 4～5 mm。

▶**花 果 期**　花期 3—4 月，果期 5—6 月。

▶**分　　布**　湖北（随州）。

▶**生　　境**　生于海拔 300～1000 m 的林下。

▶**用　　途**　20 世纪 50—70 年代供药用，现已少用。

▶**致危因素**　生境退化或丧失、分布狭窄、居群数量少。

高山贝母

（百合科　Liliaceae）

Fritillaria fusca Turrill

国家重点保护级别	CITES 附录	IUCN 红色名录
二级		濒危（EN）

▶**形态特征**　植株高 8 ~ 22 cm，地上部分矮小。鳞茎深埋于地下，卵球形，鳞片 2 枚。茎生叶 2 或 3 枚，近对生或互生，叶片椭圆形至近矩圆形，（1.9 ~ 3.3）cm ×（0.7 ~ 2）cm，先端钝。单花，下垂；花被片紫褐色，（1.6 ~ 1.8）cm ×（0.6 ~ 0.7）cm。雄蕊长约为花被片的 1/2，花丝无小乳突，花药背着；花柱 3 裂，裂片长约 2.5 mm。蒴果直径约 3 cm，无翅。

▶**花 果 期**　花期 7 月。

▶**分　　布**　西藏南部。

▶**生　　境**　生于海拔 5000 ~ 5100 m 开阔的潮湿石滩上。

▶**用　　途**　未知。

▶**致危因素**　生境退化或丧失、分布狭窄、居群数量少。

湖北贝母

（百合科　Liliaceae）

Fritillaria hupehensis P.K.Hsiao & K.C.Hsia

国家重点保护级别	CITES 附录	IUCN 红色名录
二级		

▶**形态特征**　植株高 25 ~ 50 cm。鳞茎近球形或扁球形，直径 1.5 ~ 3 cm，外面的鳞片 2 枚。叶 3 ~ 7 枚轮生，中间常兼有对生或散生，长圆状披针形，（7 ~ 13）cm×（1 ~ 3）cm，先端不卷曲或多少弯曲。单花，少有 2 ~ 4 朵呈总状花序状，叶状苞片一般 3 枚，极少有 4 枚，线状披针形，先端卷曲；花梗长 1 ~ 2 cm；花被片白色，有紫色小方格斑，（4.2 ~ 4.5）cm×（1.5 ~ 1.8）cm，外轮花被片较狭，蜜腺窝在背面稍凸出；雄蕊长约为花被片的 1/2，花药近基着，花丝长约 1.5 cm，常稍有小乳突；花柱 3 裂，裂片长 2 ~ 3 mm。蒴果扁球形，棱上的翅宽 4 ~ 7 mm。

▶**花 果 期**　花期 4 月，果期 5—6 月。

▶**分　　布**　湖北西部、贵州北部。

▶**生　　境**　生于海拔 1200 ~ 1500 m 的林下、山坡草地。

▶**用　　途**　作"湖北贝母"入药。

▶**致危因素**　生境退化丧失、过度采挖、居群数量少。

砂贝母

（百合科　Liliaceae）

Fritillaria karelinii (Fischer ex D. Don) Baker

国家重点保护级别	CITES 附录	IUCN 红色名录
二级		

▶**形态特征**　茎高 10 ~ 15 cm，全株具乳头状腺毛。鳞茎直径约 1 cm，鳞片 2 枚。最下部叶对生或近对生，长圆形或披针状长圆形，边缘具乳头状腺毛，（4 ~ 6）cm×（0.8 ~ 1.5）cm，中上部叶条形，边缘波状，具乳头状腺毛。总状花序具几朵至十几朵花，外张呈喇叭状，下垂。苞片 2 枚，条形；花被片淡紫色，长椭圆形，（1 ~ 1.5）cm×（0.3 ~ 0.4）cm，具 3 ~ 5 个脉纹，中部有明显的方格，基部具暗褐色斑点，内轮花被片略窄于外轮；蜜腺窝向外凸出；雄蕊着生在花被片基部，短于花被片，花丝细，花药基着，球形；花柱长于雄蕊，柱头几乎不分裂。蒴果矩圆形，无翅，先端微凹，基部收缩。

▶**花　果　期**　花期 4 月，果期 5—6 月。

▶**分　　　布**　新疆西北部；中亚及伊朗。

▶**生　　　境**　生于蒿属荒漠或阿魏滩中。

▶**用　　　途**　观赏。

▶**致危因素**　生境退化或丧失、过度采挖。

一轮贝母

（百合科　Liliaceae）

Fritillaria maximowiczii Freyn

国家重点保护级别	CITES 附录	IUCN 红色名录
二级		濒危（EN）

▶**形态特征**　植株高 20 ~ 50 cm。鳞茎由 4 ~ 6 枚或更多鳞片组成，周围被更多米粒状鳞片包围，易脱落。叶 3 ~ 6 枚成 1 轮，极少 2 轮，向上偶有 1 ~ 2 枚散生叶；叶片线形至线状披针形，（4.5 ~ 10）cm×（0.3 ~ 1.3）cm，先端不卷曲。单花，少有 2 朵并生，下垂，钟状；苞片 1 枚；花梗长；花被片相邻内轮和外轮单片之间在顶端常显著分离，外面紫红色，近花梗处中部至先端常具黄绿色斑块，内面紫红色，具黄色小方格或斑块，披针状椭圆形或卵状椭圆形，边缘啮蚀状，具小乳突；蜜腺窝凸出；雄蕊长 2 ~ 2.5 mm，花丝无毛；花柱 3 裂，裂片长 6 ~ 8 mm。蒴果具翅。

▶**花　果　期**　花期 5—6 月，果期 7—8 月。

▶**分　　　布**　黑龙江、内蒙古东北部、吉林、辽宁、河北北部；俄罗斯东西伯利亚地区。

▶**生　　　境**　生于海拔 1400 ~ 1500 m 的阔叶落叶林下，潮湿的林缘、灌丛或草坡上。

▶**用　　　途**　观赏。

▶**致危因素**　生境退化或丧失。

115

额敏贝母

（百合科　Liliaceae）

Fritillaria meleagroides Patrin ex Schult. & Schult.f.

国家重点保护级别	CITES 附录	IUCN 红色名录
二级		易危（VU）

▶**形态特征**　植株高 15～30 cm。鳞茎近球形，具 2 枚鳞片。叶通常 3～7 枚，互生或散生，叶片线形或条形，（4～7）（～10）cm×（0.3～0.5）cm，先端不卷曲。单花，少有 2 朵并生，下垂，钟状；苞片单生，先端渐尖；花梗长度多变；花被片紫红色或深褐紫色，稍具棋盘格或者有斑点，外轮花被片长圆状椭圆形，（2～3.5）cm×（0.5～0.8）cm；内轮花被片倒卵形，略狭于外轮，内面具黄绿色条斑；蜜腺窝在外面凸出不明显；雄蕊长约为花被片的 2/3，花丝具小乳突。花柱 3 裂，裂片长 4～8 mm。蒴果无翅。

▶**花 果 期**　花期 5 月，果期 6 月。

▶**分　　布**　新疆北部；哈萨克斯坦、俄罗斯、欧洲东部。

▶**生　　境**　生于海拔 900～2400 m 的草甸、河岸或洼地，有时也生于盐碱地带或浅水沼泽地中。

▶**用　　途**　观赏。

▶**致危因素**　生境退化或丧失。

天目贝母

(百合科　Liliaceae)

Fritillaria monantha Migo

国家重点保护级别	CITES 附录	IUCN 红色名录
二级		濒危（EN）

▶**形态特征**　植株高 45 ~ 60 cm。鳞茎球形，直径约 2 cm，外面的鳞片 2 枚。叶通常对生，有时兼有散生或 3 叶轮生的，矩圆状披针形至披针形，（10 ~ 12）cm×（1.5 ~ 2.8）（~ 4.5）cm，先端不卷曲。单花，少有 2 ~ 3 朵，呈总状花序状，下垂，钟形；苞片 1 ~ 3 枚；花梗长 1 ~ 3.5 cm；花被片黄绿色，具浅色小方格，（4.5 ~ 5）cm×1.5 cm；蜜腺窝在背面明显凸出；雄蕊长约为花被片的 1/2，花药近基着，花丝无小乳突；柱头裂片长 3.5 ~ 5 mm。蒴果长宽各约 3 cm，棱上的翅宽 6 ~ 8 mm。

▶**花　果　期**　花期 3—4 月，果期 5—6 月。

▶**分　　　布**　浙江、江西、湖北。

▶**生　　　境**　生于海拔 600 ~ 1200 m 的林下、溪边潮湿的地方。

▶**用　　　途**　鳞茎可药用。

▶**致危因素**　生境退化或丧失、分布狭窄、居群数量少。

伊贝母

（百合科 Liliaceae）

Fritillaria pallidiflora Schrenk ex Fisch. & C.A. Mey.

国家重点保护级别	CITES 附录	IUCN 红色名录
二级		易危（VU）

▶**形态特征** 植株高 15～45（～60）cm。鳞茎卵球形或长圆状椭圆形，外面的鳞片 2 枚。叶 8～13 枚，互生，有时也近对生或近轮生；叶片宽披针形或长圆状披针形，（5～7）（～12）cm×（2～4）cm，先端钝。单花至 2～5 朵呈总状花序状，下垂，钟状；苞片 1 枚，先端渐尖；花梗长 2～4.5 cm；花被片浅黄，有深色的脉和一些暗红色点，长圆状倒卵形或长方形匙形；蜜腺窝卵状长圆形，在背面明显凸出；雄蕊长为花被片的 2/3，花丝光滑，花药近背着；花柱 3 裂，裂片长约 2 mm。蒴果具翅，翅宽 4～7 mm。

▶**花 果 期** 花期 5—6 月，果期 6—7 月。

▶**分 布** 新疆西北部；哈萨克斯坦。

▶**生 境** 生于海拔 1300～2500 m 的山地草甸、草坡上。

▶**用 途** 作"伊贝母"入药。

▶**致危因素** 生境退化或丧失、过度采挖。

甘肃贝母

（百合科 Liliaceae）

Fritillaria przewalskii Maxim. ex Batalin

国家重点保护级别	CITES 附录	IUCN 红色名录
二级		易危（VU）

▶ **形态特征** 植株高 20 ~ 50 cm。鳞茎球形，直径 6 ~ 13 mm，鳞片 2 枚。叶 4 ~ 7 枚，基部通常对生，中上部叶互生或偶有近对生；叶片线形至狭披针形，（3 ~ 9）cm ×（0.3 ~ 0.6）cm，先端有时稍弯曲。单花，少有 2 朵，下垂，钟状或狭钟状；苞片 1 枚，先端稍弯曲。花被片亮黄色，内面具黑紫色斑点，狭长圆形至倒卵形；蜜腺窝在背面不明显凸出；雄蕊约为花被片的 2/3，花丝具小乳突。花柱 3 浅裂，裂片长约 1 mm。蒴果具狭翅，宽约 1 mm。

▶ **花 果 期** 花期 6—7 月，果期 8 月。

▶ **分　　布** 甘肃南部、青海东部、四川北部。

▶ **生　　境** 生于海拔 2800 ~ 4000 m 的灌丛、草地。

▶ **用　　途** 作"川贝母"入药。

▶ **致危因素** 生境退化或丧失、过度采挖。

华西贝母

（百合科　Liliaceae）

Fritillaria sichuanica S.C. Chen

国家重点保护级别	CITES 附录	IUCN 红色名录
二级		易危（VU）

▶**形态特征**　植株高 20～50 cm。鳞茎球形，直径 6～12 mm，鳞片 2 枚。叶 4～8 枚，在茎上略平展至反折，最下面对生，上面的对生或兼互生，条状披针形或条形，（3～11）cm×（0.2～0.8）cm，先端不卷曲。单花，少 2 朵，下垂，钟状；苞片通常 1 枚，少 2～3 枚对生或轮生，先端直或微弯。花梗长 0.8～2.5 cm。花被片黄绿色，外面有或无浅紫色斑块，内面多少具紫色斑点及方格，卵形至长圆形，（2.5～3.5）cm×（0.9～1.2）cm；蜜腺窝稍微背面凸出。雄蕊为花被片的 1/2～3/5，花丝不具小乳突。花柱 3 裂，裂片长 2～3 mm。蒴果具狭翅，宽约 1 mm。

▶**花　果　期**　花期 6 月，果期 7 月。

▶**分　　布**　四川（夹金山、巴朗山）。

▶**生　　境**　生于海拔 3000～4000 m 的高山灌丛或草丛中。

▶**用　　途**　鳞茎可药用。

▶**致危因素**　过度采挖、分布狭窄、居群数量少。

中华贝母

Fritillaria sinica S.C. Chen

国家重点保护级别	CITES 附录	IUCN 红色名录
二级		易危（VU）

▶**形态特征**　植株高 30～40 cm。鳞茎卵球形，直径 1.3～1.8 cm，鳞片 2 枚。叶 3～8 枚，最下面的 2 枚对生，极少为 3 叶轮生，上面的叶对生、轮生，有的兼有互生，极少全为互生的，条状披针形、披针形或狭卵形，（3～8）cm×（0.5～2）cm，先端不卷曲。单花，少有 2 花，下垂，钟形；苞片（1～）3 枚，不卷曲；花梗长 1.4～2 cm。花被片深紫色，近基部以下的内面和外面、先端内面的边缘具斑点或方格，皆为浅橄榄绿色或浅黄褐色，外面隐约可见污绿色的斑点，外轮花被片近矩圆形或矩圆状椭圆形，（2.5～4.5）cm×（0.7～1.4）cm，内轮略宽于外轮；蜜腺卵形或圆形，不甚凸出。雄蕊长约为花被片的 1/2～2/3，花丝无毛，不具小乳突；花柱 3 裂，裂片长 3～6 mm。蒴果狭翅，宽约 2 mm，有细小缺刻，呈啮蚀状，花被果期宿存。

▶**花果期**　花期 5—6 月，果期 6—7 月。

▶**分　　布**　四川盆地的西南缘高山地区。

▶**生　　境**　生于海拔 3400～3600 m 的稀疏灌丛或草地上。

▶**用　　途**　鳞茎可药用。

▶**致危因素**　过度采挖、居群数量少。

太白贝母

（百合科　Liliaceae）

Fritillaria taipaiensis P.Y. Li

国家重点保护级别	CITES 附录	IUCN 红色名录
二级		濒危（EN）

▶**形态特征**　植株高 20 ~ 40 cm。鳞茎卵球形，直径 1 ~ 2 cm，鳞片 2 枚。叶通常对生，有时中部兼有 3 ~ 4 枚轮生或散生，条形至条状披针形，（4 ~ 11）cm×（0.3 ~ 1）cm，先端通常不卷曲，有时稍弯曲。单花，少 2 ~ 5 朵，绿黄色，无方格斑，通常仅在花被片先端近两侧边缘有紫色斑带，有的外面几乎全为紫色而略有黄色不规则斑块，内面黄色；苞片 3 枚，少 1 ~ 4 枚，先端有时稍弯曲；花被片外轮狭倒卵状矩圆形，（3 ~ 4）cm×（0.9 ~ 1.2）cm，先端钝圆，内轮近匙形，上部宽 1.0 ~ 1.7 cm，基部宽 0.3 ~ 0.5 cm，先端骤凸而钝；蜜腺窝几不凸出或稍凸出；雄蕊长约为花被片的 1/2，花药近基着，花丝通常具小乳突；花柱 3 裂，裂片长 3 ~ 4 mm。蒴果具狭翅，宽 0.5 ~ 3 mm，花被宿存，反折。

▶**花 果 期**　花期 4—5 月，果期 5—6 月。

▶**分　　布**　陕西（秦岭及其以南地区）、甘肃（东南部）、重庆、湖北。

▶**生　　境**　生于海拔 2400 ~ 3150 m 的林下或灌丛。

▶**用　　途**　作"川贝母"入药。

▶**致危因素**　生境退化或丧失、过度采挖。

浙贝母

（百合科　Liliaceae）

Fritillaria thunbergii Miquel

国家重点保护级别	CITES 附录	IUCN 红色名录
二级		易危（VU）

▶**形态特征**　植株高 50 ~ 80 cm。鳞茎扁球形，直径 1.5 ~ 3 cm，外面的鳞片 2 枚。叶在最下面的对生或散生，向上常兼有散生、对生和轮生的，近条形至披针形，（7 ~ 11）cm×（0.5 ~ 1.5）cm，先端不卷曲或稍弯曲。总状花序 3 ~ 9 朵，花略开展呈喇叭状；顶端的花具 3 ~ 4 枚叶状苞片，其余的具 2 枚苞片，苞片先端卷曲；花被片淡黄绿色，内面有紫色脉纹和斑点，干后易褪色，（2.5 ~ 3.5）cm×1 cm；雄蕊长约为花被片的 2/5，花药近基着，花丝无小乳突；柱头裂片长 1.5 ~ 2 mm。蒴果具翅，宽 6 ~ 8 mm。

▶**花 果 期**　花期 3—4 月，果期 4—5 月。

▶**分　　布**　江苏（南部）、浙江（北部）、安徽（东部）；日本有引种。

▶**生　　境**　生于海拔 100 ~ 600 m 的山丘荫蔽处或竹林下。

▶**用　　途**　作"浙贝母"入药。

▶**致危因素**　生境退化或丧失。

▶**备　　注**　变种东阳贝母 *Fritillaria thunbergii* var. *chekiangensis* P.K. Hsiao & K.C. Hsia 植株较矮小，高 15 ~ 30 cm，鳞茎椭圆形或卵形，直径约 1 cm，叶以对生为主，总状花序具 1 ~ 3 朵花；鳞茎为药材"浙贝母"中商品类型"东贝"的来源。

托里贝母

（百合科　Liliaceae）

Fritillaria tortifolia X.Z. Duan & X.J. Zheng

国家重点保护级别	CITES 附录	IUCN 红色名录
二级		易危（VU）

▶**形态特征**　植株高 20 ~ 40（~ 100）cm。鳞茎卵球形，直径 1 ~ 3 cm 或更宽，鳞叶 2 ~ 3 枚。叶 8 ~ 11 枚，叶片线形至条形，（5 ~ 6）cm ×（0.8 ~ 2）cm，基部螺旋扭曲，最下面的叶对生或 3 轮生，先端不卷曲，有时向外翻，中上部的叶全部先端卷曲。单花，或具更多花，下垂，宽钟状；苞片 3 枚，狭披针形，先端扭曲；花梗长 2.5 ~ 3 cm。花被片白色或乳白色及淡黄色，里面具紫色方格斑点或褐色方格斑，少数顶端为紫色，外轮近长圆形，3 cm × 1 cm，先端急尖，内轮近倒卵形，宽于外轮，先端钝；蜜腺窝在背面呈直角凸出；雄蕊长 1.8 cm，花丝白色，无乳突，花药略带紫色，近基着；花柱 3 浅裂，裂片长 3 mm。蒴果具宽翅。

▶**花 果 期**　花期 5 月，果期 6 月。

▶**分　　布**　新疆西北部。

▶**生　　境**　生于海拔 1500 ~ 2500 m 的灌丛、山地草原中。

▶**用　　途**　鳞茎可药用。

▶**致危因素**　生境退化或丧失。

暗紫贝母

(百合科　Liliaceae)

Fritillaria unibracteata P.K. Hsiao & K.C. Hsia

国家重点保护级别	CITES 附录	IUCN 红色名录
二级		濒危（EN）

▶**形态特征**　植株高 15～40 cm。鳞茎卵球状至扁球状，直径通常 4～10 mm，极少达 2 cm，外面的鳞片 2 枚。叶 5～7 枚，通常基部 2 对生，其他的互生或对生，叶片线形至线状披针形，（2～8）cm×（0.3～0.8）cm，先端不卷曲。单花，稀多花，下垂，钟形；苞片 1 枚，稀 2 枚，先端渐尖；花梗相当长；花被片外面深紫色，内面通常黄绿色，先端有紫色斑带，向下有或无紫色斑点，有的为较外面浅的紫色，（2～3）cm×（0.6～1）cm，外轮的矩圆形至矩圆状椭圆形，内轮的倒卵形、矩圆状倒卵形，略宽于外轮；蜜腺窝不明显或在背面强烈凸起；雄蕊的花丝有时具小乳突；柱头几乎不裂或浅裂，裂片长 0.5～2 mm；蒴果具狭翅，翅宽 1～2 mm，宿存花被反折下垂。

▶**花 果 期**　花期 6—7 月，果期 7—8 月。

▶**分　　布**　甘肃南部至四川西北部。

▶**生　　境**　生于海拔 3200～4700 m 的灌丛草甸，较少见于林下。

▶**用　　途**　作"川贝母"入药。

▶**致危因素**　生境退化或丧失、过度采挖。

▶**备　　注**　变种长腺贝母 *Fritillaria unibracteata* var. *longinectarea* S.Y. Tang & S.C. Yueh，与原变种的区别在于蜜腺窝较长，可长达 6～11 mm，为花被片长的 1/4～1/3。分布于四川理县至若尔盖一线，分布区域比原变种偏西；显斑贝母 *Fritillaria unibracteata* var. *maculata* S.Y.Tang et S.C. Yueh，与原变种的区别在于花被内面紫色，具明显黄绿色方格斑。分布于马尔康以西并延伸至玛曲境内，分布区域在 3 个变种中最为偏西。

平贝母

Fritillaria usuriensis Maxim.

国家重点保护级别	CITES 附录	IUCN 红色名录
二级		易危（VU）

▶**形态特征**　植株高 50～60（～100）cm。鳞茎扁球形，比其他贝母类种类更扁，直径 1～1.5 cm，鳞片 2 枚，周围的通常具较多小珠芽，易脱落。叶 14～17 枚，轮生或对生，在中上部常兼有少数散生，线形至披针形，（7～14）cm×（3～6.5）cm，先端有时稍卷曲。单花，或 3 朵，下垂，管状钟形；苞片 2 枚，多花时顶端苞片可达 4～6 枚，先端明显卷曲；花梗长 2.5～3.5 cm；花被片紫色，内面具黄色棋盘格，长圆状倒卵形至近椭圆形，外轮花 3.5 cm× 1.5 cm，比内轮稍长而宽；蜜腺在背面呈直角凸出；雄蕊长约为花被片的 3/5，花丝具小乳突；花柱 3 裂，裂片长 5 mm。蒴果无翅。

▶**花 果 期**　花期 5—6 月，果期 7 月。

▶**分　　布**　黑龙江、吉林、辽宁；朝鲜、俄罗斯。

▶**生　　境**　生于海拔 500 m 的森林、灌丛、草甸阴湿处。

▶**用　　途**　作"平贝母"入药。

▶**致危因素**　生境退化或丧失。

轮叶贝母（黄花贝母）

（百合科　Liliaceae）

Fritillaria verticillata Willd.

国家重点保护级别	CITES 附录	IUCN 红色名录
二级		

▶**形态特征**　植株高 15 ~ 50 cm。鳞茎卵球形，具鳞片 2 枚。基部叶 2 枚对生，长椭圆形，基部半抱茎，中上部叶 4 ~ 6 枚轮生，叶片狭披针形至线形，（5 ~ 9）cm×（0.2 ~ 1）cm，先端有明显卷曲。单花或 2 ~ 5 朵生于花轴顶端，下垂，钟状或微张开呈喇叭状；苞片 2 ~ 3 枚，先端明显卷曲；花被片白色或者浅黄，偶尔微染浅紫色，长圆状椭圆形，（1.8 ~ 3）cm×（0.5 ~ 1.5）cm；蜜腺窝在背面呈直角凸出；雄蕊长 1 ~ 2.5 cm，花丝下部膨大，不具乳突；花柱 3 浅裂，裂片长 3 mm。蒴果具翅，翅宽 4 mm。

▶**花 果 期**　花期 4—6 月，果期 7 月。

▶**分　　布**　新疆西北部；俄罗斯。

▶**生　　境**　生于海拔 1300 ~ 2000 m 的灌丛、砾石草甸上。

▶**用　　途**　鳞茎可药用。

▶**致危因素**　生境退化或丧失、过度采挖。

瓦布贝母

（百合科　Liliaceae）

Fritillaria wabuensis S.Y.Tang et S.C.Yueh

国家重点保护级别	CITES 附录	IUCN 红色名录
二级		

▶**形态特征**　植株通常高 50 ~ 80 cm，有时可达 115 cm。鳞茎扁球状，直径可达 3 cm，外面的鳞片常 2 枚。茎生叶在最下面的通常 2 枚对生，少轮生，上面的轮生兼互生；多数叶的两侧边缘不等长，略侧弯或近镰形，有的为披针状条形，（7 ~ 13）cm×（0.9 ~ 2）cm，先端不卷曲。花 1 ~ 2 朵，稀 3 朵，下垂，钟形；苞片 1 ~ 4 枚，先端不卷曲；花被片初开时黄绿色或黄色，内面有或无黑紫色斑点，4 ~ 5 天后，花被外面可出现浅紫色或浅橙色浸染，倒卵形至近矩圆状倒卵形，（3.5 ~ 5.5）cm×（1 ~ 1.5）cm，内轮略宽于外轮；蜜腺窝背面凸出；雄蕊长 2.3 ~ 3.6 cm，花药近基着；花柱裂片长 3 mm。蒴果具翅，翅宽 2 mm。

▶**花 果 期**　花期 5—6 月，果期 7—8 月。

▶**分　　布**　四川（茂县、黑水县）。

▶**生　　境**　生于海拔 2500 ~ 3000 m 的灌木林下。

▶**用　　途**　作"川贝母"入药，目前栽培规模较大。

▶**致危因素**　生境退化或丧失、过度采挖、分布狭窄、居群数量少。

新疆贝母

Fritillaria walujewii Regel

（百合科 Liliaceae）

国家重点保护级别	CITES 附录	IUCN 红色名录
二级		濒危（EN）

▶**形态特征** 植株高 20～50 cm。鳞茎卵球形，鳞片 2 枚。基生叶对生，向外反卷，披针形或长圆形，顶端不卷，中上部叶 3～4 枚轮生，有时少数对生，线形至披针形，（5～12）cm×（0.4～1.5）cm，顶端卷曲或稍弯曲呈钩状。单花，或 2～5 朵生于茎顶端，下垂，宽钟状；苞片 3 枚，先端明显卷曲；花梗长 2～3 cm。花被片通常外面灰白色并微透出内面的紫色，内面紫色，具乳白色星点及黄色小方格，长圆状椭圆形，（3～5）cm×（1～1.5）cm，顶端圆形；蜜腺在背面呈直角凸出；雄蕊为花被片的 1/2～2/3，花丝不具乳突；花柱 3 裂，裂片长 3 mm。蒴果具宽翅。

▶**花 果 期** 花期 5—6 月，果期 7 月。

▶**分 布** 新疆天山以北。

▶**生 境** 生于海拔 1300～2000 m 的云杉森林、灌丛、草甸上。

▶**用 途** 作"伊贝母"入药。

▶**致危因素** 生境退化或丧失；过度采挖。

裕民贝母

Fritillaria yuminensis X.Z. Duan

国家重点保护级别	CITES 附录	IUCN 红色名录
二级		易危（VU）

▶**形态特征**　植株高 20~40 cm。鳞茎近球形，外面鳞片 2 枚。叶 9~11 枚，基部对生，中间的通常 3~4 枚轮生，上部的对生或互生，叶片披针形至线形，（4~8）cm×（0.3~1.2）cm，中上部叶顶端卷曲或微曲成钩状。单花，或总状花序具花 5~10 朵，下垂，略张开呈喇叭状；苞片 3 枚；花梗长 1~2 cm。花被片粉红色、淡蓝或深蓝色，无方格纹，长圆形或卵形长方形，（2~2.2）cm×（0.7~0.8）cm，内轮略宽于外轮；蜜腺在背面呈直角凸出；雄蕊短于花被片；花柱 3 浅裂或不分裂。蒴果具宽翅，翅宽 3~4 mm。

▶**花　果　期**　花期 4 月，果期 5—6 月。

▶**分　　布**　新疆。

▶**生　　境**　生于海拔 1200~2000 m 的山地草原带。

▶**用　　途**　观赏，鳞茎可药用。

▶**致危因素**　生境退化或丧失；过度采挖。

榆中贝母

Fritillaria yuzhongensis G.D. Yu & Y.S. Zhou

国家重点保护级别	CITES 附录	IUCN 红色名录
二级		濒危（EN）

▶**形态特征**　植株高 20 ~ 50 cm。鳞茎卵球形，外面鳞片 2 枚。叶 6 ~ 9 枚，基部 2 枚对生，其他的互生或有时近对生，线形至狭披针形，先端通常弯或卷曲。单花，或 2 ~ 5 朵花，下垂，宽钟状；苞片 3 枚，顶端卷曲成钩状；花梗长 7 ~ 10 mm。花被片黄绿色，具紫色或黄绿色小方格纹，近长圆形或近卵形，（2 ~ 4）cm ×（0.6 ~ 1.8）cm；蜜腺背面呈直角凸出；雄蕊长 1.2 ~ 2.4 cm，花丝有时具小乳突。花柱 3 裂，裂片长 2 ~ 4 mm。蒴果具狭翅。

▶**花 果 期**　花期 6 月。

▶**分　　布**　甘肃、宁夏、青海。

▶**生　　境**　生于海拔 1800 ~ 3500 m 的草坡、灌丛。

▶**用　　途**　药用。

▶**致危因素**　生境退化或丧失。

秀丽百合

Lilium amabile Palib.

国家重点保护级别	CITES 附录	IUCN 红色名录
二级		濒危（EN）

▶**形态特征**　多年生草本。鳞茎卵球状球形，直径 2.5 ~ 3 cm；鳞片白色，卵状披针形或披针形，约 4 cm × 2.5 cm。茎高 40 ~ 80 cm，具白色、短、硬的毛。叶星散，狭披针形，（2 ~ 7.5）cm ×（5 ~ 8）mm，两面密被白色、硬的毛，边缘具缘毛。花单生或总状花序具花 3 朵，有节。花被片强烈外卷，红色，有时暗橙红色或黄色，密被黑点。子房约 12 mm × 3 mm，花柱长约 2 mm。

▶**花 果 期**　花期 7 月。

▶**分　　布**　辽宁；朝鲜。

▶**生　　境**　生于肥沃的草地。

▶**用　　途**　观赏。

▶**致危因素**　直接采挖。

绿花百合

（百合科 Liliaceae）

Lilium fargesii Franch.

国家重点保护级别	CITES 附录	IUCN 红色名录
二级		近危（NT）

▶**形态特征** 鳞茎卵形，高 2 cm，直径 1.5 cm；鳞片披针形，长 1.5 ~ 2 cm，宽约 6 mm，白色。茎高 20 ~ 70 cm，粗 2 ~ 4 mm，具小乳头状突起。叶散生，条形，生于中上部，长 10 ~ 14 cm，宽 2.5 ~ 5 mm，先端渐尖，边缘反卷，两面无毛。花单生或数朵排成总状花序；苞片叶状，长 2.3 ~ 2.5 cm，顶端不加厚；花梗长 4 ~ 5.5 cm，先端稍弯；花下垂，绿白色，有稠密的紫褐色斑点；花被片披针形，长 3 ~ 3.5 cm，宽 7 ~ 10 mm，反卷，蜜腺两边有鸡冠状突起；花丝长 2 ~ 2.2 cm，无毛，花药长矩圆形，长 7 ~ 9 mm，宽 2 mm，橙黄色；子房圆柱形，长 1 ~ 1.5 cm，宽 2 mm；花柱长 1.2 ~ 1.5 cm，柱头稍膨大，3 裂。蒴果矩圆形，长 2 cm，宽 1.5 cm。

▶**花 果 期** 花期 7—8 月，果期 9—10 月。

▶**分　　布** 云南、四川、湖北、陕西。

▶**生　　境** 生于海拔 1400 ~ 2250 m 的山坡林下。

▶**用　　途** 鳞茎可入药；科学研究和开发利用价值较高，是百合品种选育的重要资源。

▶**致危因素** 过度采集。

乳头百合

（百合科　Liliaceae）

Lilium papilliferum Franch.

国家重点保护级别	CITES 附录	IUCN 红色名录
二级		未予评估（NE）

▶**形态特征**　鳞茎卵圆形，高 3 cm，直径 2.5 cm；鳞片卵形或披针状卵形，白色。茎高约 60 cm，带紫色，密生小乳头状突起。叶多数，散生，着生于中上部，条形，先端急尖，长 5.5 ~ 7 cm，宽 2.5 ~ 4 cm，中脉明显。总状花序具花 5 朵。苞片叶状，长 4 ~ 5.5 cm，宽 3 ~ 5 mm。花梗长 4.5 ~ 5 cm；花芳香，下垂，紫红色。花被片矩圆形，先端急尖，基部稍狭，长 3.5 ~ 3.8 cm，宽 1 ~ 1.3 cm，蜜腺两边有乳头状突起和鸡冠状突起。花丝长 2 cm，无毛，花药淡褐色，花粉橙色。子房圆柱形，长 1 cm，宽 4 mm，花柱长 1.3 cm。蒴果矩圆形。

▶**花 果 期**　花期 7 月，果期 9 月。

▶**分　　布**　云南（西北部）、四川（西部）、陕西（秦岭南坡）。

▶**生　　境**　生于海拔 1000 ~ 1300 m 的山坡、灌丛中。

▶**用　　途**　药用，鳞茎可治肺结核。

▶**致危因素**　过度采集。

天山百合

（百合科　Liliaceae）

Lilium tianschanicum N.A. Ivanova ex Grubov

国家重点保护级别	CITES 附录	IUCN 红色名录
二级		未予评估（NE）

▶**形态特征**　鳞茎白色，近球形，直径约 3 cm；鳞片很多，肉质。茎直，高约 25 cm，下部疏生小乳突。叶线形，先端锐尖。花单生，有节。花被白色，长圆状披针形，长 4.5 cm，宽 1.2～1.5 cm，先端加厚，正面具细小乳突；蜜腺两面密被小乳突。雄蕊与花被片近等长；花药黄色。

▶**花　果　期**　花期 8 月。

▶**分　　　布**　新疆（天山）。

▶**生　　　境**　生于黏土、砾石、干草原。

▶**用　　　途**　未知。

▶**致危因素**　未知。

▶**备　　　注**　本种目前在国内未发现确定的居群，该物种有待进一步研究。

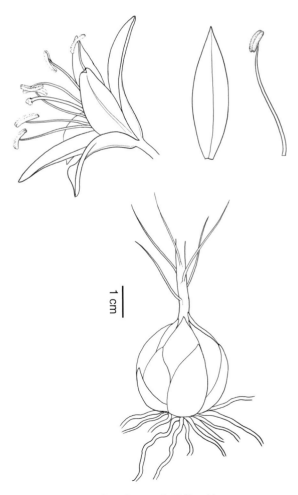

科学示意图　李爱莉　绘

青岛百合

Lilium tsingtauense Gilg

（百合科　Liliaceae）

国家重点保护级别	CITES 附录	IUCN 红色名录
二级		易危（VU）

▶**形态特征**　鳞茎近球形，高 2.5 ~ 4 cm，直径 2.5 ~ 4 cm；鳞片披针形，长 2 ~ 2.5 cm，宽 6 ~ 8 mm，白色，无节。茎高 40 ~ 85 cm，无小乳头状突起。叶轮生，1 ~ 2 轮，每轮具叶 5 ~ 14 枚，矩圆状倒披针形、倒披针形至椭圆形，长 10 ~ 15 cm，宽 2 ~ 4 cm，先端急尖，基部宽楔形，具短柄，两面无毛，除轮生叶外还有少数散生叶，披针形，长 7 ~ 9.5 cm，宽 1.6 ~ 2 cm。花单生或 2 ~ 7 朵排列成总状花序；苞片叶状，披针形；花梗长 2 ~ 8.5 cm；花橙黄色或橙红色，有紫红色斑点；花被片长椭圆形，长 4.8 ~ 5.2 cm，宽 1.2 ~ 1.4 cm，蜜腺两边无乳头状突起；花丝长 3 cm，无毛，花药橙黄色；子房圆柱形，长 8 ~ 12 mm，宽 3 ~ 4 mm；花柱长为子房的 2 倍，柱头膨大，常 3 裂。

▶**花 果 期**　花期 6 月，果期 8 月。

▶**分　　布**　山东、安徽；朝鲜。

▶**生　　境**　生于海拔 100 ~ 400 m 的山坡阳处杂木林中或高大草丛中。

▶**用　　途**　鳞茎可食用、观赏，具有重要的药用价值。

▶**致危因素**　过度采集。

阿尔泰郁金香

（百合科　Liliaceae）

Tulipa altaica Pall. ex Spreng.

国家重点保护级别	CITES 附录	IUCN 红色名录
二级		无危（LC）

▶**形态特征**　鳞茎较大，直径常 2 ~ 3.5 cm；鳞茎皮纸质，内面全部有伏毛或中部无毛，上部通常多少上延。茎长 10 ~ 30（~ 35）cm，上部有柔毛，下部埋于地下的有 4 ~ 6 cm 或更长。叶常 3 ~ 4 枚，灰绿色，边缘平展或呈皱波状，各叶片极不等宽，上部的叶窄，宽（0.6 ~ 1）~ 5 cm，条形或披针状条形，最下部的叶披针形或长卵形，宽常 1.5 ~ 3（~ 5）cm。花单朵顶生，黄色；花被片长 20 ~ 35 mm，宽 5 ~ 20 mm；外花被片背面绿紫红色，内花被片有时也带淡红色彩，萎凋时花色变深；6 枚雄蕊等长，花丝无毛，从基部向上逐渐变窄；几无花柱。蒴果宽椭圆形。

▶**花 果 期**　花期 5 月，果期 6—7 月。

▶**分　　布**　新疆西北部；俄罗斯西西伯利亚和中亚地区。

▶**生　　境**　生于海拔 1300 ~ 2600 m 的阳坡和灌丛下。

▶**用　　途**　重要的药用价值、观赏价值。

▶**致危因素**　直接采挖。

柔毛郁金香

（百合科　Liliaceae）

Tulipa biflora Pall.

国家重点保护级别	CITES 附录	IUCN 红色名录
二级		无危（LC）

▶**形态特征**　鳞茎皮纸质，上端稍上延，内面中上部有柔毛。茎通常无毛，长 10~15 cm。叶 2 枚，条形，宽 0.5~1.0 cm，边缘皱波状。花单朵顶生，较少 2 朵；花被片长 20~25 mm，宽 6~12 mm，鲜时乳白色，干后淡黄色，基部鲜黄色，先端渐尖；外花被片背面紫绿色或黄绿色，内花被片基部有毛，中央有紫绿色或黄绿色纵条纹；雄蕊 3 长 3 短，花丝下部扩大，基部有毛；花药先端有黄色或紫黑色短尖头；花柱长约 1 mm。蒴果近球形，直径约 1.5 cm。种子扁平，三角形。

▶**花 果 期**　花期 4—5 月，果期 4—6 月。

▶**分　　布**　新疆北部（富蕴）、西部（伊宁）；伊朗、俄罗斯、中亚地区。

▶**生　　境**　生于平原、蒿属荒漠或低山草坡。

▶**用　　途**　观赏。

▶**致危因素**　生境退化或丧失、直接采挖。

毛蕊郁金香

（百合科　Liliaceae）

Tulipa dasystemon (Regel) Regel

国家重点保护级别	CITES 附录	IUCN 红色名录
二级		无危（LC）

▶**形态特征**　鳞茎较小，直径 1～1.2（～1.5）cm；鳞茎皮纸质，内面上部多少有伏毛，很少全部无毛。茎长 10～15 cm，无毛。叶 2 枚，条形，宽 0.5～1.0（～1.5）cm，疏离，伸展。花单朵顶生，鲜时乳白色或淡黄色，干后变黄色；花被片长 20 mm 左右，宽 5～10 mm；外花被片背面紫绿色，内花被片背面中央有紫绿色纵条纹，基部有毛；雄蕊 3 长 3 短，花丝有的仅基部有毛，有的几乎全部有毛；花药具紫黑色或黄色的短尖头；雌蕊短于或等长于短的雄蕊。蒴果矩圆形，具较长的喙。

▶**花 果 期**　花期 4 月。

▶**分　　布**　新疆的西部（察布查尔、乌恰）；俄罗斯、中亚地区。

▶**生　　境**　生于海拔 1800～3200 m 的山地阳坡。

▶**用　　途**　观赏。

▶**致危因素**　生境退化或丧失、直接采挖。

异瓣郁金香

（百合科　Liliaceae）

Tulipa heteropetala Ledeb.

国家重点保护级别	CITES 附录	IUCN 红色名录
二级		

▶**形态特征**　鳞茎较小，直径 1～1.5 cm；鳞茎皮纸质，茎长 10～20 cm，无毛。叶 2（～3）枚，条形，下部叶宽 5～7 cm。花单朵顶生，黄色；花被片先端渐尖或钝，长 17～25 cm；外花被片背面绿紫色，内花被片基部渐窄成近柄状，背面有紫绿色纵条纹；雄蕊 3 长 3 短；花柱长。

▶**花　果　期**　花期 5 月，果期 6 月。

▶**分　　布**　新疆、内蒙古；哈萨克斯坦、俄罗斯。

▶**生　　境**　生于海拔 1200～2400 m 的灌丛下。

▶**用　　途**　观赏。

▶**致危因素**　生境退化或丧失、直接采挖。

异叶郁金香

Tulipa heterophylla (Regel) Baker

（百合科 Liliaceae）

国家重点保护级别	CITES 附录	IUCN 红色名录
二级		无危（LC）

▶**形态特征**　鳞茎卵状球形，直径 1 ~ 1.4 cm；鳞茎皮纸质，内面无毛，上端稍上延。茎长 9 ~ 15 cm。叶 2 枚对生，两叶近等宽，宽 12 mm，条形或条状披针形。花单朵顶生，花被片长 20 ~ 30 mm，宽 4 ~ 8 mm，黄色，披针形，先端渐尖，外花被片背面紫绿色，内花被片背面中央有紫绿色的宽纵条纹；6 枚雄蕊等长，花丝无毛，比花药长 5 ~ 7 倍；通常雌蕊比雄蕊长，具有与子房约等长的花柱。蒴果窄椭圆形，长 2.5 ~ 3 cm，宽 0.6 ~ 0.8 cm，两端逐渐变窄，基部具短柄，顶端有长喙。

▶**花 果 期**　花期 6 月，果期 7 月。

▶**分　　布**　新疆；吉尔吉斯斯坦、哈萨克斯坦。

▶**生　　境**　生于海拔 2100 ~ 3100 m 的砾石坡地或山地阳坡。

▶**用　　途**　观赏。

▶**致危因素**　生境退化或丧失、直接采挖。

伊犁郁金香

（百合科　Liliaceae）

Tulipa iliensis Regel

国家重点保护级别	CITES 附录	IUCN 红色名录
二级		无危（LC）

▶**形态特征**　鳞茎直径 1～2 cm；鳞茎皮黑褐色，薄革质，内面上部和基部有伏毛。茎上部通常有密柔毛或疏毛，极少无毛。叶 3～4 枚，条形或条状披针形，通常宽 0.5～1.5 cm，彼此疏离或紧靠而似轮生，伸展或反曲，边缘平展或呈波状。花常单朵顶生，黄色；花被片长 25～35 mm，宽 4～20 mm；外花被片背面有绿紫红色、紫绿色或黄绿色色彩，内花被片黄色；当花凋谢时，颜色通常变深，甚至外 3 片变成暗红色，内 3 片变成淡红或淡红黄色；6 枚雄蕊等长，花丝无毛，中部稍扩大，向两端逐渐变窄；几无花柱。蒴果卵圆形，种子扁平，近三角形。

▶**花 果 期**　花期 3—5 月，果期 5 月。

▶**分　　布**　新疆；哈萨克斯坦。

▶**生　　境**　生于海拔 1200～2400 m 的平原、荒漠、干旱山坡。

▶**用　　途**　供园林绿化与观赏，还具有一定的食用价值。

▶**致危因素**　直接采挖。

迟花郁金香

Tulipa kolpakowskiana Regel

（百合科 Liliaceae）

国家重点保护级别	CITES 附录	IUCN 红色名录
二级		

▶**形态特征** 鳞茎长卵状球形，直径 1.5～2 cm；鳞茎皮黑色，革质，里面上部被毛。茎长 10～15 cm，通常无毛。叶 3 枚，疏离，线状披针形，大小不同，通常超过花，宽 0.5～1.5 cm，无毛，边缘皱波状。苞片无，花单生或成对，花蕾期下垂；花被片黄色，很少橙红色，略带紫色，长圆形至长圆状菱形。花丝无毛，基部渐狭。花柱极短。

▶**花 果 期** 花期 5 月。

▶**分 布** 新疆。

▶**生 境** 生于半荒漠。

▶**用 途** 供园林绿化与观赏。

▶**致危因素** 生境退化或丧失、直接采挖。

垂蕾郁金香

（百合科　Liliaceae）

Tulipa patens C.Agardh

其他常用学名：*Tulipa sylvestris* subsp. *australis* (Link) Pamp.

国家重点保护级别	CITES 附录	IUCN 红色名录
二级		无危（LC）

▶**形态特征**　鳞茎皮纸质，内面上部多少有伏毛，基部无毛或有毛，上端通常上延。茎无毛，长 10 ~ 25 cm。叶 2 ~ 3 枚，彼此疏离，条状披针形或披针形，下部较宽。花单朵顶生，在花蕾期和凋萎时下垂；花被片长 15 ~ 30 mm，宽 4 ~ 10 mm，白色，干后乳白色或淡黄色，基部干后黄色或淡黄色，先端长渐尖或渐尖；外花被片背面紫绿色或淡绿色，内花被片比外花被片宽 2/5 ~ 1/2，基部变窄呈柄状，并有柔毛，背面中央有紫绿色或淡绿色纵条纹；雄蕊 3 长 3 短，花丝基部扩大，具毛。蒴果矩圆形。

▶**花 果 期**　花期 4—5 月，果期 5 月。

▶**分　　布**　新疆（塔城、温泉、霍城）；俄罗斯中亚地区。

▶**生　　境**　生于海拔 1400 ~ 2000 m 的阴坡或灌丛下。

▶**用　　途**　观赏。

▶**致危因素**　生境退化或丧失；过度采集。

新疆郁金香

(百合科　Liliaceae)

Tulipa sinkiangensis Z.M. Mao

国家重点保护级别	CITES 附录	IUCN 红色名录
二级		濒危（EN）

▶**形态特征**　鳞茎卵状球形，顶部伸长，直径 1 ~ 1.5（~ 2.2）cm；鳞茎皮纸质，内面密被伏毛。茎单生或很少分枝，高 6 ~ 15 cm，无毛或稍具短柔毛。叶 3 枚，密集，边缘多少波状，最下面的叶较大，狭卵形长圆形至线形，长 4 ~ 6 cm，宽 0.2 ~ 1.6 cm，有时顶部下弯或有卷曲。花常单生，花被片黄色、暗红色或带红色黄，长方形，狭倒卵形，或者近匙形，长 1 ~ 2 cm，宽 4 ~ 10 cm；背面的外部稍具紫色、绿色、深紫色或黄绿色；内部的有深颜色条纹。花丝无毛，基部逐渐膨大。

▶**花 果 期**　花期 4—5 月。

▶**分　　布**　新疆。

▶**生　　境**　生于海拔 1000 ~ 1300 m 的平原荒漠、石质山坡。

▶**用　　途**　重要的早春野生花卉，是早春牧场的优良牧草之一。

▶**致危因素**　生境退化或丧失；过度采集。

145

塔城郁金香

（百合科　Liliaceae）

Tulipa tarbagataica Z.W. Wang & H.C. Xi

国家重点保护级别	CITES 附录	IUCN 红色名录
二级		

▶**形态特征**　鳞茎宽卵圆形，直径 2～3 cm；鳞茎皮褐色，革质，上端不上延，内面基部和顶部有伏毛。茎高 10～15 cm，有毛。叶 3 枚，边缘皱波状，无毛，最下面的叶宽披针形，长 10～13 cm，宽达 2～4 cm，最下面的叶的宽度超过上面叶宽的 2 倍，上面的叶线状披针形，长 10～12 cm，宽 1～1.5 cm。花单朵顶生，钟形；外花被片椭圆状卵形，长 3～5 cm，宽 1～2 cm，略锐尖，深黄色，背面青绿色或淡红色；内花被片椭圆形，长 2～4 cm，宽 1～2 cm，深黄色；雄蕊 6 枚，等长；花丝深黄色，无毛，长约 0.5 cm，从基部向上逐渐变窄；花药比花丝长 2～3 倍，深黄色，长约 1 cm；子房卵状圆筒形；花柱退化，不明显。蒴果矩圆状，长 4～6 cm，宽 2～3 cm，顶端稍钝且有喙，喙粗壮，长 4～6 cm。种子卵状三角形，褐色。

▶**花 果 期**　花期 4—5 月。

▶**分　　布**　新疆（塔城）。

▶**生　　境**　生于海拔 1200～1600 m 的灌丛。

▶**用　　途**　观赏。

▶**致危因素**　生境退化或丧失、直接采挖。

四叶郁金香

(百合科 Liliaceae)

Tulipa tetraphylla Regel

国家重点保护级别	CITES 附录	IUCN 红色名录
二级		

▶**形态特征** 鳞茎卵形，直径 1.5 ~ 2 cm；鳞茎皮薄纸质，红棕色，内面上部被伏毛。茎无毛，长可达 20 cm。叶（3 ~）5 或 6 枚，密集，边缘皱波状。花 1 ~ 4 朵。花被片黄色，长圆形至长圆状菱形，长 3 ~ 4 cm，宽 6 ~ 7 mm；外部的微具紫色，背面带绿色；内部的背面暗绿色。花丝无毛，膨大，基部逐渐狭窄。花柱短。

▶**花 果 期** 花期 5 月。

▶**分   布** 新疆西北部。

▶**生   境** 生于砾石地或干燥的斜坡。

▶**用   途** 观赏。

▶**致危因素** 生境退化或丧失；过度采集。

天山郁金香

（百合科　Liliaceae）

Tulipa thianschanica Regel

国家重点保护级别	CITES 附录	IUCN 红色名录
二级		

▶**形态特征**　鳞茎卵形体，直径 1.5 ~ 2 cm；鳞茎皮黑褐色，薄革质，里面上部有毛。茎 10 ~ 15 cm，无毛。叶 3 枚，密集，叶平展，顶端多少稍下弯，线形或线状披针形，通常超过花，边缘通常皱波状。苞片无。花单生，花被片黄色，近长圆形，长 1.5 ~ 2.5 cm，宽 0.5 ~ 1.5 cm；内部有时微具红色。花丝无毛，从中间到先端突然膨大。花柱极短。

▶**花 果 期**　花期 5—6 月。

▶**分　　布**　新疆西北部。

▶**生　　境**　生于海拔 1000 ~ 1800 m 的干草原。

▶**用　　途**　观赏，具优良的食用价值。

▶**致危因素**　数量稀少。

▶**备　　注**　赛里木湖郁金香为变种 *Tulipa thianschanica* var. *sailimuensis* X. Wei & D.Y. Tan。

单花郁金香

（百合科　Liliaceae）

Tulipa uniflora (L.) Besser ex Baker.

国家重点保护级别	CITES 附录	IUCN 红色名录
二级		易危（VU）

▶**形态特征**　鳞茎卵状球形，直径 1 ~ 2 cm；鳞茎皮成微黑的褐色，纸质，内面上部具毛。茎 10 ~ 20 cm，无毛。叶 2（或 3）枚，线状披针形，通常超过花，无毛，绿色，有时在基部和顶端有红色。花单生，花被片黄色，外轮花被的背面微带紫色、绿色或暗紫色，倒披针形至倒卵形或披针形至长圆形，长 1.5 ~ 3 cm，宽 4 ~ 8 mm；内轮花被背面具纵向略带紫色的条纹，中心部分为绿色，宽于外轮的。内轮雄蕊稍长于外轮的；花丝基部膨大，先端逐渐狭窄，无毛。

▶**花　果　期**　花期 5—6 月。

▶**分　　　布**　内蒙古、新疆；哈萨克斯坦、蒙古、俄罗斯。

▶**生　　　境**　生于海拔 1200 ~ 2400 m 的灌丛或开阔的陡崖。

▶**用　　　途**　具有研究植物区系的价值。

▶**致危因素**　直接采挖、数量稀少。

香花指甲兰

Aerides odorata Lour.

国家重点保护级别	CITES 附录	IUCN 红色名录
二级	附录 II	濒危（EN）

▶**形态特征**　附生植物，茎粗壮。叶厚革质，宽带状，长 15～20 cm，宽 2.5～4.6 cm。总状花序下垂；花大，芳香，白色带粉红色；中萼片椭圆形，长约 1 cm，宽 8 mm；侧萼片宽卵形，长 1.2 cm，宽 9 mm；花瓣近椭圆形；唇瓣 3 裂；侧裂片直立，倒卵状楔形，长约 1.5 cm，上端宽 1 cm；中裂片狭长圆形，长 1.2 cm，宽约 3 mm，先端 2 裂；距狭角状，长约 1 cm；蕊柱粗短，长约 5 mm，具长约 9 mm 的蕊柱足。

▶**花　果　期**　花期 5 月，果期未知。

▶**分　　　布**　广东、云南；广布于热带喜马拉雅至东南亚。

▶**生　　　境**　生于山地林中或树干上。

▶**用　　　途**　观赏。

▶**致危因素**　生境破碎化或丧失、过度采集。

泰国金线兰

Anoectochilus albolineatus C.S. Parish & Rchb.f.

国家重点保护级别	CITES 附录	IUCN 红色名录
二级	附录 II	

▶**形态特征**　地生草本，植株高 7 ~ 32.5 cm。根状茎匍匐，圆柱形，具节。茎直立，具 2 ~ 5 枚叶。叶片墨绿色，边缘近全缘，表面具白色网脉，叶片斜卵圆形，先端急尖或渐尖，长 2 ~ 5 cm，宽 1.5 ~ 4 cm。花序轴被柔毛，长 1.5 ~ 7.6 cm。花倒置，3 ~ 13 朵，苞片披针椭圆形至卵状披针形，背面被柔毛，长 10 ~ 12 mm，宽 4 ~ 6 mm；萼片背面被柔毛；中萼片披针形至椭圆形；侧萼片斜倒披针形至椭圆形，渐尖至钝；花瓣偏斜，倒披针形；唇瓣 3 裂，后唇延伸成距，距与子房平行，圆锥形，先端钝，长约 1 cm，在靠近距口处具 2 枚近扇形胼胝体；唇瓣中部每侧具 4 ~ 8 条长 4 ~ 10 mm 的流苏裂条；前唇两裂，裂片呈"Y"形。蕊柱长 5.6 ~ 5.9 mm，蕊柱翅近倒三角状，基部带耳状结构。子房近直立。

▶**花　果　期**　花期 12 月至次年 1 月。

▶**分　　　布**　云南；泰国、越南、缅甸。

▶**生　　　境**　未知。

▶**用　　　途**　观赏。

▶**致危因素**　生境破碎化或丧失、自然种群过小。

保亭金线兰

Anoectochilus baotingensis (K.Y.Lang) Ormerod

国家重点保护级别	CITES 附录	IUCN 红色名录
二级	附录 II	濒危（EN）

▶**形态特征**　地生植物。植株高 15 ~ 17 cm，具 2 ~ 4 枚叶。叶片卵圆形，上面暗绿色，具金红色带有绢丝光泽的网脉。总状花序；花序轴和花序梗均被柔毛；子房被毛；萼片淡红色，花瓣和唇瓣白色。萼片被柔毛，中萼片卵形，长 6.5 mm，宽约 2.5 mm，与花瓣黏合呈兜状；侧萼片张开；花瓣椭圆形，与中萼片近等长；唇瓣呈"Y"形；前唇 2 裂，裂片近长圆形，长 8 mm；中唇收狭成长爪，其两侧各具 3 条长 2 ~ 3.5 mm 的流苏状细裂条；距圆锥状，末端 2 裂，内侧有 2 枚扇形具柄的胼胝体；蕊柱长约 5.5 mm；柱头 2 个，位于蕊喙基部两侧。

▶**花 果 期**　花期 4 月，果期未知。

▶**分　　布**　海南（保亭）。

▶**生　　境**　生于海拔 300 m 的热带雨林下。

▶**用　　途**　观赏。

▶**致危因素**　生境破碎化或丧失、自然种群过小。

短唇金线兰

Anoectochilus brevilabris Lindl.

国家重点保护级别	CITES 附录	IUCN 红色名录
二级	附录 II	

▶**形态特征**　地生草本。植株高 20～30 cm，具 2～3 枚叶。叶在茎基部着生，卵圆形或卵形，先端急尖，长 3～8 cm，宽 2.5～5 cm，上面暗绿色，具金红色带有绢丝光泽的网脉，背面淡紫红色。总状花序具 5～15 朵花；花序轴和花序梗均被柔毛；子房被毛；花白色。萼片被柔毛，中萼片卵形，长 4～6 mm，与花瓣黏合呈兜状；侧萼片张开反折；花瓣近镰刀状，与中萼片近等长；唇瓣呈 "Y" 形；前唇 2 裂，裂片近三角形，长 6～8 mm，宽 3～5 mm；中唇收狭成长爪，其两侧各具 3～4 个长 1～3 mm 的短齿；后唇具圆锥状距，距末端 2 裂，内侧有 2 枚矩圆形的胼胝体；蕊柱长 3～5 mm；柱头 2 个，位于蕊喙基部两侧。

▶**花　果　期**　花期 7 月，果期未知。

▶**分　　布**　西藏（墨脱）、云南（景洪）；印度、尼泊尔、老挝。

▶**生　　境**　生于海拔 1100～1500 m 的山地雨林下。

▶**用　　途**　观赏。

▶**致危因素**　生境破碎化或丧失、自然种群过小。

滇南金线兰

（兰科　Orchidaceae）

Anoectochilus burmannicus Rolfe

国家重点保护级别	CITES 附录	IUCN 红色名录
二级	附录 II	易危（VU）

▶**形态特征**　植株高 20～30 cm，具 3～6 枚叶。叶片卵圆形或椭圆形，先端急尖，长 2.5～8 cm，宽 2.5～5 cm，上面暗绿色，具金红色带有绢丝光泽的网脉，背面淡紫红色。总状花序疏生 4～8 朵花；花序轴和花序梗均被柔毛；子房被毛；萼片淡红色，花瓣黄白色，唇瓣黄色。萼片被柔毛；中萼片卵形，长 5～6 mm，与花瓣黏合呈兜状；侧萼片张开；花瓣近镰刀状，与中萼片近等长；唇瓣长 15～20 mm，呈"Y"形；前唇 2 裂，裂片近长圆形，长 6～8 mm，宽 2 mm；中唇收狭成长爪，具小齿或全缘，长 5～9 mm；距圆锥状，向上生长，内侧有 2 枚片形胼胝体；蕊柱长约 3 mm。

▶**花 果 期**　花期 9—12 月，果期未知。

▶**分　　布**　云南（盈江、勐腊、景洪）；缅甸、泰国、老挝。

▶**生　　境**　生于海拔 1050～2100 m 的山地或沟谷常绿阔叶林下。

▶**用　　途**　观赏。

▶**致危因素**　生境破碎化或丧失、过度采集、自然种群过小。

灰岩金线兰

Anoectochilus calcareus Aver.

国家重点保护级别	CITES 附录	IUCN 红色名录
二级	附录 II	

▶**形态特征** 地生草本。植株高 15 ~ 20 cm，具 2 ~ 4 枚叶。叶片卵圆形或椭圆形，长 7 ~ 8 cm，宽 4 cm，上面暗绿色，具金红色带有绢丝光泽的网脉。总状花序疏生 4 ~ 8 朵花；花序轴和花序梗均被柔毛；子房被毛；萼片棕红色，花瓣和唇瓣白色。萼片被柔毛，中萼片卵形，长 4 mm，与花瓣黏合呈兜状；侧萼片张开；花瓣近镰刀状，与中萼片近等长；唇瓣长约 15 mm，呈 "Y" 形；前唇 2 裂，裂片近卵形，长 6 ~ 8 mm，宽 2 ~ 3 mm；中唇收狭成长爪，具 8 ~ 10 齿状短流苏，长 4 mm；距圆锥状，长约 3 mm，内侧有 2 枚胼胝体；蕊柱长约 3 mm。

▶**花 果 期** 花期 7—8 月，果期未知。

▶**分　　布** 广西（靖西）；越南。

▶**生　　境** 生于海拔 1100 ~ 1200 m 的石灰岩林中。

▶**用　　途** 观赏。

▶**致危因素** 生境破碎化或丧失、过度采集、自然种群过小。

滇越金线兰

Anoectochilus chapaensis Gagnep.

国家重点保护级别	CITES 附录	IUCN 红色名录
二级	附录 II	易危（VU）

▶**形态特征**　地生植物。植株高 12 ~ 20 cm，具 4 ~ 5 枚叶。叶片斜卵圆形或椭圆形，长 2 ~ 4 cm，宽 1.5 ~ 3.5 cm，上面暗绿色，具金红色带有绢丝光泽的网脉。总状花序疏生 2 ~ 7 朵花；花序轴和花序梗均被柔毛；子房被毛；萼片淡绿色，花瓣和唇瓣白色。萼片被柔毛，中萼片卵形，长 6 mm，与花瓣黏合呈兜状；侧萼片张开；花瓣近镰刀状，与中萼片近等长；唇瓣长 10 ~ 13 mm，呈"Y"形；前唇 2 裂，裂片倒卵状三角形，长 5 ~ 6 mm，宽 3 mm；中唇收狭成长爪，长 3 mm，前部两边具 2 条短流苏，后部两侧各具 1 枚长方形具细钝齿的片；距圆锥状，长 4 ~ 5 mm，内侧有 2 枚胼胝体。

▶**花 果 期**　花期 6 月，果期未知。

▶**分　　布**　云南（屏边）、海南（昌江）；越南。

▶**生　　境**　生于海拔 1500 m 的林下。

▶**用　　途**　观赏。

▶**致危因素**　生境破碎化或丧失、过度采集、自然种群过小。

高金线兰

(兰科 Orchidaceae)

Anoectochilus elatus Lindl.

国家重点保护级别	CITES 附录	IUCN 红色名录
二级	附录 II	

▶**形态特征** 地生草本植物。植株高 13 ~ 32 cm，具 4 ~ 6 枚叶。叶片卵圆形或卵形，先端急尖，长 2.5 ~ 8 cm，宽 2.5 ~ 5 cm，上面暗绿色或黑紫色，具橙黄色至金红色带有绢丝光泽的网脉，背面淡紫红色。总状花序具 1 ~ 8 朵花；花序轴和花序梗均被柔毛，花序梗具 2 ~ 3 枚苞片；子房被毛；花白色。萼片被柔毛，中萼片卵形，长 6 ~ 9 mm，与花瓣黏合呈兜状；侧萼片张开；花瓣近镰刀状，与中萼片近等长。唇瓣长 19 ~ 23 mm，呈"Y"形；前唇 2 裂，裂片近三角形，长 6 mm，宽 3.5 mm；中唇收狭成长爪，其两侧各具 6 ~ 7 条长 4 ~ 7 mm 的流苏状细裂条；后唇长 1.5 mm，与唇瓣前部近平行，距圆锥状；距末端 2 裂，内侧有 2 枚类扇形的肉质胼胝体。蕊柱长约 6.5 mm；蕊喙叉状 2 裂；柱头 2 个，位于蕊喙基部两侧。

▶**花 果 期** 4—5 月。

▶**分　　布** 云南（景洪）；越南。

▶**生　　境** 生于林下。

▶**用　　途** 观赏。

▶**致危因素** 生境破碎化或丧失、过度采集、自然种群过小。

峨眉金线兰

（兰科　Orchidaceae）

Anoectochilus emeiensis K.Y. Lang

国家重点保护级别	CITES 附录	IUCN 红色名录
二级	附录 II	极危（CR）

▶**形态特征**　地生草本，植株高 19～21 cm。叶片卵形，上面黑绿色，具金红色带绢丝光泽美丽的网脉，背面带紫红色，长 3.5～4 cm，宽 3～3.2 cm。总状花序具 3～4 朵较疏生的花，花序轴被短柔毛；子房圆柱状纺锤形，被短柔毛；花具腥臭气；萼片带紫红色，花瓣白色带紫红，唇瓣白色。萼片背面被疏短柔毛；中萼片卵状椭圆形，长 7 mm，与花瓣黏合呈兜状；侧萼片张开；花瓣镰状，长 7 mm，中部宽 3 mm；唇瓣"Y"形，长 13 mm；前唇 2 裂，裂片长圆状倒披针形，长 5 mm，宽约 2 mm；中唇长约 4 mm，其两侧各具 1 枚宽大长圆形的片而其边缘具疏锯齿或短流苏；距长约 6 mm，末端 2 浅裂，内面具 2 枚近楔形的胼胝体；蕊柱长 5.5 mm。

▶**花　果　期**　花期 9—10 月，果期未知。

▶**分　　　布**　四川（峨眉山）。

▶**生　　　境**　生于海拔 900 m 的溪边林下石缝中。

▶**用　　　途**　观赏。

▶**致危因素**　生境破碎化或丧失、过度采集、自然种群过小。

台湾银线兰

Anoectochilus formosanus Hayata

（兰科　Orchidaceae）

国家重点保护级别	CITES 附录	IUCN 红色名录
二级	附录 II	近危（NT）

▶**形态特征**　地生草本。植株高约 20 cm。叶 2 ~ 4 枚，卵形或卵圆形；叶片上面墨绿色，具白色网脉，背面带红色。总状花序具 3 ~ 5 朵花；花苞片卵状披针形，长 1 cm，宽 3.5 mm，背面被毛；花倒置。萼片红褐色，花瓣和唇瓣白色；萼片被毛，中萼片近圆形，顶部骤狭，先端急尖；侧萼片长椭圆形，斜歪，长 8 ~ 10 mm，宽 5 mm。花瓣镰状，长 8 mm，宽 2.6 mm，与中萼片黏合呈兜状。唇瓣呈"Y"形，长 1.8 cm；前唇前部扩大并 2 裂，裂片镰状披针形、菱状长圆形或狭长圆形，长 7 mm，宽 3 mm；中唇其两侧各具 5 条长约 5 mm 黄色的丝状长流苏裂条；距长 4 mm，其末端 2 浅裂，内面近末端处具 2 枚板状胼胝体。蕊柱短，长 2 mm。

▶**花 果 期**　花期 10—11 月。

▶**分　　布**　台湾（台东、台北、台南）。

▶**生　　境**　生于海拔 500 ~ 1600 m 的阴湿森林或竹林内。

▶**用　　途**　观赏。

▶**致危因素**　生境破碎化或丧失、过度采集、自然种群过小。

● 国家重点保护野生植物（第二卷）

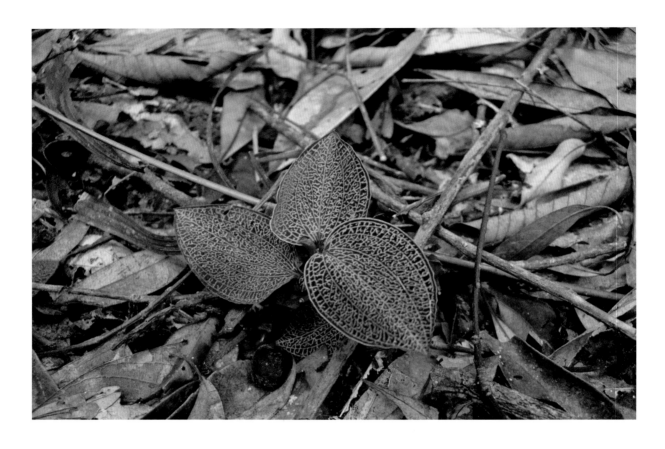

恒春银线兰

Anoectochilus koshunensis Hayata

国家重点保护级别	CITES 附录	IUCN 红色名录
二级	附录 II	

▶**形态特征** 地生草本，植株高约 20 cm。叶 2 ~ 4 枚，卵形或卵圆形，上面墨绿色，具白色网脉，背面带红色。总状花序具 5 ~ 6 朵花；子房圆柱形，被毛。花张开，唇瓣位于上方；萼片红褐色，花瓣和唇瓣白色。萼片被毛；中萼片卵形，凹陷呈舟状，长 5 ~ 5.5 mm，宽 3 ~ 4 mm；侧萼片斜长椭圆形，长 7 ~ 8 mm；花瓣镰刀形，长 5.5 ~ 6 mm，与中萼片黏合呈兜状；唇瓣呈"Y"形；前唇深 2 裂，裂片长椭圆形，长 7 ~ 8 mm，宽 3.5 ~ 3.7 mm；中唇收狭成长约 5 mm 的爪，其两侧各具 1 枚长约 5 mm 的片状物；距微带棕色，长 6.5 ~ 7 mm，向上弯曲，内侧在靠近蕊柱基部处具 2 枚胼胝体；蕊柱长 3 ~ 3.5 mm，前面两侧具 2 枚片状附属物。

▶**花 果 期** 花期 7—10 月，果期未知。

▶**分　　布** 台湾。

▶**生　　境** 生于海拔 1500 ~ 1700 m 的常绿阔叶林下。

▶**用　　途** 观赏。

▶**致危因素** 生境破碎化或丧失、过度采集、自然种群过小。

长片金线兰

（兰科　Orchidaceae）

Anoectochilus longilobus H.Jiang & H.Z.Tian

国家重点保护级别	CITES 附录	IUCN 红色名录
二级	附录 II	

▶**形态特征**　地生草本。植株高约 28 cm。叶 2～5 枚，卵形或卵圆形，上面绿紫色，具淡绿色网脉，背面带红色。总状花序具 4～10 朵花；子房圆柱形，不扭转，被毛。萼片淡红褐色至棕绿色，花瓣和唇瓣白色。萼片被毛；中萼片卵形，长 7 mm，宽 4.5 mm；侧萼片椭圆形，反卷，长 8 mm；花瓣长 7 mm，与中萼片黏合呈兜状；唇瓣呈 "Y" 形；前唇深 2 裂，裂片倒楔形，长 12 mm，宽 5 mm；中唇收狭成长 5～6 mm 的爪，其两侧各具 2～5 枚锯齿状细裂条；距长 7 mm，向上弯曲，内侧具 2 枚梯形胼胝体；蕊柱长 3 mm。

▶**花 果 期**　花期 9—10 月，果期未知。

▶**分　　布**　云南（麻栗坡老君山）。

▶**生　　境**　生于海拔 1550 m 的石灰岩常绿阔叶林。

▶**用　　途**　观赏。

▶**致危因素**　生境破碎化或丧失、过度采集、自然种群过小。

丽蕾金线兰

Anoectochilus lylei Rolfe ex Downie

（兰科 Orchidaceae）

国家重点保护级别	CITES 附录	IUCN 红色名录
二级	附录 II	

▶**形态特征** 地生草本。植株高约 25 cm。叶 2~5 枚，卵形或卵圆形，上面墨绿色，具白色网脉，背面带淡紫色。总状花序具 5~8 朵花。萼片和花瓣红褐色，中部棕绿色，唇瓣白色。萼片被毛；中萼片卵形，长 6~7 mm；侧萼片卵形至椭圆形，长 7~11 mm；花瓣倒卵形，长 6~7 mm，与中萼片黏合呈兜状；唇瓣呈 "Y" 形；前唇深 2 裂，裂片披针形，长 8~10 mm，宽 1.5~3 mm；中唇收狭成爪，其两侧各具 1~3 不规则齿；距长 4~5 mm，内侧具 2 枚胼胝体；蕊柱长 3~3.5 mm，前面两侧具 2 枚三角形附属物。

▶**花 果 期** 花期 7—8 月，果期未知。

▶**分 布** 云南（景洪）；泰国。

▶**生 境** 生于热带雨林下。

▶**用 途** 观赏。

▶**致危因素** 生境破碎化或丧失、过度采集、自然种群过小。

麻栗坡金线兰

Anoectochilus malipoensis W.H. Chen & Y.M. Shui

国家重点保护级别	CITES 附录	IUCN 红色名录
二级	附录 II	

▶**形态特征**　地生草本。植株高约 15 cm。叶 3～4 枚，卵圆形，上面紫红色，具绿白网脉。总状花序具 2～4 朵花；子房圆柱形，被毛。花张开，唇瓣位于上方；萼片紫红色，花瓣和唇瓣白色。萼片被毛；中萼片卵形，长 5 mm，宽 3 mm；侧萼片斜椭圆形，长 7 mm；花瓣镰刀披针形，与中萼片黏合呈兜状；唇瓣呈"Y"形；前唇深 2 裂，裂片卵圆形，长 6 mm，宽 2.5～3 mm；中唇收狭成长约 4 mm 的爪，其两侧各具 1 枚先端具齿的片状物；距长 6～7 mm，内侧具 2 枚胼胝体；蕊柱长 5 mm。

▶**花 果 期**　花期 6—7 月，果期未知。

▶**分　　布**　云南（麻栗坡）。

▶**生　　境**　生于海拔 1650 m 的石灰岩常绿阔叶林下。

▶**用　　途**　观赏。

▶**致危因素**　生境破碎化或丧失、过度采集、自然种群过小。

墨脱金线兰

（兰科　Orchidaceae）

Anoectochilus medogensis H.Z. Tian & Yue Jin

国家重点保护级别	CITES 附录	IUCN 红色名录
二级	附录 II	极危（CR）

▶**形态特征**　地生草本，植株高 15 ~ 22 cm。叶 3 ~ 5 枚，卵形至圆形，上面墨绿色，具金红色网脉。总状花序具 3 ~ 12 朵花；子房圆柱形，被毛。花张开，唇瓣位于下方；萼片紫红色，花瓣和唇瓣白色。萼片被毛；中萼片卵形至圆形，长 7 mm，宽 4.5 mm；侧萼片斜椭圆形，长 12 mm；花瓣镰刀披针形，长 5 mm，与中萼片黏合呈兜状；唇瓣呈 "Y" 形，长 15 mm；前唇深 2 裂，裂片卵圆形，长 5 mm；中唇收狭成长约 5 mm 的爪，其两侧各具 7 ~ 8 条长 8 ~ 12 mm 的流苏；距长 4.5 mm，内侧具 2 枚梯形胼胝体；蕊柱长 5 mm。

▶**花　果　期**　花期 8—9 月，果期未知。

▶**分　　　布**　西藏（墨脱）。

▶**生　　　境**　生于海拔 700 ~ 1100 m 的山地常绿阔叶林下。

▶**用　　　途**　观赏。

▶**致危因素**　生境破碎化或丧失、自然种群过小。

南丹金线兰

Anoectochilus nandanensis Y.F. Huang & X.C. Qu

国家重点保护级别	CITES 附录	IUCN 红色名录
二级	附录 II	

▶**形态特征**　地生草本，植株高 12～17 cm。叶 3～4 枚，卵圆形，上面墨绿色，具金红色网脉。总状花序具 2～5 朵花；子房圆柱形，被毛。花张开，唇瓣位于上方；萼片棕红色，花瓣和唇瓣白色。萼片被毛；中萼片宽卵形，长 5 mm，宽 3.5 mm；侧萼片斜宽卵形，长 6 mm，宽 3.5 mm；花瓣镰刀披针形，长 6 mm，与中萼片黏合呈兜状；唇瓣呈 "Y" 形；前唇深 2 裂，裂片椭圆形至披针形，长 6 mm，宽 2 mm；中唇收狭成长约 4 mm 的爪，其两侧各具 1 枚先端具齿的长片；距长 6～7 mm，先端浅裂，内侧具 2 枚胼胝体；蕊柱长 5.5 mm。

▶**花 果 期**　花期 8—9 月，果期未知。

▶**分　　布**　广西（南丹）、贵州。

▶**生　　境**　生于海拔 750 m 的石灰岩林下。

▶**用　　途**　观赏。

▶**致危因素**　生境破碎化或丧失、过度采集、自然种群过小。

乳突金线兰

Anoectochilus papillosus Aver.

（兰科 Orchidaceae）

国家重点保护级别	CITES 附录	IUCN 红色名录
二级	附录 II	

▶**形态特征**　地生草本，植株高 15～16 cm，具 2～4 枚叶。叶片卵形至宽卵形，上面暗绿色，具粉红色的网脉。总状花序具 3～5 朵花；花序轴和花序梗均被柔毛；子房被毛；萼片淡粉色至棕色，花瓣和唇瓣白色。萼片被柔毛，中萼片圆形，长 6～7 mm，宽 2.5～3 mm，与花瓣黏合呈兜状；侧萼片椭圆形；花瓣镰形；唇瓣呈"Y"形；前唇 2 裂，裂片斜三角形至楔形，长 4～5 mm；中唇收狭成长爪，其两侧各具 1 条矩形裂片；距圆锥状，末端 2 裂，内侧有 2 枚胼胝体；蕊柱长约 4 mm。

▶**花 果 期**　花期 6—8 月，果期未知。

▶**分　　布**　云南（麻栗坡、屏边）；越南。

▶**生　　境**　生于常绿阔叶林下。

▶**用　　途**　观赏。

▶**致危因素**　生境破碎化或丧失、过度采集、自然种群过小。

屏边金线兰

（兰科　Orchidaceae）

Anoectochilus pingbianensis K.Y.Lang

国家重点保护级别	CITES 附录	IUCN 红色名录
二级	附录 II	数据缺乏（DD）

▶**形态特征**　地生草本，植株高 15 ~ 18 cm，具 4 ~ 5 枚叶。叶片卵形，上面暗绿色，具金红色、带绢丝光泽的美丽网脉，背面淡绿色或淡红色。总状花序具多数花；子房圆柱状纺锤形，扭转，被密的柔毛。萼片粉红色，花瓣和唇瓣白色。萼片背面被柔毛；中萼片卵形，长 6 mm，宽 4 mm，与花瓣黏合呈兜状；侧萼片略偏斜；花瓣呈斜歪的卵形，长 6 mm；唇瓣外形近倒三角形；前唇宽达 11 mm 并明显扩大成 2 裂，裂片狭长圆形，长 5.5 mm，宽 1.2 mm，呈 180° 叉开；中唇具长而宽的爪，爪部长 2.8 mm，其不裂部分为卵形，它的下部宽约 2 mm，而其两侧边缘各具 5 ~ 6 条长短不等的丝状流苏；距长 3.5 ~ 4 mm，其内面具 2 枚肉质、狭椭圆形、具短柄的胼胝体；蕊柱粗短，长约 3 mm。

▶**花 果 期**　花期 10 月，果期未知。

▶**分　　布**　云南（屏边）。

▶**生　　境**　生于海拔 1500 m 的林下阴湿处。

▶**用　　途**　观赏。

▶**致危因素**　生境破碎化或丧失、过度采集、自然种群过小。

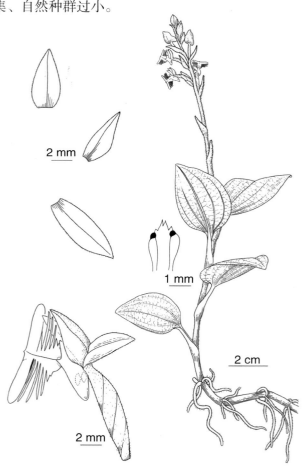

2 mm

1 mm

2 cm

2 mm

《植物分类学报》，34（5），555页图1，吴樟桦扫描图，李爱莉　修复

金线兰

Anoectochilus roxburghii (Wall.) Lindl.

国家重点保护级别	CITES 附录	IUCN 红色名录
二级	附录 II	濒危（EN）

▶**形态特征**　地生草本，植株高 8~18 cm，具（2~）3~4 枚叶。叶片卵圆形或卵形，长 1.3~3.5 cm，宽 0.8~3 cm，上面暗紫色或黑紫色，具金红色带有绢丝光泽的美丽网脉，背面淡紫红色。总状花序具 2~6 朵花，长 3~5 cm。花白色或淡红色，不倒置（唇瓣位于上方）。萼片背面被柔毛，中萼片卵形，长约 6 mm，宽 2.5~3 mm，与花瓣黏合呈兜状；侧萼片偏斜的近长圆形或长圆状椭圆形，长 7~8 mm，宽 2.5~3 mm；花瓣近镰刀状，与中萼片等长；唇瓣长约 12 mm，呈"Y"形；前唇扩大并 2 裂，裂片近长圆形或近楔状长圆形；中唇收狭成长 4~5 mm 的爪，两侧各具 6~8 条长 4~6 mm 的流苏状细裂条；距长 5~6 mm，末端 2 浅裂，内侧在靠近距口处具 2 枚肉质的胼胝体；蕊柱前面两侧各具 1 枚宽、片状的附属物。

▶**花 果 期**　花期（8—）9—11（—12）月，果期未知。

▶**分　　布**　浙江、江西、福建、湖南、广东、海南、广西、四川、云南、西藏；日本、泰国、老挝、越南、印度、不丹、尼泊尔、孟加拉国。

▶**生　　境**　生于海拔 50~1600 m 的常绿阔叶林下或沟谷阴湿处。

▶**用　　途**　观赏。

▶**致危因素**　生境破碎化或丧失、过度采集、自然种群过小。

兴仁金线兰

Anoectochilus xingrenensis Z.H.Tsi & X.H.Jin

国家重点保护级别	CITES 附录	IUCN 红色名录
二级	附录 II	

▶**形态特征**　地生草本，植株高 15~20 cm，2~5 枚叶。叶正面深绿色具金色网脉，卵形或卵圆形，先端具细尖。花序梗具 2~3 枚不育的鞘苞片；花苞片粉红色，卵状披针形。花倒置；子房和花梗扭曲，具短柔毛。萼片粉红色，花瓣和唇瓣白色。萼片外表面具短柔毛；背面萼片卵形，略凹，先端锐尖；侧萼片近长圆形，稍斜，先端锐尖；花瓣卵形，先端尖；唇呈"Y"形，13~18 mm；中唇具 4~8 短齿，每齿约 1 mm；前唇纵向扩张，2 浅裂；裂片呈锐角，扇形；距狭圆锥形，具 2 枚不规则胼胝体。

▶**花果期**　花期 9—10 月，果期未知。

▶**分　布**　贵州（兴仁、荔波）、广西（那坡、龙州）；越南。

▶**生　境**　生于海拔 700~1100 m 的石灰岩灌丛。

▶**用　途**　观赏。

▶**致危因素**　生境破碎化或丧失、过度采集、自然种群过小。

浙江金线兰

Anoectochilus zhejiangensis Z.Wei & Y.B.Chang

（兰科 Orchidaceae）

国家重点保护级别	CITES 附录	IUCN 红色名录
二级	附录 II	濒危（EN）

▶**形态特征**　地生草本。植株高 8 ~ 16 cm，下部集生 2 ~ 6 枚叶。叶片宽卵形至卵圆形，长 0.7 ~ 2.6 cm，宽 0.6 ~ 2.1 cm，上面呈鹅绒状绿紫色，具金红色带绢丝光泽的美丽网脉，背面略带淡紫红色。总状花序具 1 ~ 4 朵花；花不倒置（唇瓣位于上方）。萼片淡红色，花瓣和唇瓣白色。萼片近等长，长约 5 mm，背面被柔毛；中萼片卵形，与花瓣黏合呈兜状；侧萼片长圆形，稍偏斜；花瓣倒披针形至倒披针形；唇瓣呈"Y"形；前唇扩大并 2 深裂，裂片斜倒三角形，长约 6 mm，上部宽约 5 mm；中唇中部收狭成长 4 mm 的爪，两侧各具 1 枚鸡冠状褶片且其边缘具（2 ~）3 ~ 4（~ 5）枚长约 3 mm 的小齿；距长约 6 mm，具 2 枚瘤状胼胝体，胼胝体生于距中部从蕊柱紧靠唇瓣处伸入距内的 2 条褶片状脊上。

▶**花 果 期**　花期 7—9 月，果期未知。

▶**分　　布**　浙江（遂昌）、福建（建阳、将乐）、广西（龙胜）。

▶**生　　境**　生于海拔 700 ~ 1200 m 的山坡或沟谷的密林下阴湿处。

▶**用　　途**　观赏。

▶**致危因素**　生境破碎化或丧失、过度采集、自然种群过小。

白及

（兰科　Orchidaceae）

Bletilla striata (Thunb.) Rchb. f.

国家重点保护级别	CITES 附录	IUCN 红色名录
二级	附录 II	濒危（EN）

▶**形态特征**　地生植物。假鳞茎扁球形，上面具荸荠似的环带。叶狭长圆形或披针形，长 8～29 cm，宽 1.5～4 cm。花序轴或多或少呈"之"字状曲折；花紫红色或粉红色。萼片和花瓣近等长，狭长圆形，长 25～30 mm，宽 6～8 mm；花瓣较萼片稍宽；唇瓣倒卵状椭圆形，长 23～28 mm；唇盘上面具 5 条纵褶片，在中裂片上面为波状；蕊柱长 18～20 mm，具狭翅。

▶**花 果 期**　花期 4—5 月。

▶**分　　布**　陕西、甘肃、江苏、安徽、浙江、江西、福建、湖北、湖南、广东、广西、四川、贵州；韩国、日本。

▶**生　　境**　生于海拔 100～3200 m 的常绿阔叶林下、栎树林或针叶林下，以及路边草丛、岩石缝中。

▶**用　　途**　观赏、药用。

▶**致危因素**　生境破碎化或丧失、过度采集、自然种群过小。

美花卷瓣兰

（兰科 Orchidaceae）

Bulbophyllum rothschildianum (O'Brien) J.J. Smith

国家重点保护级别	CITES 附录	IUCN 红色名录
二级	附录 II	易危（VU）

▶**形态特征** 附生植物。根状茎粗 5 ~ 7 mm。假鳞茎卵球形，顶生 1 枚叶。叶近椭圆形，长 9 ~ 10 cm，中部宽 2 ~ 2.5 cm。花葶从假鳞茎基部抽出，伞形花序具 4 ~ 6 朵花。花淡紫红色；中萼片卵形，舟状，先端急尖呈尾状，边缘具流苏；侧萼片披针形，长 15 ~ 19 cm，向先端急尖为长尾状，中部以下在背面密生疣状突起；花瓣卵状三角形，长约 1 cm；唇瓣舌状椭圆形，长 1 cm，边缘和上面密生流苏状毛。蕊柱长 5 mm；蕊柱翅在近蕊柱中部向前伸展呈三角形；蕊柱足长 7 mm；蕊柱齿近矩形，长约 2 mm，先端变为狭镰刀状；药帽前缘先端略凹。

▶**花 果 期** 花期 9—10 月，果期未知。

▶**分 布** 云南（景洪、勐海）；印度东北部。

▶**生 境** 生于海拔 1550 m 的山地密林中树干上。

▶**用 途** 观赏。

▶**致危因素** 生境破碎化或丧失、过度采集、自然种群过小。

独龙虾脊兰

Calanthe dulongensis H. Li, R. Li & Z.L. Dao

国家重点保护级别	CITES 附录	IUCN 红色名录
二级	附录 II	极危（CR）

▶形态特征。多年生地生草本，植株高约 50 cm。假鳞茎绿黑色，近卵形。叶椭圆形至倒卵状椭圆形，长 30 ~ 40 cm，宽 4.5 ~ 7.5 cm。花葶与新叶同出，远长于新叶，密被短柔毛；萼片和花瓣黄绿色；中萼片长圆状椭圆形，长 1.8 cm，宽 6 mm；侧萼片椭圆形，长 1.5 cm，宽 4 mm；花瓣倒卵状披针形，长 1.5 cm，宽 5 mm；唇瓣基部黄色，前部白色，3 裂；侧裂片狭长圆形，先端斜楔形；中裂片肾形，长 5 mm，宽 7.5 mm，上有 3 个具短柄的金黄色球状附属物，具长爪，爪长 4 mm，宽 1.4 mm；距黄色，长 5.5 mm；蕊柱黄色，长约 8 mm，上端扩大，无毛；蕊喙淡黄色；药帽淡黄色。

▶花 果 期　花期 4 月。

▶分　　布　云南（贡山）。

▶生　　境　生于海拔 2200 m 的阔叶林下。

▶用　　途　观赏。

▶致危因素　生境破碎化或丧失、自然种群过小。

大黄花虾脊兰

（兰科　Orchidaceae）

Calanthe striata var. *sieboldii* (Decne. ex Regel) Maxim.

国家重点保护级别	CITES 附录	IUCN 红色名录
一级	附录 II	极危（CR）

▶**形态特征**　地生植物。假鳞茎小。叶宽椭圆形，长 45 ~ 60 cm，宽 9 ~ 15 cm。花鲜黄色；中萼片椭圆形，长 2.7 ~ 3 cm，宽 1.2 ~ 1.5 cm；侧萼片斜卵形；花瓣狭椭圆形，长 2.4 cm，宽 9.5 mm；唇瓣基部与整个蕊柱翅合生，3 深裂，近基部处具红色斑块并具有 2 排白色短毛；侧裂片斜倒卵形或镰状倒卵形，长 1.5 cm，宽 8 mm；中裂片近椭圆形，长 1.3 cm，宽 9 mm；唇盘上具 5 条波状龙骨状脊；距长 8 mm，内面被毛；蕊柱粗短，长约 5 mm。

▶**花　果　期**　花期 2—3 月，果期未知。

▶**分　　　布**　台湾（台北、新竹）、湖南（新宁）、安徽（黄山区）、江西（井冈山）等；日本、韩国。

▶**生　　　境**　生于海拔 1200 ~ 1500 m 的山地林下。

▶**用　　　途**　观赏。

▶**致危因素**　生境破碎化或丧失、过度采集、自然种群过小。

独花兰

Changnienia amoena S.S. Chien

国家重点保护级别	CITES 附录	IUCN 红色名录
二级	附录 II	濒危（EN）

▶**形态特征** 地生植物。假鳞茎近椭圆形或宽卵球形，近淡黄白色。叶1枚，宽卵状椭圆形至宽椭圆形，长 6.5~11.5 cm，宽 5~8.2 cm，背面紫红色。单花；花白色而带肉红色或淡紫色晕，唇瓣有紫红色斑点。萼片长圆状披针形，长 2.7~3.3 cm，宽 7~9 mm；侧萼片稍斜歪；花瓣狭倒卵状披针形，略斜歪，长 2.5~3 cm，宽 1.2~1.4 cm；唇瓣3裂；侧裂片斜卵状三角形，宽 1~1.3 cm；中裂片宽倒卵状方形；唇盘具5枚褶片状附属物；距角状，长 2~2.3 cm；蕊柱长 1.8~2.1 cm，两侧有宽翅。

▶**花 果 期** 花期4月。

▶**分　　布** 陕西、江苏、安徽、浙江、江西、湖北、湖南、四川（巫山、北川、广元、巴中）。

▶**生　　境** 生于海拔 400~1100（~1800）m 的疏林下腐殖质丰富的土壤中或沿山谷荫蔽的地方。

▶**用　　途** 观赏。

▶**致危因素** 生境破碎化或丧失、过度采集、自然种群过小。

大理铠兰

（兰科 Orchidaceae）

Corybas taliensis T. Tang et F.T. Wang

国家重点保护级别	CITES 附录	IUCN 红色名录
二级	附录 II	濒危（EN）

▶**形态特征** 地生植物。块茎近球形。茎纤细，长 2.5 ~ 7.5 cm。叶 1 枚，心形至宽卵形，长 8.5 ~ 14 mm，宽 8 ~ 10.5 mm。花单朵，带紫色；中萼片直立，匙形，兜状，长 14 mm，宽 7 mm；侧萼片狭线形或钻状，长 8.5 mm，基部上方宽约 1.5 mm；唇瓣近倒卵圆形，长约 1 cm，上部宽约 8 mm，中央有 1 条半圆形、稍肉质的褶片，基部有 1 个大的胼胝体；距 2 个，长约 3.5 mm，角状；蕊柱长约 2.5 mm。

▶**花 果 期** 花期 7 月，果期 10 月。

▶**分　　布** 四川（汶川）、云南（大理、福贡、腾冲）。

▶**生　　境** 生于海拔 2100 ~ 2500 m 的林下。

▶**用　　途** 观赏。

▶**致危因素** 生境破碎化或丧失、过度采集、自然种群过小。

杜鹃兰

Cremastra appendiculata (D. Don) Makino

国家重点保护级别	CITES 附录	IUCN 红色名录
二级	附录 II	无危（LC）

▶**形态特征**　地生植物。假鳞茎卵球形或近球形，长 1.5～3 cm，直径 1～3 cm。叶 1 枚，狭椭圆形、近椭圆形或倒披针状狭椭圆形。花葶从假鳞茎上部节上发出；总状花序具 5～22 朵花；花常偏花序一侧，多少下垂，淡紫褐色。萼片倒披针形，长 2～3 cm，上部宽 3.5～5 mm；侧萼片略斜歪；花瓣倒披针形或狭披针形，长 1.8～2.6 cm，上部宽 3～3.5 mm；唇瓣与花瓣近等长，线形，上部 1/4 处 3 裂；侧裂片近线形；中裂片卵形至狭长圆形，基部在两枚侧裂片之间具 1 枚肉质突起；蕊柱长 1.8～2.5 cm，腹面有时有很狭的翅。

▶**花 果 期**　花期 5—6 月，果期 9—12 月。

▶**分　　布**　山西（介休、夏县）、陕西、甘肃、江苏、安徽、浙江、江西（庐山）、台湾、河南、湖北、湖南、广东（乳源）、四川、贵州、云南（凤庆、西畴）、西藏；尼泊尔、不丹、印度、越南、泰国、日本。

▶**生　　境**　生于海拔 500～2900 m 的林下湿地或沟边湿地上。

▶**用　　途**　观赏、药用。

▶**致危因素**　生境破碎化或丧失、过度采集。

纹瓣兰

Cymbidium aloifolium (L.) Swartz

国家重点保护级别	CITES 附录	IUCN 红色名录
二级	附录 II	无危（LC）

▶**形态特征** 附生植物。假鳞茎卵球形，通常包藏于叶基之内。叶带形，硬革质。花葶从假鳞茎基部穿鞘而出，下垂；总状花序具 20 ~ 35 朵花；花苞片长 2 ~ 5 mm；萼片与花瓣淡黄色至奶油黄色，唇瓣白色或奶油黄色。萼片狭长圆形至狭椭圆形，长 1.5 ~ 2 cm，宽 4 ~ 6 mm；花瓣略短于萼片，狭椭圆形；唇瓣近卵形，长 1.3 ~ 2 cm，3 裂，基部多少囊状，上面有小乳突或微柔毛；侧裂片超出蕊柱与药帽之上；唇盘上有 2 条纵褶片；蕊柱长 1 ~ 1.2 cm；花粉团 2 个。

▶**花 果 期** 花期 4—5 月，偶见 10 月。

▶**分　　布** 广东、广西、贵州、云南；从斯里兰卡北至尼泊尔、东至印度尼西亚爪哇。

▶**生　　境** 生于海拔 100 ~ 1100 m 的疏林中、灌木丛中树上、溪谷旁岩壁上。

▶**用　　途** 观赏。

▶**致危因素** 生境破碎化或丧失、过度采集、自然种群过小。

椰香兰

（兰科　Orchidaceae）

Cymbidium atropurpureum (Lindl.) Rolfe

国家重点保护级别	CITES 附录	IUCN 红色名录
二级	附录 II	未予评估（NE）

▶**形态特征**　附生植物。假鳞茎卵形，长 10 cm，直径 6 cm。叶带形，硬革质。花序拱起或下垂，长 28～75 cm。萼片深褐红色至暗黄绿色，强烈染色褐红色，唇瓣白色，侧边裂片褐紫色，中间裂片胼胝体前部呈黄色并具深褐色斑块；中萼片狭舌状椭圆形，长 28～33 mm，宽 7～10 mm；侧生萼片镰刀形；花瓣狭椭圆形，长 25～30 mm，宽 7.5～11 mm；唇瓣长 21～25 mm；宽 13～15 mm，3 裂；侧裂片直立，远短于蕊柱；中裂片宽卵形到菱形，长 11～13 mm，宽 13～14 mm；唇盘具 2 条脊，并逐渐在中裂片的基部合并；花粉 2 个，三角形。

▶**花 果 期**　花期 3—5 月，果期未知。

▶**分　　布**　海南（乐东）；印度尼西亚（婆罗洲、爪哇、苏门答腊）、马来西亚、菲律宾、泰国南部、越南南部。

▶**生　　境**　生于海拔 1200 m 的林中。

▶**用　　途**　观赏。

▶**致危因素**　生境破碎化或丧失、过度采集、自然种群过小。

保山兰

Cymbidium baoshanense F.Y.Liu & H.Perner

国家重点保护级别	CITES 附录	IUCN 红色名录
二级	附录 II	未予评估（NE）

▶**形态特征**　附生植物。假鳞茎卵球状，两侧压平，长 3.5 ~ 4.5 cm，宽 2.5 ~ 3 cm。叶倒披针形，长 20 ~ 40 cm，宽 2.5 ~ 3.2 cm。花序生于假鳞茎的基部，具 6 ~ 9 朵花。萼片和花瓣淡绿色、黄色至浅棕黄色，唇瓣白色，前唇具 "V" 形紫色斑块。萼片披针形，长 45 ~ 58 mm，宽 12 ~ 15 mm；花瓣披针形，长 50 cm，宽 8 mm；唇瓣宽卵形，长 33 mm，宽 25 mm，基部与蕊柱合生部分长 2 ~ 3 mm，3 裂；侧裂片近圆形，长 7 mm，宽 7 mm；中裂片卵形，长 12 mm，宽 9 mm；唇盘具 2 光滑褶片；蕊柱长 29 ~ 34 mm。

▶**花 果 期**　花期 3 月，果期未知。

▶**分　　布**　云南（龙陵）。

▶**生　　境**　生于海拔 1600 ~ 1700 m 的林中。

▶**用　　途**　观赏。

▶**致危因素**　生境破碎化或丧失、过度采集、自然种群过小。

垂花兰

Cymbidium cochleare Lindl.

国家重点保护级别	CITES 附录	IUCN 红色名录
二级	附录 II	易危（VU）

▶**形态特征**　附生植物。假鳞茎通常纺锤形，两侧稍扁平，长 3 ~ 5 cm，宽 1 ~ 1.5 cm。叶带状，长 40 ~ 60 cm，宽 0.8 ~ 1.2 cm。花序侧生，下垂，长 50 ~ 60 cm，具 13 ~ 22 朵花；花下垂，钟形；萼片和花瓣黄褐色，唇瓣黄绿色，具密集的小紫红色斑点。萼片倒披针状匙形，长 40 ~ 42 mm，宽 6 ~ 7 mm；花瓣倒披针形，长 40 ~ 42 mm，宽 5 ~ 6 mm；唇瓣倒卵形，约长 43 mm，宽 26 mm，基部与蕊柱合生 2 ~ 3 mm，3 裂；侧裂片三角形；中裂片近圆形；唇盘具 2 褶片；蕊柱长 35 mm；花粉块 2 个，深裂。

▶**花 果 期**　花期 10—11 月，果期未知。

▶**分　　布**　云南（绿春）、台湾；印度、缅甸、越南。

▶**生　　境**　生于海拔 300 ~ 1800 m 的林中。

▶**用　　途**　观赏。

▶**致危因素**　生境破碎化或丧失、过度采集、自然种群过小。

莎叶兰

Cymbidium cyperifolium Wall. ex Lindl.

国家重点保护级别	CITES 附录	IUCN 红色名录
二级	附录 II	易危（VU）

▶**形态特征**　地生或半附生植物。假鳞茎长 1～2 cm，包藏于叶鞘之内。叶带形，长 30～120 cm，宽 6～13 mm。花葶从假鳞茎基部发出；总状花序具 3～7 朵花；萼片与花瓣黄绿色或苹果绿色，唇瓣色白色或淡黄色，中裂片上有紫色斑。萼片线形至宽线形，长 1.8～3.5 cm，宽 4～7 mm；花瓣狭卵形，长 1.6～2.6 cm，宽 5.5～8.5 mm；唇瓣卵形，长 1.4～2.2 cm；唇盘上 2 条纵褶片从近基部处向上延伸到中裂片基部；蕊柱长 1.1～1.5 cm，两侧有狭翅；花粉团 4 个，成 2 对。

▶**花 果 期**　花期 10 月至次年 2 月。

▶**分　　布**　广东、海南、广西、贵州（安龙）、云南（蒙自、砚山、麻栗坡、屏边）；缅甸、泰国、越南、柬埔寨、菲律宾、不丹、印度。

▶**生　　境**　生于海拔 700～1100 m 的石灰岩灌丛。

▶**用　　途**　观赏。

▶**致危因素**　生境破碎化或丧失、过度采集、自然种群过小。

冬凤兰

（兰科　Orchidaceae）

Cymbidium dayanum Rchb.f.

国家重点保护级别	CITES 附录	IUCN 红色名录
二级	附录 II	易危（VU）

▶**形态特征**　附生植物。假鳞茎近梭形，稍压扁，长 2～5 cm，宽 1.5～2.5 cm。叶带形，长 32～60（～110）cm，宽 7～13 mm，中脉与侧脉在背面凸起。花葶自假鳞茎基部穿鞘而出，长 18～35 cm；总状花序具 5～9 朵花；萼片与花瓣白色或奶油黄色。萼片狭长圆状椭圆形，长 2.2～2.7 cm，宽 5～7 mm；花瓣狭卵状长圆形，长 1.7～2.3 cm，宽 4～6 mm；唇瓣近卵形，长 1.5～1.9 cm；侧裂片与蕊柱近等长；中裂片外弯；唇盘上有 2 条纵褶片，上有密集的腺毛；蕊柱长 9～10 mm；花粉团 2 个。

▶**花 果 期**　花期 8—12 月。

▶**分　　布**　福建、台湾、广东、海南、广西、云南；印度、缅甸、越南、老挝、柬埔寨、泰国、马来西亚、印度尼西亚、菲律宾、日本。

▶**生　　境**　生于海拔 300～1600 m 的疏林中树上、溪谷旁岩壁上。

▶**用　　途**　观赏。

▶**致危因素**　生境破碎化或丧失、过度采集、自然种群过小。

落叶兰

Cymbidium defoliatum Y.S.Wu & S.C.Chen

国家重点保护级别	CITES 附录	IUCN 红色名录
二级	附录 II	濒危（EN）

▶**形态特征**　地生植物。假鳞茎小，聚生成不规则的根状茎状。叶带状，冬季常凋落，春季长出，长 25~40 cm，宽 5~10 mm，除中脉在叶面凹陷外，其余均在两面浮凸。花葶从假鳞茎基部发出，具 2~4 朵花；花直径 2~3 cm，色泽变化较大；中萼片近狭长圆形，长 1.2~2 cm，宽 3~6 mm；花瓣近狭卵形，长 1~1.6 cm，宽 2.5~5 mm；唇瓣近长圆状卵形，长 1~1.2 cm，不明显 3 裂；唇盘上 2 条纵褶片位于上部近中裂片基部处，长约 3 mm；蕊柱长 7~8 mm。

▶**花 果 期**　花期 6—8 月，果期未知。

▶**分　　布**　四川、贵州、云南。

▶**生　　境**　未知。

▶**用　　途**　观赏。

▶**致危因素**　生境破碎化或丧失、过度采集、自然种群过小。

福兰

Cymbidium devonianum Paxton

国家重点保护级别	CITES 附录	IUCN 红色名录
二级	附录 II	

▶**形态特征**　附生植物。假鳞茎近圆筒状，长 1.5 ~ 2.5 cm，宽 1 cm。叶倒披针形至长圆形，长 22 ~ 27 cm，宽 3.5 ~ 4.7 cm，具突出的中脉。花序生于假鳞茎基部；花略带紫色的棕色，直径约 3.5 cm。萼片狭椭圆形至卵状披针形，长 20 ~ 22 mm，宽 6 ~ 7 mm；花瓣狭椭圆形披针形，长 16 ~ 19 mm，宽 5.5 ~ 6 mm，先端渐尖；唇瓣近菱形或倒卵形菱形，长 13 ~ 15 mm，宽 10 mm，与蕊柱离生；花盘具 2 个肉质胼胝体。蕊柱长 10 ~ 12 mm。

▶**花 果 期**　花期 3—4 月，果期未知。

▶**分　　布**　云南（屏边、贡山）、西藏；不丹、印度、尼泊尔、泰国、越南。

▶**生　　境**　生于岩石和林中。

▶**用　　途**　观赏。

▶**致危因素**　生境破碎化或丧失、过度采集、自然种群过小。

独占春

(兰科 Orchidaceae)

Cymbidium eburneum Lindl.

国家重点保护级别	CITES 附录	IUCN 红色名录
二级	附录 II	濒危（EN）

▶**形态特征** 附生植物。假鳞茎近梭形或卵形，长 4 ~ 8 cm，宽 2.5 ~ 3.5 cm。叶带形，长 57 ~ 65 cm，宽 1.4 ~ 2.1 cm，先端为细微的不等的 2 裂，基部 2 列套叠并有褐色膜质边缘。花葶从假鳞茎下部叶腋发出；总状花序具 1 ~ 2（~ 3）朵花；花大；萼片与花瓣白色，有时略有粉红色晕，唇瓣亦白色，中裂片中央至基部有一黄色斑块，连接于黄色褶片末端。萼片狭长圆状倒卵形，长 5.5 ~ 7 cm，宽 1.5 ~ 2 cm；花瓣狭倒卵形；唇瓣近宽椭圆形，3 裂，与蕊柱合生 3 ~ 5 mm；侧裂片直立；中裂片中部至基部有密短毛区；唇盘上 2 条纵褶片汇合为一；蕊柱长 3.5 ~ 4.5 cm；花粉团 2 个，黏盘基部两侧有丝状附属物。

▶**花 果 期** 花期 2—5 月，果期未知。

▶**分 布** 海南（崖州、昌江）、广西（十万大山）、云南；尼泊尔、印度、缅甸。

▶**生 境** 生于溪谷旁岩石上。

▶**用 途** 观赏。

▶**致危因素** 生境破碎化或丧失、过度采集、自然种群过小。

莎草兰

Cymbidium elegans Lindl.

国家重点保护级别	CITES 附录	IUCN 红色名录
二级	附录 II	濒危（EN）

▶**形态特征**　附生植物。假鳞茎近卵形，长 4 ~ 9 cm，宽 2 ~ 3 cm。叶带形，长 45 ~ 80 cm，宽 1 ~ 1.7 cm。花葶从假鳞茎下部叶腋内长出；总状花序下垂，具 20 余朵花；花下垂，狭钟形，奶油黄色至淡黄绿色，褶片亮橙黄色。萼片狭倒卵状披针形，长 3.4 ~ 4.3 cm，宽 7 ~ 9 mm；花瓣宽线状倒披针形，长 3 ~ 4 cm，宽 5 ~ 6 mm；唇瓣倒披针状三角形，长 3 ~ 4 cm，3 裂，基部与蕊柱合生 2 ~ 3 mm；侧裂片多少围抱蕊柱；中裂片较小，中央有 1 个密生短毛的斑块；唇盘上具 2 条纵褶片，在基部增粗并在两褶片间形成槽状凹陷；蕊柱长 2.8 ~ 3.2 cm；花粉团 2 个，近棒状。

▶**花　果　期**　花期 10—12 月，果期未知。

▶**分　　　布**　四川、云南、西藏；尼泊尔、不丹、印度、缅甸。

▶**生　　　境**　生于海拔 1700 ~ 2800 m 的林中树上或岩壁上。

▶**用　　　途**　观赏。

▶**致危因素**　生境破碎化或丧失、过度采集、自然种群过小。

建兰

（兰科 Orchidaceae）

Cymbidium ensifolium (L.) Sw.

国家重点保护级别	CITES 附录	IUCN 红色名录
二级	附录 II	易危（VU）

▶**形态特征** 地生植物。假鳞茎卵球形，长 1.5 ~ 2.5 cm，宽 1 ~ 1.5 cm。叶带形，长 30 ~ 60 cm，宽 1 ~ 1.5（~ 2.5）cm。花葶从假鳞茎基部发出，一般短于叶；总状花序具 3 ~ 9 朵花；花苞片除最下面的 1 枚长 1.5 ~ 2 cm 外，其余的长 5 ~ 8 mm，一般不及花梗和子房长度的 1/3，至多不超过 1/2；花色泽变化较大，通常为浅黄绿色而具紫斑。萼片近狭长圆形或狭椭圆形，长 2.3 ~ 2.8 cm，宽 5 ~ 8 mm；花瓣狭椭圆形或狭卵状椭圆形，长 1.5 ~ 2.4 cm，宽 5 ~ 8 mm；唇瓣近卵形，略 3 裂；侧裂片多少围抱蕊柱；中裂片卵形；唇盘上 2 条纵褶片从基部延伸至中裂片基部，上半部向内倾斜并靠合，形成短管；蕊柱两侧具狭翅；花粉团 4 个，成 2 对。

▶**花 果 期** 花期通常为 6—10 月。

▶**分 布** 安徽、浙江、江西、福建、台湾、湖南、西藏、广东、海南、广西、四川、贵州、云南；广泛分布于东南亚和南亚各国，北至日本。

▶**生 境** 生于海拔 600 ~ 1800 m 的疏林下、灌丛中、山谷旁、草丛中。

▶**用 途** 观赏。

▶**致危因素** 生境破碎化或丧失、过度采集、自然种群过小。

长叶兰

（兰科　Orchidaceae）

Cymbidium erythraeum Lindl.

国家重点保护级别	CITES 附录	IUCN 红色名录
二级	附录 II	易危（VU）

▶**形态特征**　附生植物。假鳞茎卵球形，长 2 ~ 5 cm，宽 1.5 ~ 3 cm。叶带形，长 60 ~ 90 cm，宽 7 ~ 15 mm，基部紫色。总状花序具 3 ~ 7 朵或更多的花；花直径 7 ~ 8 cm；萼片与花瓣绿色，唇瓣淡黄色至白色。萼片狭长圆状倒披针形，长 3.4 ~ 5.2 cm，宽 7 ~ 14 mm；花瓣镰刀状，长 3.5 ~ 5.3 cm，宽 3.5 ~ 7 mm；唇瓣近椭圆状卵形，长 3 ~ 4.3 cm，3 裂，基部与蕊柱合生达 2 ~ 3 mm；中裂片心形至肾形；唇盘上具 2 条褶片；褶片顶端肥厚；蕊柱长 2.3 ~ 3.2 cm，两侧具翅；花粉团 2 个，近三角形。

▶**花 果 期**　花期 10 月至次年 1 月。

▶**分　　布**　四川、云南、西藏（波密、察隅、墨脱）；尼泊尔、不丹、印度、缅甸。

▶**生　　境**　生于海拔 1400 ~ 2800 m 的林中、林缘树上、岩石上。

▶**用　　途**　观赏。

▶**致危因素**　生境破碎化或丧失、过度采集、自然种群过小。

蕙兰

Cymbidium faberi Rolfe

（兰科　Orchidaceae）

国家重点保护级别	CITES 附录	IUCN 红色名录
二级	附录 II	

▶**形态特征**　地生植物。假鳞茎不明显。叶带形，长 25 ~ 80 cm，宽 7 ~ 12 mm，基部常对折而呈 "V" 形。花葶从叶丛基部最外面的叶腋抽出；总状花序具 5 ~ 11 朵或更多的花；花梗和子房长 2 ~ 2.6 cm；花常为浅黄绿色，唇瓣有紫红色斑。萼片近披针状长圆形或狭倒卵形，长 2.5 ~ 3.5 cm，宽 6 ~ 8 mm；花瓣与萼片相似；唇瓣长圆状卵形，长 2 ~ 2.5 cm，3 裂；中裂片较长，强烈外弯，有明显、发亮的乳突；唇盘上 2 条纵褶片，上端

向内倾斜并会合形成短管；蕊柱长 1.2 ~ 1.6 cm，两侧有狭翅；花粉团 4 个，成 2 对。

▶**花 果 期**　花期 3—5 月，果期未知。

▶**分　　布**　陕西、甘肃、安徽、浙江、江西、福建、台湾、河南、湖北、湖南、广东、广西、四川、贵州、云南、西藏；尼泊尔、印度。

▶**生　　境**　生于海拔 700 ~ 3000 m 湿润但排水良好的透光处。

▶**用　　途**　观赏。

▶**致危因素**　生境破碎化或丧失、过度采集、自然种群过小。

多花兰

Cymbidium floribundum Lindl.

国家重点保护级别	CITES 附录	IUCN 红色名录
二级	附录 II	易危（VU）

▶**形态特征**　附生植物。假鳞茎近卵球形。叶通带形，长 22 ~ 50 cm，宽 8 ~ 18 mm，中脉与侧脉在背面凸起。花葶自假鳞茎基部穿鞘而出，长 16 ~ 28（~ 35）cm；花较密集。萼片与花瓣红褐色或偶见绿黄色，极罕见灰褐色，唇瓣白色而在侧裂片与中裂片上有紫红色斑，褶片黄色。萼片狭长圆形，长 1.6 ~ 1.8 cm，宽 4 ~ 7 mm；花瓣狭椭圆形，长 1.4 ~ 1.6 cm，萼片近等宽；唇瓣近卵形，长 1.6 ~ 1.8 cm，3 裂；唇盘上有 2 条纵褶片，褶片末端靠合；蕊柱长 1.1 ~ 1.4 cm。

▶**花 果 期**　花期 4—8 月，果期未知。

▶**分　　布**　浙江、江西、福建、台湾、湖北、湖南、广东、广西、四川、贵州、云南；越南、印度。

▶**生　　境**　生于海拔 100 ~ 3300 m 的林中、林缘树上或溪谷旁透光的岩石上。

▶**用　　途**　观赏。

▶**致危因素**　生境破碎化或丧失、过度采集、自然种群过小。

春兰

（兰科　Orchidaceae）

Cymbidium goeringii (Rchb.f.) Rchb.f.

国家重点保护级别	CITES 附录	IUCN 红色名录
二级	附录 II	易危（VU）

▶**形态特征**　地生植物。假鳞茎卵球形，长 1 ~ 2.5 cm，宽 1 ~ 1.5 cm。叶带形，长 20 ~ 40（~ 60）cm，宽 5 ~ 9 mm。花葶从假鳞茎基部抽出，明显短于叶；花序具单朵花；花通常为绿色或淡褐黄色而有紫褐色脉纹。萼片近长圆形至长圆状倒卵形，长 2.5 ~ 4 cm，宽 8 ~ 12 mm；花瓣倒卵状椭圆形至长圆状卵形，长 1.7 ~ 3 cm；唇瓣近卵形，长 1.4 ~ 2.8 cm，不明显 3 裂；唇盘上 2 条纵褶片上部向内倾斜并靠合，多少形成短管状；蕊柱长 1.2 ~ 1.8 cm，两侧有较宽的翅；花粉团 4 个，成 2 对。

▶**花 果 期**　花期 1—3 月，果期 8—12 月。

▶**分　　布**　陕西、甘肃、江苏、安徽、浙江、江西、福建、台湾、河南、湖北、湖南、广东、广西、四川、贵州、云南；日本、朝鲜半岛南端。

▶**生　　境**　生于海拔 300 ~ 2200 m 的多石山坡、林缘、林中透光处，在台湾地区可上升到 3000 m。

▶**用　　途**　观赏。

▶**致危因素**　生境破碎化或丧失、过度采集、自然种群过小。

秋墨兰

（兰科　Orchidaceae）

Cymbidium haematodes Lindl.

国家重点保护级别	CITES 附录	IUCN 红色名录
二级	附录 II	

▶**形态特征**　地生植物。假鳞茎长约 3 cm，直径 1.5 cm。叶带形，长 50~200 cm，宽 0.8~1.7 cm。花序长于叶；萼片和花瓣稻草黄色至浅棕色，具 1 条强烈的中央红棕色条纹，以及一些较浅的条纹、通常明显到达基部；中萼片略微呈倒卵形，长 19~31 mm，宽 6~10 mm；侧萼片下垂；唇瓣 3 浅裂；侧裂片狭近椭圆形；中裂片三角形椭圆形；花盘具 2 脊突；蕊柱长 13~18 mm。

▶**花 果 期**　花期 9—10 月，果期 11 月至次年 4 月。

▶**分　　布**　海南、云南；印度、印度尼西亚、老挝、新几内亚、斯里兰卡、泰国。

▶**生　　境**　生于海拔 500~1900 m 的林中。

▶**用　　途**　观赏。

▶**致危因素**　生境破碎化或丧失、过度采集、自然种群过小。

虎头兰

（兰科　Orchidaceae）

Cymbidium hookerianum Rchb.f.

国家重点保护级别	CITES 附录	IUCN 红色名录
二级	附录 II	濒危（EN）

▶**形态特征**　附生植物。假鳞茎狭椭圆形至狭卵形。叶带形。总状花序具 7 ~ 14 朵花；花直径达 11 ~ 12 cm；萼片与花瓣苹果绿或黄绿色，基部有少数深红色斑点或偶有淡红褐色晕，唇瓣白色至奶油黄色，侧裂片与中裂片上有栗色斑点与斑纹。萼片近长圆形，长 5 ~ 5.5 cm，宽 1.5 ~ 1.7 cm；花瓣狭长圆状倒披针形，与萼片近等长，宽 1 ~ 1.3 cm；唇瓣近椭圆形，长 4.5 ~ 5 cm，3 裂，与蕊柱 4 ~ 4.5 mm；侧裂片直立；中裂片边缘啮蚀状并呈波状；唇盘上 2 条纵褶片，沿褶片生有短毛；蕊柱长 3.3 ~ 4 cm；花粉团 2 个。

▶**花 果 期**　花期 1—4 月，果期未知。

▶**分　　布**　广西、四川、贵州、云南、西藏（察隅、林芝）；尼泊尔、不丹、印度。

▶**生　　境**　生于海拔 1100 ~ 2700 m 的林中树上、溪谷旁岩石上。

▶**用　　途**　观赏。

▶**致危因素**　生境破碎化或丧失、过度采集、自然种群过小。

美花兰

（兰科 Orchidaceae）

Cymbidium insigne Rolfe

国家重点保护级别	CITES 附录	IUCN 红色名录
一级	附录 II	极危（CR）

▶**形态特征** 地生或附生植物。假鳞茎卵球形至狭卵形，长 5 ~ 9 cm。叶带形，长 60 ~ 90 cm，宽 7 ~ 12 mm。总状花序具 4 ~ 9 朵或更多的花；花直径 6 ~ 7 cm；萼片与花瓣白色或略带淡粉红色，唇瓣白色，侧裂片上通常有紫红色斑点和条纹，中裂片中部至基部黄色。萼片椭圆状倒卵形，长 3 ~ 3.5 cm，宽 1 ~ 1.4 cm；侧萼片略斜歪；花瓣狭倒卵形，长 2.8 ~ 3 cm，宽 1 ~ 1.2 cm；唇瓣近卵圆形，基部与蕊柱合生达 2 ~ 3 mm；唇盘上有 3 条纵褶片，均密生短毛；蕊柱长 2.4 ~ 2.8 cm，两侧具翅；花粉团 2 个，三角形至近四方形。

▶**花 果 期** 花期 11—12 月，果期未知。

▶**分 布** 海南（定安、琼中、昌江）；越南、泰国。

▶**生 境** 生于海拔 1700 ~ 1850 m 的疏林中、多石草丛中、岩石上、潮湿而多苔藓的岩壁上。

▶**用 途** 观赏。

▶**致危因素** 生境破碎化或丧失、过度采集、自然种群过小。

黄蝉兰

（兰科　Orchidaceae）

Cymbidium iridioides D.Don

国家重点保护级别	CITES 附录	IUCN 红色名录
二级	附录 II	易危（VU）

▶**形态特征**　附生植物。假鳞茎椭圆状卵形至狭卵形，长 4～11 cm，宽 2～5 cm。叶带形，长 45～70 cm，宽 2～4 cm。花葶从假鳞茎基部穿鞘而出；花直径达 10 cm；萼片与花瓣黄绿色，中裂片上有红色斑点和斑块，褶片黄色并在前部具栗色斑点。萼片狭倒卵状长圆形，长 3.7～4.5 cm，宽 1.2～1.5 cm；花瓣狭卵状长圆形，长 3.5～4.6 cm，宽 7～9 mm；唇瓣近椭圆形，3 裂，与蕊柱合生 4～5 mm；中裂片外弯，中央有 2～3 行长毛；唇盘上 2 条纵褶片，中上部生有长毛；蕊柱长 2.5～2.9 cm；花粉团 2 个，近三角形。

▶**花 果 期**　花期 8—12 月，果期未知。

▶**分　　布**　四川、云南、西藏；尼泊尔、不丹、印度、缅甸。

▶**生　　境**　生于海拔 900～2800 m 林中的乔木上或岩石上。

▶**用　　途**　观赏。

▶**致危因素**　生境破碎化或丧失、过度采集、自然种群过小。

197

寒兰

（兰科 Orchidaceae）

Cymbidium kanran Makino

国家重点保护级别	CITES 附录	IUCN 红色名录
二级	附录 II	易危（VU）

▶**形态特征**　地生植物。假鳞茎狭卵球形，长 2～4 cm，宽 1～1.5 cm。叶带形，长 40～70 cm，宽 9～17 mm。花葶发自假鳞茎基部，长 25～60 cm；总状花序疏生 5～12 朵花；花苞片一般与花梗和子房近等长；花常为淡黄绿色而具淡黄色唇瓣。萼片近线形或线状狭披针形，长 3～6 cm，宽 13.5～7 mm；花瓣常为狭卵形或卵状披针形，长 2～3 cm，宽 5～10 mm；唇瓣近卵形，长 2～3 cm；侧裂片直立；中裂片外弯；唇盘上 2 条纵褶片上部向内倾斜并靠合，形成短管；蕊柱长 1～1.7 cm，两侧有狭翅；花粉团 4 个，成 2 对。

▶**花 果 期**　花期 8—12 月，果期未知。

▶**分　　布**　安徽、浙江、江西、福建、台湾、湖南、广东、海南、广西、四川、贵州、云南；日本南部、朝鲜半岛南端。

▶**生　　境**　生于海拔 400～2400 m 的林下、溪谷旁，或荫蔽、湿润、多石的土壤中。

▶**用　　途**　观赏。

▶**致危因素**　生境破碎化或丧失、过度采集、自然种群过小。

碧玉兰

（兰科　Orchidaceae）

Cymbidium lowianum (Rchb.f.) Rchb.f.

国家重点保护级别	CITES 附录	IUCN 红色名录
二级	附录 II	濒危（EN）

▶**形态特征**　附生植物。假鳞茎狭椭圆形，略压扁。叶带形，长 65～80 cm，宽 2～3.6 cm。总状花序具 10～20 朵或更多的花；萼片和花瓣苹果绿色或黄绿色，唇瓣淡黄色，中裂片上有深红色的锚形斑（或 "V" 形斑及 1 条中线）。萼片狭倒卵状长圆形，长 4～5 cm，宽 1.4～1.6 cm；花瓣狭倒卵状长圆形，与萼片近等长，宽 8～10 mm；唇瓣近宽卵形，长 3.5～4 cm，3 裂，与蕊柱合生 3～4 mm；中裂片锚形斑区密生短毛；唇盘具 2 条纵褶片；蕊柱长 2.7～3 cm，两侧具翅。

▶**花果期**　花期 4—5 月，果期未知。

▶**分　　布**　云南（盈江、龙陵、沧源、绿春、勐腊、勐海、景洪、金平）；缅甸、泰国。

▶**生　　境**　生于海拔 1300～1900 m 的林中树上、溪谷旁岩壁上。

▶**用　　途**　观赏。

▶**致危因素**　生境破碎化或丧失、过度采集、自然种群过小。

大根兰

（兰科　Orchidaceae）

Cymbidium macrorhizon Lindl.

国家重点保护级别	CITES 附录	IUCN 红色名录
二级	附录 II	

▶**形态特征**　菌类寄生植物。无绿叶和假鳞茎；根状茎肉质，具不规则疣状突起。总状花序具 2 ~ 5 朵花；花白色带黄色至淡黄色，唇瓣上有紫红色斑。萼片狭倒卵状长圆形，长 2 ~ 2.2 cm，宽 4 ~ 5 mm；花瓣狭椭圆形，长 1.5 ~ 1.8 cm，宽 5 ~ 6 mm；唇瓣近卵形，长 1.3 ~ 1.6 cm；侧裂片直立；中裂片；唇盘上 2 条纵褶片，上端向内倾斜并靠合，多少形成短管；蕊柱长约 1 cm，两侧具狭翅；花粉团 4 个，成 2 对，宽卵形。

▶**花 果 期**　花期 6—8 月，果期未知。

▶**分　布**　四川（米易、美姑）、重庆、贵州（兴义、盘州）、云南（东川）；尼泊尔、巴基斯坦、印度北部、缅甸、越南、老挝、泰国、日本。

▶**生　境**　生于海拔 700 ~ 1500 m 的河边林下、马尾松林缘、开旷山坡上。

▶**用　途**　具科研价值。

▶**致危因素**　生境破碎化或丧失、过度采集、自然种群过小。

象牙白

（兰科 Orchidaceae）

Cymbidium maguanense F.Y.Liu

国家重点保护级别	CITES 附录	IUCN 红色名录
二级	附录 II	极危（CR）

▶**形态特征** 附生植物。假鳞茎近圆柱形。叶带形，长 37~76 cm，宽 1.2~2.3 cm。花白色或淡紫色，唇瓣中央具一黄色斑块。萼片狭倒卵状长圆形，长 4~6 cm，宽 1.5~2 cm；侧萼片偏斜；花瓣狭倒卵状长圆形；唇瓣近倒卵形或倒卵形至椭圆形，长 4.5~5 cm，宽 2~3 cm，3 裂，与蕊柱合生 5 mm；中裂片宽倒卵形，长 12~13 mm，宽 14~18 mm；唇盘具 2 条纵褶片，顶端靠合成短管；蕊柱长 3.6~4 cm。

▶**花 果 期** 花期 9—10 月，果期未知。

▶**分 布** 云南（马关、麻栗坡）。

▶**生 境** 生于海拔 1000~1800 m 的林中。

▶**用 途** 观赏。

▶**致危因素** 生境破碎化或丧失、过度采集、自然种群过小。

硬叶兰

Cymbidium mannii Rchb.f.

国家重点保护级别	CITES 附录	IUCN 红色名录
二级	附录 II	

▶**形态特征**　附生植物。假鳞茎狭卵球形。叶带形，长 22 ~ 80 cm，宽 1 ~ 1.8 cm。花葶从假鳞茎基部穿鞘而出；花直径 3 ~ 4 cm；萼片与花瓣淡黄色至奶油黄色，唇瓣白色至奶油黄色，有栗褐色斑。萼片狭长圆形，长 1.4 ~ 2 cm，宽 3 ~ 5 mm；花瓣近狭椭圆形，长 1.2 ~ 1.7 cm，宽 3 ~ 4 mm；唇瓣近卵形，长 1.2 ~ 1.4 cm，3 裂，基部多少囊状；侧裂片短于蕊柱；中裂片外弯；唇盘上有 2 条纵褶片；蕊柱长 8 ~ 12 mm；花粉团 2 个。

▶**花 果 期**　花期 3—4 月，果期未知。

▶**分　　布**　广东、海南、广西、贵州、云南西南部至南部；尼泊尔、不丹、印度、缅甸、越南、老挝、柬埔寨、泰国。

▶**生　　境**　生于海拔 1600 m 的林中、灌木林中的树上。

▶**用　　途**　观赏。

▶**致危因素**　生境破碎化或丧失、过度采集、自然种群过小。

大雪兰

（兰科　Orchidaceae）

Cymbidium mastersii Griff. ex Lindl.

国家重点保护级别	CITES 附录	IUCN 红色名录
二级	附录 II	濒危（EN）

▶**形态特征**　附生植物。假鳞茎延长成茎状，一般长 10 ~ 30 cm，最长可达 1 m 以上，包藏于两列排列的叶鞘之中。叶带形，长 24 ~ 75 cm，宽 1.1 ~ 2.5 cm，2 裂先端不等，裂口中央有 1 尖凸。花白色，唇瓣中裂片中央具一黄色斑块连接于亮黄色的褶片。萼片狭椭圆形或宽披针状长圆形，长 4.5 ~ 6 cm，宽 1 ~ 2 cm；花瓣宽线形，长 4.2 ~ 5 cm，宽 7 ~ 10 mm；唇瓣长圆状卵形，长 4 ~ 4.5 cm，3 裂，与蕊柱合生 3 ~ 4 mm；侧裂片，宽约 8 mm；中裂片中央至基部具一密生短毛的斑块；唇盘具 2 条纵褶片；蕊柱长约 3.5 cm；花粉团 2 个。

▶**花 果 期**　花期 10—12 月。

▶**分　　布**　云南；印度、缅甸、泰国。

▶**生　　境**　生于海拔 1600 ~ 1800 m 的林中树上、岩石上。

▶**用　　途**　观赏。

▶**致危因素**　生境破碎化或丧失、过度采集、自然种群过小。

珍珠矮

（兰科　Orchidaceae）

Cymbidium nanulum Y.S.Wu & S.C.Chen

国家重点保护级别	CITES 附录	IUCN 红色名录
二级	附录 II	濒危（EN）

▶**形态特征**　地生植物。无假鳞茎；根状茎扁圆柱形，直径达 1 cm 以上。叶带形，长 25 ~ 30 cm，宽 1 ~ 1.2 cm，中脉在两面凹陷；叶鞘常带紫色。总状花序疏生 3 ~ 4 朵花；花黄绿色或淡紫色，萼片与花瓣有 5 条深色脉纹。萼片长圆形，长 1.3 ~ 1.6 cm，宽 6 ~ 7 mm；花瓣长圆形，长 1.1 ~ 1.4 cm，宽 6 ~ 7 mm；唇瓣长圆状卵形，长 8 ~ 10 mm，不明显 3 裂；唇盘上有 2 条纵褶片，上半部向内倾斜并靠合；蕊柱长 6 ~ 7 mm。

▶**花 果 期**　花期 6 月，果期未知。

▶**分　　布**　海南、贵州（望谟）、云南（文山、思茅、保山）；越南。

▶**生　　境**　生于林下。

▶**用　　途**　观赏。

▶**致危因素**　生境破碎化或丧失、过度采集、自然种群过小。

峨眉春蕙

（兰科 Orchidaceae）

Cymbidium omeiense Y.S.Wu & S.C.Chen

国家重点保护级别	CITES 附录	IUCN 红色名录
二级	附录 II	濒危（EN）

▶**形态特征** 地生植物。假鳞茎不明显。叶带形，长 15～30 cm，宽 0.6～1.2 cm。总状花序疏生 3～4 朵花；花淡绿色，萼片中脉基部具紫色脉纹，花瓣具紫色斑点。萼片线形至披针形，长 2.5～ 3 cm，宽 3～5 mm；花瓣菱形至披针形，长 1.6～1.9 cm，宽 3～ 4 mm；唇瓣卵形，长 2 cm，3 裂；唇盘上有 2 条纵褶片；蕊柱长 11 mm；花粉块 4 个，成 2 对。

▶**花 果 期** 花期 3—4 月。

▶**分　　布** 四川（峨眉山）。

▶**生　　境** 生于海拔 700～1100 m 的石灰岩灌丛。

▶**用　　途** 观赏。

▶**致危因素** 生境破碎化或丧失、过度采集、自然种群过小。

邱北冬蕙兰

Cymbidium qiubeiense K.M.Feng & H.Li

（兰科　Orchidaceae）

国家重点保护级别	CITES 附录	IUCN 红色名录
二级	附录 II	濒危（EN）

▶**形态特征**　地生植物。假鳞茎长 1~1.5 cm，宽 6~9 mm。叶带形，长 30~80 cm，宽 5~10 cm；叶柄紫黑色，铁丝状。萼片与花瓣绿色，花瓣基部有暗紫色斑块，唇瓣白色，侧裂片带红色，中裂片绿色，有紫斑。萼片线状披针形，长约 2.5 cm，宽约 6 mm；花瓣狭长圆状披针形，长约 2.2 cm，宽约 7 mm；唇瓣不明显 3 裂，长约 2 cm，宽约 1 cm；侧裂片直立；唇盘上 2 条纵褶片；蕊柱长约 1.3 cm。

▶**花 果 期**　花期 10—12 月，果期未知。

▶**分　　布**　贵州（紫云）、云南。

▶**生　　境**　生于海拔 700~1800 m 的林下。

▶**用　　途**　观赏。

▶**致危因素**　生境破碎化或丧失、过度采集、自然种群过小。

薛氏兰

（兰科 Orchidaceae）

Cymbidium schroederi Rolfe

国家重点保护级别	CITES 附录	IUCN 红色名录
二级	附录 II	濒危（EN）

▶**形态特征** 附生植物。假鳞茎狭椭圆状，两侧压扁。叶带形。总状花序从假鳞茎基部长出，具
14 ~ 25 朵或更多的花。萼片和花瓣苹果绿色或黄绿色，唇瓣淡
黄色至白色带红褐色条纹，中裂片上有深红色的锚形斑；中萼
片狭倒卵形，长 4.5 ~ 5 cm，宽 1.3 ~ 1.6 cm；侧萼片镰形；花瓣
狭倒卵形，与萼片近等长，宽 9 ~ 12 mm；唇瓣近倒卵形，长 2.5 ~
2.8 cm，3 裂，与蕊柱合生 2 ~ 3 mm；中裂片锚形斑区密生短毛；
唇盘具 2 条纵褶片；蕊柱长 2.5 ~ 3 cm，两侧具翅。

▶**花 果 期** 花期 3—6 月，果期未知。

▶**分　　布** 云南；越南。

▶**生　　境** 生于海拔 1000 ~ 1600 m 的林中。

▶**用　　途** 观赏。

▶**致危因素** 生境破碎化或丧失、过度采集、自然种群过小。

豆瓣兰

（兰科　Orchidaceae）

Cymbidium serratum Schltr.

国家重点保护级别	CITES 附录	IUCN 红色名录
二级	附录 II	近危（NT）

▶**形态特征**　地生植物。假鳞茎卵形，长 0.8 ~ 1.2 cm，宽 0.7 ~ 1 cm。叶 3 ~ 5 枚，带形，长 23 ~ 38（~ 70）cm，宽 5 ~ 7 mm，边缘具细齿，先端渐尖，叶脉半透明，近基部处无关节。花葶从假鳞茎基部抽出，直立，通常长 20 ~ 30 cm；花序具 1 朵花，极罕见 2 朵花；花质地厚，无香气；花瓣与萼片绿色，具紫红色中脉；唇瓣白色，具紫红色斑，3 裂；侧裂片直立，中裂片外弯；唇盘上有 2 条纵褶片，褶片在前部内弯并汇合，多少形成短管；蕊柱长 1.4 ~ 1.7 cm，具狭翅；花粉团 4 个，成 2 对。

▶**花 果 期**　花期 2—3 月。

▶**分　　布**　贵州、湖北、四川、台湾、云南；越南。

▶**生　　境**　生于海拔 1000 ~ 3000 m 的多石之地、疏林中、排水良好的草坡。

▶**用　　途**　观赏。

▶**致危因素**　生境破碎化或丧失、过度采集、自然种群过小。

川西兰

（兰科　Orchidaceae）

Cymbidium sichuanicum Z.J. Liu & S.C. Chen

国家重点保护级别	CITES 附录	IUCN 红色名录
二级	附录 II	

▶**形态特征**　附生植物。假鳞茎近椭球至卵状，长 6 ~ 10 cm，宽 2.8 ~ 3.3 cm，包藏于宿存的叶鞘。叶 5 ~ 8 枚，带形，长 30 ~ 110 cm，宽 2 ~ 2.5 cm。总状花序从假鳞茎基部伸出，长 50 ~ 70 cm，具 10 ~ 15 朵花。萼片与花瓣黄绿色，具 9 ~ 11 条紫色条纹，唇瓣黄色，边缘红棕色，具深紫色或紫褐色条纹与斑点，蕊柱顶端紫红色。萼片近狭椭圆形，长 5.5 ~ 5.9 cm，宽 1.8 ~ 2.0 cm，侧萼片略偏斜。花瓣倒卵形至矩圆形，多少镰刀状，长 5.2 ~ 5.5 cm，宽 1.7 ~ 1.9 cm。唇瓣卵形至圆形，长 4.3 ~ 4.6 cm，与蕊柱合生 3 ~ 5 mm，3 裂；侧裂片边缘具睫毛；中裂片卵形，长 1.7 ~ 1.9 cm，宽 2.1 ~ 2.3 cm；唇盘被毛，具 2 条纵褶片，从唇瓣基部延伸至中裂片基部；褶片被白毛。蕊柱弯曲，长 3.6 ~ 3.9 cm，腹面疏被短柔毛。

▶**花 果 期**　花期 2—3 月。

▶**分　　布**　四川（茂县、汶川）。

▶**生　　境**　生于海拔 1200 ~ 1600 m 的林中树上。

▶**用　　途**　观赏。

▶**致危因素**　生境破碎化或丧失、自然种群过小、过度采集。

墨兰

Cymbidium sinense (Jack. ex Andr.) Willd.

国家重点保护级别	CITES 附录	IUCN 红色名录
二级	附录 II	易危（VU）

▶**形态特征**　地生植物。假鳞茎卵球形，长 2.5 ~ 6 cm，宽 1.5 ~ 2.5 cm。叶带形，暗绿色，长 45 ~ 80 cm，宽 2 ~ 3 cm。花葶从假鳞茎基部发出；花常为暗紫色或紫褐色而具浅色唇瓣。萼片狭长圆形或狭椭圆形，长 2.2 ~ 3 cm，宽 5 ~ 7 mm；花瓣近狭卵形，长 2 ~ 2.7 cm，宽 6 ~ 10 mm；唇瓣近卵状长圆形，宽 1.7 ~ 2.5 cm，不明显 3 裂；侧裂片直立；唇盘具 2 条纵褶片，上半部向内倾斜并靠合，形成短管；蕊柱长 1.2 ~ 1.5 cm，两侧有狭翅；花粉团 4 个，成 2 对。

▶**花　果　期**　花期 10 月至次年 3 月，果期未知。

▶**分　　　布**　安徽、江西、福建、台湾、广东、海南、广西、四川（峨眉山）、贵州（兴义）、云南；印度、缅甸、越南、泰国、日本。

▶**生　　　境**　生于海拔 300 ~ 2000 m 的林下、灌木中、溪谷旁湿润且排水良好的荫蔽处。

▶**用　　　途**　观赏。

▶**致危因素**　生境破碎化或丧失、过度采集、自然种群过小。

果香兰

（兰科　Orchidaceae）

Cymbidium suavissimum Sander ex C.H.Curtis

国家重点保护级别	CITES 附录	IUCN 红色名录
二级	附录 II	易危（VU）

▶**形态特征**　地生植物。假鳞茎近卵球形，被紫色叶鞘所包。叶带形，长 40～70 cm，宽 20～35 mm，中脉与侧脉在背面凸起。花葶自假鳞茎基部穿鞘而出，长 40～50 cm；花较密集；萼片与花瓣暗黄色，唇瓣白色具红色斑点，褶片黄色。萼片相似，近椭圆形，长 2.0～2.5 cm，宽 6～8 mm；花瓣长圆形或椭圆形，长 2 cm；唇瓣近卵形，长 1.6～1.8 cm，3 裂；唇盘上有 2 条纵褶片，褶片末端靠合；蕊柱长 1.4 cm。

▶**花　果　期**　花期 8—9 月，果期未知。

▶**分　　　布**　贵州、云南；缅甸、越南。

▶**生　　　境**　生于海拔 700～1100 m 的林中。

▶**用　　　途**　观赏。

▶**致危因素**　生境破碎化或丧失、过度采集、自然种群过小。

斑舌兰

（兰科　Orchidaceae）

Cymbidium tigrinum C.S.Parish ex Hook.

国家重点保护级别	CITES 附录	IUCN 红色名录
二级	附录 II	极危（CR）

▶**形态特征**　附生植物。假鳞茎近球形或卵球形，呈双凸镜状，长 3 ~ 5 cm，宽 3 ~ 3.5 cm，裸露，不为叶鞘所包。叶通常 2 ~ 4 枚，生于假鳞茎顶端，狭椭圆形，长 15 ~ 20 cm，宽约 3.5 cm。花葶发自假鳞茎基部；总状花序具 2 ~ 5 朵花；萼片与花瓣黄绿色，唇瓣白色，侧裂片紫褐色。萼片狭椭圆状披针形，长 3.5 ~ 4 cm，宽 8 ~ 12 mm；花瓣略短于萼片；唇瓣近倒卵形，3 裂，与蕊柱合生 2 ~ 3 mm；唇盘具 2 条纵褶片；蕊柱长 2.5 ~ 3 cm；花粉团 2 个。

▶**花 果 期**　花期 3—7 月，果期未知。

▶**分　　布**　云南；印度东北部、缅甸。

▶**生　　境**　未知。

▶**用　　途**　观赏。

▶**致危因素**　生境破碎化或丧失、过度采集、自然种群过小。

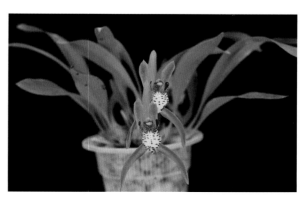

莲瓣兰

（兰科　Orchidaceae）

Cymbidium tortisepalum Fukuyama

国家重点保护级别	CITES 附录	IUCN 红色名录
二级	附录 II	易危（VU）

▶**形态特征**　地生植物。假鳞茎卵球状或椭圆状，长 1 ~ 2 cm，宽 0.5 ~ 1 cm。叶带形，长 20 ~ 60 cm，宽 4 ~ 18 mm。花葶从假鳞茎基部抽出；花序具 2 ~ 7 花；萼片和花瓣为黄绿色或白色，唇瓣淡黄绿色或白色。萼片近长圆形至长圆状倒卵形，长 3 ~ 3.8 cm，宽 7 ~ 8 mm；花瓣卵形至披针形或椭圆形，长 2.5 ~ 3 cm；唇瓣近卵形至椭圆形，长 1.8 ~ 2 cm，3 裂；唇盘具 2 条纵褶片；蕊柱长 1.4 ~ 1.5 cm；花粉团 4 个，成 2 对。

▶**花　果　期**　花期 12 月至次年 3 月，果期未知。

▶**分　　　布**　四川、贵州、台湾、云南；越南。

▶**生　　　境**　生于海拔 1000 ~ 2500 m 的杂木丛生山坡上的多石处。

▶**用　　　途**　观赏。

▶**致危因素**　生境破碎化或丧失、过度采集、自然种群过小。

西藏虎头兰

（兰科　Orchidaceae）

Cymbidium tracyanum L.Castle

国家重点保护级别	CITES 附录	IUCN 红色名录
二级	附录 II	

▶**形态特征**　附生植物。假鳞茎椭圆状卵形或长圆状狭卵形。叶带形，长 55 ~ 80 cm，宽 2 ~ 3.4 cm。总状花序通常具 10 余朵花；萼片与花瓣黄绿色至橄榄绿色，具暗红褐色纵脉点。萼片狭椭圆形，长 5.5 ~ 7 cm，宽 1.7 ~ 2 cm；侧萼片稍斜歪并扭曲；花瓣镰刀形，下弯并扭曲，长 4.5 ~ 6.5 cm，宽 7 ~ 12 mm；唇瓣卵状椭圆形，长 4.5 ~ 6 cm，与蕊柱合生 4 ~ 5 mm；侧裂片边缘具缘毛；中裂片外弯，上面具 3 行长毛，并具散生的短毛；唇盘上 2 条纵褶片，褶片密生长毛，在两褶片之间尚具 1 行长毛，但明显短于褶片；蕊柱长 3.5 ~ 4.3 cm，两侧具翅。

▶**花 果 期**　花期 9—12 月，果期未知。

▶**分　　布**　贵州（册亨）、云南、西藏；缅甸、泰国。

▶**生　　境**　生于海拔 1200 ~ 1900 m 的林中大树干上或树枝上，也见于溪谷旁岩石上。

▶**用　　途**　观赏。

▶**致危因素**　生境破碎化或丧失、过度采集、自然种群过小。

文山红柱兰

（兰科　Orchidaceae）

Cymbidium wenshanense Y.S.Wu & F.Y.Liu

国家重点保护级别	CITES 附录	IUCN 红色名录
一级	附录 II	极危（CR）

▶**形态特征**　附生植物。假鳞茎卵形，长 3～4 cm，宽 2～2.5 cm。叶带形，长 60～90 cm，宽 1.3～1.7 cm。总状花序具 3～7 朵花；萼片与花瓣白色，唇瓣白色而有深紫色或紫褐色条纹与斑点，纵褶片一般黄色。萼片近狭倒卵形或宽倒披针形，长 5.8～6.4 cm，宽 1.8～2.1 cm；花瓣与萼片相似；唇瓣近宽倒卵形，长约 5.6 cm，与蕊柱合生 2～3 mm；中裂片近扁圆形，长约 1.9 cm，宽 2.7 cm；唇盘被毛，具 2 条纵褶片；蕊柱长约 4.2 cm，腹面疏被短柔毛。

▶**花　果　期**　花期 3 月。

▶**分　　布**　云南（马关、文山）、广西；越南。

▶**生　　境**　生于林中树上，海拔不详。

▶**用　　途**　观赏。

▶**致危因素**　生境破碎化或丧失、过度采集、自然种群过小。

滇南虎头兰

（兰科　Orchidaceae）

Cymbidium wilsonii (Rolfe ex De Cock) Rolfe

国家重点保护级别	CITES 附录	IUCN 红色名录
二级	附录 II	极危（CR）

▶**形态特征**　附生植物。假鳞茎狭卵形，长 6 cm，宽 3 cm。叶带形，长 90 cm，宽 2.5 cm。总状花序具 5～15 朵花；萼片与花瓣黄绿色，唇瓣奶油黄色，侧裂片上有暗红褐色脉纹；唇盘 2 条纵褶片奶油黄色；萼片狭倒卵形，长 4.4～5.7 cm，宽 1.2～1.9 cm；花瓣亦为狭倒卵形，长 4～5.3 cm，宽 7～13 mm；唇瓣 3 裂，基部与蕊柱合生达 3.5～5 mm；中裂片长 1.5～1.8 cm；蕊柱长 2.7～3.2 cm，两侧有宽翅。

▶**花　果　期**　花期 2—4 月，果期未知。

▶**分　　布**　云南（蒙自）。

▶**生　　境**　生于海拔 2000 m 的林中树上。

▶**用　　途**　观赏。

▶**致危因素**　生境破碎化或丧失、过度采集、自然种群过小。

无苞杓兰

Cypripedium bardolphianum W.W.Sm. & Farrer

（兰科 Orchidaceae）

国家重点保护级别	CITES 附录	IUCN 红色名录
二级	附录 II	濒危（EN）

▶**形态特征** 地生植物。植株高 8~12 cm，具细长而横走的根状茎。茎长 2~3 cm，顶端具 2 枚叶。叶近对生，叶片椭圆形，长 6~7 cm，宽 2.5~3 cm。花序顶生，具 1 花；花序柄无毛；花苞片不存在；子房有 3 纵棱。花较小，唇瓣金黄色；中萼片椭圆形或卵状椭圆形；合萼片与中萼片相似；花瓣长圆状披针形，斜歪，无毛；唇瓣囊状，腹背压扁，表面在囊口前方有小疣状突起；退化雄蕊宽椭圆状长圆形，表面有小乳突。蒴果椭圆状长圆形，果期花序柄仍继续延长。

▶**花 果 期** 花期 6—7 月，果期 8 月。

▶**分　　布** 甘肃南部、四川西部、云南西北部、西藏东南部。

▶**生　　境** 生于海拔 2300~3900 m 的树木与灌木丛生的山坡、林缘或疏林下腐殖质丰富、湿润、多苔藓之地，常成片生长。

▶**用　　途** 观赏。

▶**致危因素** 生境破碎化或丧失。

杓兰

Cypripedium calceolus L.

国家重点保护级别	CITES 附录	IUCN 红色名录
二级	附录 II	

▶**形态特征** 地生植物。植株高 20 ~ 45 cm。茎被腺毛，近中部以上具 3 ~ 4 枚叶。叶片椭圆形或卵状椭圆形，长 7 ~ 16 cm，宽 4 ~ 7 cm，边缘具细缘毛。花序顶生，通常具 1 ~ 2 花；花苞片叶状，椭圆状披针形或卵状披针形。花梗和子房长约 3 cm，具短腺毛；花具栗色或紫红色萼片和花瓣，唇瓣黄色；中萼片卵形或卵状披针形，先端渐尖或尾状渐尖，背面中脉疏被短柔毛；合萼片与中萼片相似，先端 2 浅裂；花瓣线形或线状披针形，长 3 ~ 5 cm，宽 4 ~ 6 mm，扭转，内表面基部与背面脉上被短柔毛；唇瓣深囊状，椭圆形，囊底具毛，囊外无毛；退化雄蕊近长圆状椭圆形，先端钝，基部有长约 1 mm 的柄，下面有龙骨状突起。

▶**花 果 期** 花期 6—7 月。

▶**分　　布** 黑龙江（伊春带岭）、吉林东部、辽宁、内蒙古东北部（大兴安岭）；日本、朝鲜半岛、西伯利亚至欧洲。

▶**生　　境** 生于海拔 500 ~ 1000 m 的林下、林缘、灌木丛中或林间草地上。

▶**用　　途** 观赏。

▶**致危因素** 生境破碎化或丧失、过度采集。

褐花杓兰

（兰科 Orchidaceae）

Cypripedium calcicola Schltr.

国家重点保护级别	CITES 附录	IUCN 红色名录
二级	附录 II	濒危（EN）

▶**形态特征** 地生植物。植株高 15 ~ 45 cm。茎直立，基部有 3 ~ 4 枚叶。叶片椭圆形，边缘有细缘毛。花序顶生，具 1 朵花；花序柄被短柔毛，花梗和子房长 3 ~ 3.5 cm，被疏毛。花深紫色或紫褐色，唇瓣背侧有若干淡黄色的、质地较薄的透明斑块；中萼片椭圆状卵形，长 3.5 ~ 5 cm，宽 1.9 ~ 2.2 cm；合萼片椭圆状披针形，长 3.2 ~ 4.2 cm，宽 1.5 ~ 2 cm，先端 2 浅裂；花瓣卵状披针形，长 4.4 ~ 5.2 cm，宽 8 ~ 9 mm，先端渐尖，内表面基部具短柔毛；唇瓣深囊状，椭圆形，长 3.5 ~ 4.2 cm，宽 2.5 ~ 2.8 cm，囊底有毛；退化雄蕊近长圆形，长 1.3 ~ 1.5 cm，宽约 1 cm，基部近无柄。

▶**花 果 期** 花期 6—7 月。果期未知。

▶**分 布** 四川西部、云南西北部、陕西。

▶**生 境** 生于海拔 2600 ~ 3900 m 的林下、林缘、灌丛中、草坡上或山溪河床旁多石湿润处。

▶**用 途** 观赏。

▶**致危因素** 生境破碎化或丧失、过度采集。

▶**备 注** 分类学有待进一步研究。

白唇杓兰

（兰科　Orchidaceae）

Cypripedium cordigerum D.Don

国家重点保护级别	CITES 附录	IUCN 红色名录
二级	附录 II	濒危（EN）

▶**形态特征**　地生植物。植株高 25 ~ 50 cm。茎直立，通常具短柔毛和腺毛，基部具 2 ~ 5 枚叶。叶片椭圆形或宽椭圆形，长 10 ~ 15 cm，宽 4 ~ 10 cm。花序顶生，具 1 朵花，罕具 2 朵花；花序柄多少具腺毛。花梗和子房密被腺毛；萼片和花瓣淡绿色至淡黄绿色，唇瓣白色，退化雄蕊黄色具红色斑点；中萼片宽卵形，上面基部和背面被短柔毛；合萼片椭圆状卵形，背面被短柔毛；花瓣线状披针形，内表面基部具短柔毛；唇瓣深囊状，椭圆形，腹背略压扁，囊口较小，囊底具毛，外面无毛；退化雄蕊近长圆形，基部具明显的短柄。

▶**花 果 期**　花期 6—8 月。

▶**分　　布**　西藏（亚东）；尼泊尔、不丹、印度、巴基斯坦。

▶**生　　境**　生于海拔 3000 ~ 3400 m 的松林下、山旁草地。

▶**用　　途**　观赏。

▶**致危因素**　生境破碎化或丧失、过度采集、自然种群过小。

大围山杓兰

（兰科 Orchidaceae）

Cypripedium daweishanense (S.C.Chen & Z.J.Liu) S.C.Chen & Z.J.Liu

国家重点保护级别	CITES 附录	IUCN 红色名录
二级	附录 II	未予评估（NE）

▶**形态特征** 地生植物。植株高 10～15 cm，具 1 个粗壮的根茎。茎高 5～8 cm，无毛，被 1 鞘所覆盖，先端具 2 枚近对生叶。叶匍匐在基质上，长 15～17 cm，宽 11～14 cm，近圆形或宽椭圆形，叶片灰绿色或绿色重斑点具紫棕色。花序顶生，1 花，无苞片；花梗和子房无毛。花大；背萼片黄绿色，具非常稀疏的褐红色斑点；合萼片淡黄色，疏生斑点呈褐红色；花瓣淡黄色，密被栗色斑点；唇瓣黄色，具紫红色斑点；退化雄蕊黄色，具紫红色斑点。中萼片卵形或宽卵形，两面无毛，具缘毛；合萼片披针形。花瓣向前弯曲，包围唇瓣，椭圆形；唇瓣近球形，稍背腹扁平，上面表面具乳突。退化雄蕊舌状，被微柔毛。

▶**花 果 期** 花期 5—6 月。

▶**分 布** 云南（屏边）。

▶**生 境** 生于海拔约 2300 m 的灌丛中潮湿但排水良好且富含腐殖质的土壤中。

▶**用 途** 观赏。

▶**致危因素** 生境破碎化、过度采集。

对叶杓兰

（兰科　Orchidaceae）

Cypripedium debile Rchb.f.

国家重点保护级别	CITES 附录	IUCN 红色名录
二级	附录 II	

▶**形态特征**　地生植物。植株高 10～30 cm。茎顶端生 2 枚叶。叶对生或近对生；叶片宽卵形、三角状卵形或近心形，长 2.5～7 cm，具 3～5 条主脉及不甚明显的网状支脉。花序顶生，下垂或俯垂，具 1 朵花；花序柄纤细，弯曲，无毛；花梗和子房无毛；花较小，常下弯而位于叶的下方；萼片和花瓣淡绿色或淡黄绿色，基部具栗色斑，唇瓣白色并具栗色斑；中萼片狭卵状披针形，先端渐尖，无毛；合萼片与中萼片相似；花瓣披针形，先端急尖；唇瓣深囊状，近椭圆形，具较宽的囊口和宽阔的内折侧裂片，囊底具细毛；退化雄蕊近圆形至卵形。

▶**花 果 期**　花期 5—7 月，果期 8—9 月。

▶**分　　布**　台湾、甘肃（文县）、湖北（兴山）、四川（城口、汶川、金川、理县、茂汶、南坪、米易、宝兴、石棉、泸定、康定）；日本。

▶**生　　境**　生于海拔 1000～3400 m 的林下、沟边、草坡上。

▶**用　　途**　观赏。

▶**致危因素**　生境破碎化或丧失、过度采集、自然种群过小。

雅致杓兰

(兰科 Orchidaceae)

Cypripedium elegans Rchb.f.

国家重点保护级别	CITES 附录	IUCN 红色名录
二级	附录 II	极危（CR）

▶**形态特征** 地生植物。植株高 10～15 cm，具横走的根状茎。茎密被长柔毛，顶端具 2 枚叶。叶对生或近对生，平展；叶片卵形或宽卵形，通常长 4～5 cm，宽 3～3.5 cm，通常两面疏生短柔毛，边缘具长缘毛，具 3（～5）条主脉，脉在背面浮凸。花序顶生，具 1 朵花；花序柄被长柔毛；花小，萼片与花瓣淡黄绿色，内表面具栗色或紫红色条纹，唇瓣淡黄绿色至近白色，略具紫红色条纹；中萼片椭圆状卵形，长 1.5～2 cm，宽 6～10 mm；合萼片与中萼片相似，先端 2 浅裂；花瓣披针形，长 1.5～2 cm，宽 4～5 mm；唇瓣囊状，近球形，长约 1 cm，常上举而不显露囊口；退化雄蕊小，横椭圆形，长约 1.5 mm。

▶**花 果 期** 花期 5—7 月，果期 8—9 月。

▶**分　　布** 云南（丽江、中甸）、西藏（亚东、吉隆、米林）；尼泊尔、不丹、印度东北部。

▶**生　　境** 生于海拔 3600～3700 m 的林下、林缘、灌丛中腐殖质丰富之地。

▶**用　　途** 观赏。

▶**致危因素** 生境破碎化或丧失、过度采集、自然种群过小。

毛瓣杓兰

（兰科　Orchidaceae）

Cypripedium fargesii Franch.

国家重点保护级别	CITES 附录	IUCN 红色名录
二级	附录 II	濒危（EN）

▶**形态特征**　地生植物。植株高约 10 cm。茎直立，长 3.5～9 cm，顶端具 2 枚叶。叶近对生，铺地；叶片宽椭圆形至近圆形，长 10～15 cm，宽 8～14 cm，先端钝，上面绿色并具黑栗色斑点，无毛。花葶顶生，具 1 朵花；花苞片不存在；子房具 3 棱，棱上被短柔毛；萼片淡黄绿色，中萼片基部具密集的栗色粗斑点，花瓣带白色，内表面具淡紫红色条纹，唇瓣黄色而具淡紫红色细斑点；中萼片卵形至宽卵形，长 3～4.5 cm，宽 2.5～5 cm；合萼片椭圆状卵形，长 3～5 cm，宽 2.5～3 cm；花瓣长圆形，内弯而围抱唇瓣，长 3.5～5.5 cm，宽 1.5 cm，先端急尖；唇瓣深囊状，近球形，腹背压扁，长 2.5 cm，囊的前方表面具小疣状突起；退化雄蕊卵形或长圆形，长约 1 cm。

▶**花 果 期**　花期 5—7 月。

▶**分　　布**　甘肃（武都）、湖北、四川、重庆、云南。

▶**生　　境**　生于海拔 1900～3200 m 的灌丛下、疏林中、草坡上腐殖质丰富之地。

▶**用　　途**　观赏。

▶**致危因素**　生境破碎化或丧失、过度采集、自然种群过小。

华西杓兰

（兰科　Orchidaceae）

Cypripedium farreri W.W.Sm.

国家重点保护级别	CITES 附录	IUCN 红色名录
二级	附录 II	濒危（EN）

▶**形态特征**　地生植物。植株高 20 ~ 30 cm，具粗壮而较短的根状茎。茎近无毛，通常有 2 枚叶。叶片椭圆形或卵状椭圆形，长 6 ~ 9 cm，宽 2.5 ~ 3.5 cm。花序顶生，具 1 朵花；花梗和子房长约 2.5 cm；萼片与花瓣绿黄色并具较密集的栗色纵条纹，唇瓣蜡黄色，囊内具栗色斑点；中萼片卵形或卵状椭圆形，长 3 ~ 3.5 cm，宽约 1.5 cm；合萼片卵状披针形，与中萼片等长；花瓣披针形，长 3 ~ 4 cm，宽 6 ~ 7 mm；唇瓣深囊状，壶形，长 2.5 ~ 3.3 cm，宽 1.5 ~ 2 cm，下垂；囊口位于近唇瓣基部，由于周围具凹陷的脉而使囊口边缘呈齿状；退化雄蕊近长圆状卵形，长约 1 cm，宽约 5 mm，基部具短柄。

▶**花 果 期**　花期 6 月。

▶**分　　布**　甘肃、四川、云南（中甸）、西藏。

▶**生　　境**　生于海拔 2600 ~ 3400 m 的疏林下多石草丛中或荫蔽岩壁上。

▶**用　　途**　观赏。

▶**致危因素**　生境破碎化或丧失、过度采集、自然种群过小。

大叶杓兰

（兰科　Orchidaceae）

Cypripedium fasciolatum Franch.

国家重点保护级别	CITES 附录	IUCN 红色名录
二级	附录 II	濒危（EN）

▶**形态特征**　地生植物。植株高 30～45 cm，具粗短的根状茎。茎具 3～4 枚叶。叶片椭圆形或宽椭圆形，长 15～20 cm，宽 6～12 cm。花序顶生，通常具 1 朵花；子房密被淡红褐色腺毛；花大，直径达 12 cm，萼片与花瓣上具明显的栗色纵脉纹，唇瓣具栗色斑点；中萼片卵状椭圆形或卵形，先端渐尖；合萼片与中萼片相似；花瓣线状披针形或宽线形；唇瓣深囊状，近球形，囊口边缘多少呈齿状；退化雄蕊卵状椭圆形，边缘略内弯，基部具耳并具短柄，下面具龙骨状突起。

▶**花 果 期**　花期 4—5 月。

▶**分　　布**　湖北西部（兴山、神农架）、四川东北部至西南部。

▶**生　　境**　生于海拔 1600～2900 m 的疏林中、山坡灌丛下、草坡上。

▶**用　　途**　观赏。

▶**致危因素**　生境破碎化或丧失、过度采集、自然种群过小。

黄花杓兰

Cypripedium flavum P.F.Hunt & Summerhayes

国家重点保护级别	CITES 附录	IUCN 红色名录
二级	附录 II	易危（VU）

▶**形态特征**　地生植物。植株通常高 30 ~ 50 cm，具粗短的根状茎。茎密被短柔毛，具 3 ~ 6 枚叶。叶片椭圆形至椭圆状披针形，长 10 ~ 16 cm，宽 4 ~ 8 cm，两面被短柔毛。花序顶生，通常具 1 朵花；花梗和子房长 2.5 ~ 4 cm，密被褐色至锈色短毛；花黄色；中萼片椭圆形至宽椭圆形，长 3 ~ 3.5 cm，宽 1.5 ~ 3 cm；合萼片宽椭圆形，长 2 ~ 3 cm，宽 1.5 ~ 2.5 cm；花瓣长圆形至长圆状披针形，内表面基部具短柔毛；唇瓣深囊状，椭圆形，长 3 ~ 4.5 cm，两侧和前沿均具较宽阔的内折边缘；退化雄蕊近圆形或宽椭圆形，长 6 ~ 7 mm，宽 5 mm，下面略具龙骨状突起，上面具明显的网状脉纹。

▶**花 果 期**　花果期 6—9 月。

▶**分　　布**　甘肃南部、湖北（房县）、四川、云南西北部、西藏东南部。

▶**生　　境**　生于海拔 1800 ~ 3450 m 林下、林缘、灌丛中、草地上多石湿润之地。

▶**用　　途**　观赏。

▶**致危因素**　生境破碎化或丧失、过度采集、自然种群过小。

227

台湾杓兰

Cypripedium formosanum Hayata

国家重点保护级别	CITES 附录	IUCN 红色名录
二级	附录 II	濒危（EN）

▶**形态特征**　地生植物。植株高 30~40 cm，具细长、横走的根状茎。茎顶端生叶。叶 2 枚；叶片扇形，长 10~13 cm，宽 8~11 cm，具扇形辐射状脉直达边缘。花序顶生，具 1 朵花；花梗和子房密被短柔毛；花俯垂，白色至淡粉红色；中萼片狭卵形或卵状披针形；合萼片椭圆状卵形；花瓣长圆状披针形，先端渐尖或急尖，内表面基部具长柔毛；唇瓣下垂，囊状，倒卵形或椭圆形；囊口略狭长并位于前方，周围稍具或无明显的槽状凹陷；囊底具毛；退化雄蕊卵状三角形或卵状箭头形。

▶**花 果 期**　花期 4—5 月。

▶**分　　布**　台湾（台北、台中、高雄、花莲）。

▶**生　　境**　生于海拔 2400~3000 m 的林下、灌木林中。

▶**用　　途**　观赏。

▶**致危因素**　未知。

玉龙杓兰

(兰科　Orchidaceae)

Cypripedium forrestii P.J.Cribb

国家重点保护级别	CITES 附录	IUCN 红色名录
二级	附录 II	极危（CR）

▶**形态特征**　地生植物。植株高 3 ~ 5 cm，具细长而横走的根状茎。茎顶端具 2 枚叶。叶近对生，平展或近铺地；叶片椭圆形或椭圆状卵形，长 5 ~ 6.5 cm，上面绿色，具较多的黑色斑点。花序顶生，具 1 花；花序柄被长柔毛；子房被长柔毛。花小，暗黄色，具栗色细斑点；中萼片卵形；合萼片卵状椭圆形；花瓣斜卵形，多少围抱唇瓣，先端急尖；唇瓣囊状，轮廓近圆形，表面具乳头状突起；退化雄蕊长圆形，先端钝，表面具乳头状突起。

▶**花 果 期**　花期 6 月。

▶**分　　布**　云南西北部（丽江、中甸）。

▶**生　　境**　生于海拔 3500 m 的松林下、灌木丛生的坡地上、开旷林地上。

▶**用　　途**　观赏。

▶**致危因素**　生境破碎化或丧失、过度采集、自然种群过小。

毛杓兰

（兰科　Orchidaceae）

Cypripedium franchetii E.H.Wilson

国家重点保护级别	CITES 附录	IUCN 红色名录
二级	附录 II	易危（VU）

▶**形态特征**　植株高 20～35 cm，具粗壮、较短的根状茎。茎密被长柔毛，基部具 3～5 枚叶。叶片椭圆形或卵状椭圆形，长 10～16 cm，宽 4～6.5 cm。花序顶生，具 1 朵花；花序柄密被长柔毛；花梗和子房密被长柔毛；花淡紫红色至粉红色，具深色脉纹；中萼片椭圆状卵形或卵形；合萼片椭圆状披针形；花瓣披针形，内表面基部被长柔毛；唇瓣深囊状，椭圆形或近球形；退化雄蕊卵状箭头形至卵形，背面略具龙骨状突起。

▶**花 果 期**　花期 5—7 月。

▶**分　　布**　甘肃、山西（介休、沁源、垣曲）、陕西、河南（西峡）、湖北（兴山）、四川（城口、巫溪、汶川、理县、松潘、若尔盖、黑水）。

▶**生　　境**　生于海拔 1500～3700 m 的疏林下或灌木林中湿润、腐殖质丰富和排水良好的地方，也见于湿润草坡上。

▶**用　　途**　观赏。

▶**致危因素**　生境破碎化或丧失、过度采集、自然种群过小。

紫点杓兰

Cypripedium guttatum Sw.

（兰科　Orchidaceae）

国家重点保护级别	CITES 附录	IUCN 红色名录
二级	附录 II	濒危（EN）

▶**形态特征**　植株高 15 ~ 25 cm，具细长而横走的根状茎。茎具 2 枚叶，常对生或近对生，常位于植株中部或中部以上；叶片椭圆形、卵形或卵状披针形，长 5 ~ 12 cm，宽 2.5 ~ 4.5 cm，干后常变黑色或浅黑色。花序顶生，具 1 朵花；花白色，具淡紫红色或淡褐红色斑；中萼片卵状椭圆形或宽卵状椭圆形；合萼片狭椭圆形；花瓣常近匙形或提琴形，先端常略扩大并近浑圆，内表面基部具毛；唇瓣深囊状；退化雄蕊卵状椭圆形，先端微凹或近截形。

▶**花 果 期**　花期 5—7 月，果期 8—9 月。

▶**分　　布**　黑龙江、吉林、辽宁、内蒙古、河北、山西、山东、陕西、宁夏、四川、云南、西藏；不丹、朝鲜半岛、西伯利亚、欧洲、北美西北部。

▶**生　　境**　生于海拔 500 ~ 4000 m 的林下、灌丛中、草地上。

▶**用　　途**　观赏。

▶**致危因素**　生境破碎化或丧失、过度采集、自然种群过小。

绿花杓兰

（兰科　Orchidaceae）

Cypripedium henryi Rolfe

国家重点保护级别	CITES 附录	IUCN 红色名录
二级	附录 II	

▶**形态特征**　植株高 30 ~ 60 cm。茎具 4 ~ 5 枚叶。叶片椭圆状至卵状披针形，长 10 ~ 18 cm，宽 6 ~ 8 cm。花序顶生，通常具 2 ~ 3 朵花；花梗和子房长 2.5 ~ 4 cm，密被白色腺毛；花绿色至绿黄色；中萼片卵状披针形，长 3.5 ~ 4.5 cm，宽 1 ~ 1.5 cm；合萼片与中萼片相似；花瓣线状披针形，通常稍扭转，内表面基部和背面中脉上具短柔毛；唇瓣深囊状；退化雄蕊椭圆形或卵状椭圆形，长 6 ~ 7 mm，宽 3 ~ 4 mm，基部具长 2 ~ 3 mm 的柄，背面具龙骨状突起。

▶**花 果 期**　花期 4—5 月，果期 7—9 月。

▶**分　　布**　山西（沁县）、甘肃（武都）、陕西（洋县）、湖北（巴东、宜昌）、四川、贵州、云南西北部。

▶**生　　境**　生于海拔 800 ~ 2800 m 的疏林下、林缘、灌丛坡地上湿润及腐殖质丰富之地。

▶**用　　途**　观赏。

▶**致危因素**　生境破碎化或丧失、过度采集、自然种群过小。

高山杓兰

Cypripedium himalaicum Rolfe

（兰科　Orchidaceae）

国家重点保护级别	CITES 附录	IUCN 红色名录
二级	附录 II	濒危（EN）

▶**形态特征**　植株高 25 ~ 28 cm。茎具 3 枚叶。叶片长圆状椭圆形至宽椭圆形，长 5 ~ 10 cm，宽 2.5 ~ 4 cm。花序顶生，具 1 朵花；花序柄多少被短柔毛；花梗和子房长 1.8 ~ 2.2 cm，密被短柔毛；花紫褐色或红褐色；中萼片宽椭圆形或宽卵形，长达 2.7 cm，宽 2.1 cm；合萼片狭长圆形或长圆状披针形；花瓣狭长圆形或线状披针形，长 2.3 ~ 3.4 cm，内表面基部具长柔毛；唇瓣深囊状，近椭圆形，与花瓣等长；囊口较小，位于近唇瓣基部，周围由于具凹槽而呈钝齿状；退化雄蕊宽卵状心形。

▶**花　果　期**　花期 9—10 月，果期未知。

▶**分　　　布**　西藏（吉隆、德莫、察隅、米林）；尼泊尔、不丹、印度东北部。

▶**生　　　境**　生于海拔 3600 ~ 4000 m 的林间草地、林缘、开旷多石的山坡上。

▶**用　　　途**　观赏。

▶**致危因素**　生境破碎化或丧失、过度采集、自然种群过小。

233

扇脉杓兰

（兰科　Orchidaceae）

Cypripedium japonicum Thunb.

国家重点保护级别	CITES 附录	IUCN 红色名录
二级	附录 II	

▶**形态特征**　植株高 35～55 cm。茎被褐色长柔毛，顶端生叶。叶通常 2 枚，近对生；叶片扇形，长 10～16 cm，宽 10～21 cm，上半部边缘呈钝波状，两面在近基部处均被长柔毛。花序顶生，具 1 朵花；花序柄亦被褐色长柔毛；花梗和子房长 2～3 cm，密被长柔毛；花俯垂；萼片和花瓣淡黄绿色，唇瓣淡黄绿色至淡紫白色；中萼片狭椭圆形或狭椭圆状披针形；合萼片与中萼片相似；花瓣斜披针形，长 4～5 cm，宽 1～1.2 cm，先端渐尖，内表面基部具长柔毛；唇瓣下垂，近椭圆形或倒卵形；囊口周围具明显凹槽并呈波浪状齿缺；退化雄蕊椭圆形，基部具短耳。

▶**花 果 期**　花期 4—5 月，果期 6—10 月。

▶**分　　布**　陕西、甘肃、安徽、浙江、江西、湖北、湖南、四川、贵州；日本。

▶**生　　境**　生于海拔 1000～2000 m 的林下、灌木林下、林缘、溪谷旁、荫蔽山坡等湿润及腐殖质丰富的土壤中。

▶**用　　途**　观赏。

▶**致危因素**　生境破碎化或丧失、过度采集、自然种群过小。

长瓣杓兰

（兰科 Orchidaceae）

Cypripedium lentiginosum P.J.Cribb & S.C.Chen

国家重点保护级别	CITES 附录	IUCN 红色名录
二级	附录 II	极危（CR）

▶**形态特征** 植株高 7 ~ 11 cm，具粗短的根状茎。茎直立，长 3 ~ 7 cm，包藏于 2 枚鞘中，顶端具 2 枚近对生的叶。叶铺地而生，宽卵状椭圆形至近圆形，长 13 ~ 25 cm，宽 12 ~ 25 cm，浅绿灰色，具黑褐色斑点，先端钝。花序顶生，具单花，无苞片；子房通常弯曲，无毛；中萼片与合萼片肝脏色泽，有时呈浅绿色；花瓣和唇瓣近白色或浅黄色，具栗色或有时为浅紫色或浅黑色斑点；退化雄蕊肝脏色泽或密生肝脏色泽斑点；中萼片椭圆状卵形，先端渐尖，近无毛；合萼片狭椭圆形，先端急尖；花瓣弯向前方，围抱唇瓣，稍斜歪，近矩圆形至矩圆状披针形，凹陷，背面上侧被微柔毛，边缘具缘毛，先端渐尖；唇瓣囊状，近椭圆形，腹背压扁，前方表面具细乳突；退化雄蕊卵状矩圆形，上面先端具乳突，基部具耳而无柄。

▶**花 果 期** 5—6 月。

▶**分　　布** 云南（麻栗坡）。

▶**生　　境** 生于海拔 1800 ~ 2100 m 的石灰岩山坡灌木林下、疏林下、腐殖质丰富的岩壁上。

▶**用　　途** 观赏。

▶**致危因素** 生境破碎化或丧失、过度采集、自然种群过小。

丽江杓兰

（兰科 Orchidaceae）

Cypripedium lichiangense S.C.Chen & P.J.Cribb

国家重点保护级别	CITES 附录	IUCN 红色名录
二级	附录 II	极危（CR）

▶**形态特征** 植株高约 10 cm。茎顶端具 2 枚叶。叶近对生；叶片卵形、倒卵形至近圆形，长 8.5～19 cm，宽 7～16 cm，上面暗绿色并具紫黑色斑点。花序顶生，具 1 花；萼片暗黄色而具浓密的红肝色斑点或完全红肝色，花瓣与唇瓣暗黄色而具略疏的红肝色斑点；中萼片卵形或宽卵形；合萼片椭圆形；花瓣斜长圆形，内弯而围抱唇瓣；唇瓣深囊状，近椭圆形，腹背压扁，囊的前方表面具乳头状突起但无小疣；退化雄蕊近长圆形，上面具乳头状突起。

▶**花 果 期** 花期 5—7 月。

▶**分 布** 四川西南部、云南西北部、贵州。

▶**生 境** 生于海拔 2600～3500 m 的灌丛中、开旷疏林中。

▶**用 途** 观赏。

▶**致危因素** 生境破碎化或丧失、过度采集、自然种群过小。

波密杓兰

Cypripedium ludlowii P.J.Cribb

（兰科 Orchidaceae）

国家重点保护级别	CITES 附录	IUCN 红色名录
二级	附录 II	

▶**形态特征** 植株高 25 ~ 38 cm。茎具 3 枚叶。叶片椭圆状卵形或椭圆形，长 6 ~ 13 cm，宽 3.6 ~ 7.5 cm。花序顶生，具 1 朵花；花梗和子房长 3.5 ~ 4.1 cm，近顶端偶见腺毛；花紫色；中萼片卵状椭圆形，长 3.3 ~ 3.8 cm，宽 1.5 ~ 1.7 cm，先端渐尖；合萼片卵形至披针形，与中萼片等长，宽 1.2 ~ 1.5 cm，先端 2 浅裂；花瓣斜披针形，长 3 ~ 4 cm，宽 9 ~ 12 mm，边缘略呈波状，内表面基部具短柔毛；唇瓣囊状，近椭圆形，长 3 ~ 3.6 cm；退化雄蕊近卵状长圆形。

▶**花 果 期** 花期 6—8 月，果期 9 月。

▶**分 布** 西藏（波密、米林）。

▶**生 境** 生于海拔 3300 m 的针叶林下。

▶**用 途** 观赏。

▶**致危因素** 生境破碎化或丧失、过度采集、自然种群过小。

大花杓兰

（兰科　Orchidaceae）

Cypripedium macranthos Sw.

国家重点保护级别	CITES 附录	IUCN 红色名录
二级	附录 II	濒危（EN）

▶**形态特征**　植株高 25 ~ 50 cm。茎具 3 ~ 4 枚叶。叶片椭圆形或椭圆状卵形，长 10 ~ 15 cm，宽 6 ~ 8 cm。花序顶生，具 1 朵花；花梗和子房长 3 ~ 3.5 cm，无毛；花大，紫色、红色或粉红色；中萼片宽卵状椭圆形或卵状椭圆形，长 4 ~ 5 cm，宽 2.5 ~ 3 cm；合萼片卵形；花瓣披针形，长 4.5 ~ 6 cm，宽 1.5 ~ 2.5 cm，内表面基部具长柔毛；唇瓣深囊状，近球形或椭圆形，长 4.5 ~ 5.5 cm；退化雄蕊卵状长圆形，长 1 ~ 1.4 cm，宽 7 ~ 8 mm，背面无龙骨状突起。

▶**花　果　期**　花期 9—10 月，果期未知。

▶**分　　布**　北京、黑龙江、吉林、辽宁、内蒙古、河北、山东、台湾；日本、朝鲜半岛、俄罗斯。

▶**生　　境**　生于海拔 400 ~ 2400 m 的林下、草坡上腐殖质丰富且排水良好之地。

▶**用　　途**　观赏。

▶**致危因素**　生境破碎化或丧失、过度采集、自然种群过小。

麻栗坡杓兰

Cypripedium malipoense S.C.Chen & Z.J.Liu

（兰科　Orchidaceae）

国家重点保护级别	CITES 附录	IUCN 红色名录
二级	附录 II	

▶**形态特征**　植株高 6~9 cm，具粗壮的根状茎。茎短，包藏于 2 枚鞘中，顶端具 2 枚近对生的叶。叶铺地而生，宽卵形至近圆形，长与宽均为 12~14 cm，浅绿黄色，具密集的栗色斑点，色泽与花瓣和唇瓣颇相似，先端急尖。花序顶生，较短，具单花，无苞片；子房无毛；中萼片与合萼片肝脏色泽；花瓣与唇瓣浅黄色，具栗色斑点；退化雄蕊肝脏色泽，中央具 1 条黄色纵纹，具黄色狭窄边缘；中萼片宽卵形，无毛，边缘具细缘毛，先端急尖；合萼片椭圆状卵形，稍短于且明显狭于中萼片；花瓣弯向前方，围抱唇瓣，近矩圆形，两面无毛，边缘具细缘毛，先端急尖；唇瓣囊状，近球形，腹背强烈压扁，前方表面多少具乳突；退化雄蕊卵状菱形，上面被细乳突，基部无柄。

▶**花 果 期**　花期 6 月。

▶**分　　布**　云南（麻栗坡）。

▶**生　　境**　生于海拔 1800~2200 m 的林下、灌木林中杂草丛生且腐殖质丰富之地。

▶**用　　途**　观赏。

▶**致危因素**　生境破碎化或丧失、过度采集、自然种群过小。

239

斑叶杓兰

Cypripedium margaritaceum Franch.

国家重点保护级别	CITES 附录	IUCN 红色名录
二级	附录 II	濒危（EN）

▶**形态特征**　植株高约 10 cm。茎短，通常长 2~5 cm，顶端具 2 枚叶。叶近对生，铺地；叶片宽卵形至近圆形，长 10~15 cm，宽 7~13 cm，上面暗绿色并具黑紫色斑点。花序顶生，具 1 朵花；花萼片绿黄色具栗色纵条纹，花瓣与唇瓣白色或淡黄色而具红色或栗红色斑点与条纹；中萼片宽卵形，通常长 3~4 cm，宽 2.5~3.5 cm；合萼片椭圆状卵形，略短于中萼片；花瓣斜长圆状披针形，向前弯曲并围抱唇瓣，长 3~4 cm，宽 1.5~2 cm；唇瓣囊状，近椭圆形，腹背压扁，长 2.5~3 cm，囊的前方表面具小疣状突起；退化雄蕊近圆形至近四方形，长约 1 cm，上面具乳头状突起。

▶**花 果 期**　花期 5—7 月。

▶**分　　布**　四川西南部、云南西北部。

▶**生　　境**　生于海拔 2500~3600 m 的草坡上、疏林下。

▶**用　　途**　观赏。

▶**致危因素**　生境破碎化或丧失、过度采集、自然种群过小。

小花杓兰

Cypripedium micranthum Franch.

（兰科　Orchidaceae）

国家重点保护级别	CITES 附录	IUCN 红色名录
二级	附录 II	濒危（EN）

▶**形态特征**　植株高 8 ~ 10 cm。茎顶端生 2 枚叶。叶近对生，平展或近铺地；叶片椭圆形或倒卵状椭圆形，长 7 ~ 9 cm，宽 3.5 ~ 6 cm。花序顶生 1 朵花；花序柄密被红锈色长柔毛；子房密被红锈色长柔毛；花淡绿色，萼片与花瓣具黑紫色斑点与短条纹，唇瓣有黑紫色长条纹；中萼片卵形，背面密被紫色长柔毛；合萼片椭圆形，背面亦密被长柔毛；花瓣卵状椭圆形；唇瓣囊状，近椭圆形，明显的腹背压扁，囊前方有乳头状突起；退化雄蕊宽椭圆形或近四方形，基部略具耳。

▶**花 果 期**　花期 5—6 月。

▶**分　　布**　四川（城口、木里）。

▶**生　　境**　生于海拔 2000 ~ 2500 m 的林下。

▶**用　　途**　观赏。

▶**致危因素**　生境破碎化或丧失、过度采集、自然种群过小。

巴郎山杓兰

（兰科　Orchidaceae）

Cypripedium palangshanense Tang & F.T.Wang

国家重点保护级别	CITES 附录	IUCN 红色名录
二级	附录 II	濒危（EN）

▶**形态特征**　植株高 8～13 cm。茎顶端具 2 枚叶。叶对生或近对生；叶片近圆形或近宽椭圆形，长 4～6 cm，宽 4～5 cm。花序顶生，近直立，具 1 朵花；花序柄被短柔毛；花梗和子房长密被短腺毛；花俯垂，血红色或淡紫红色；中萼片披针形，长 1.4～1.8 cm，宽 3～4 mm，无毛或背面基部具短柔毛；合萼片卵状披针形；花瓣斜披针形，长 1.2～1.6 cm，宽 4～5 mm；唇瓣囊状，近球形，长约 1 cm，具较宽阔的、近圆形的囊口；退化雄蕊卵状披针形，长约 3 mm。

▶**花 果 期**　花期 6 月，果期未知。

▶**分　　布**　四川（汶川、木里）、陕西、甘肃。

▶**生　　境**　生于海拔 2200～2700 m 的林下或灌丛中。

▶**用　　途**　观赏。

▶**致危因素**　生境破碎化或丧失、过度采集、自然种群过小。

宝岛杓兰

Cypripedium segawae Masam.

（兰科　Orchidaceae）

国家重点保护级别	CITES 附录	IUCN 红色名录
二级	附录 II	极危（CR）

▶**形态特征**　茎直立，具 3～4 枚叶。叶片椭圆形至椭圆状披针形，长 5～10 cm，宽 1.5～3 cm。花序顶生 1 朵花；花序柄被腺毛；花直径 5～6 cm，具淡绿黄色的萼片与花瓣，以及黄色的唇瓣；中萼片卵状披针形；合萼片卵形；花瓣线状披针形，长 2.3～4 cm，宽 6～8 mm，内表面基部密被短柔毛；唇瓣深囊状，近球形；退化雄蕊长圆形。

▶**花 果 期**　花期 3—4 月。

▶**分　　布**　台湾（大禹岭、天长）。

▶**生　　境**　生于海拔 3000 m 以上的山地林下、溪床草丛、高山草木丛生的山坡。

▶**用　　途**　观赏。

▶**致危因素**　生境破碎化或丧失、过度采集、自然种群过小。

山西杓兰

Cypripedium shanxiense S.C.Chen

（兰科　Orchidaceae）

国家重点保护级别	CITES 附录	IUCN 红色名录
二级	附录 II	易危（VU）

▶**形态特征**　植株高 40～55 cm。茎具 3～4 枚叶。叶片椭圆形至卵状披针形，长 7～15 cm，宽 4～8 cm。花序顶生，通常具 2 朵花；花序柄与花序轴被短柔毛和腺毛；花梗和子房密被腺毛和短柔毛；花褐色至紫褐色，具深色脉纹，唇瓣常具深色斑点；中萼片披针形或卵状披针形；合萼片与中萼片相似；花瓣狭披针形或线形，先端渐尖，不扭转或稍扭转；唇瓣深囊状，近球形至椭圆形；退化雄蕊长圆状椭圆形，基部具明显的短柄。

▶**花 果 期**　花期 5—7 月，果期 7—8 月。

▶**分　　布**　内蒙古（阴山）、河北（小五台山）、山西、甘肃、青海东部、四川西北部；日本北部、俄罗斯的库页岛。

▶**生　　境**　生于海拔 1000～2500 m 的林下、草坡上。

▶**用　　途**　观赏。

▶**致危因素**　生境破碎化或丧失、过度采集、自然种群过小。

四川杓兰

Cypripedium sichuanense Perner

国家重点保护级别	CITES 附录	IUCN 红色名录
二级	附录 II	濒危（EN）

▶**形态特征** 植株高 10~12 cm，具 1 粗壮、有时分枝的根茎。茎长 3~3.6 cm，无毛，被 1 鞘所覆盖，先端具 2 枚近对生叶。叶匍匐在地上，宽椭圆形至近圆形，叶片绿色、具深棕红色斑点。花序顶生，无苞片，1 朵花；花梗和子房无毛。花黄色至浅黄绿色；中萼片具红褐色斑点；合萼片少红褐色斑点；花瓣和唇瓣具红褐色斑点和条纹；退化雄蕊深栗色。中萼片卵状披针形，两面无毛，边缘具纤毛，先端锐尖；合萼片与中萼片相似。花瓣向前弯曲，包围唇瓣，长圆状披针形，无毛，先端渐尖；唇瓣囊形，背腹扁平，栗色斑点在前面通常疣状。退化雄蕊短具突。

▶**花 果 期** 花期 6—7 月。

▶**分 布** 四川（汶川）。

▶**生 境** 生于竹林和落叶灌丛中富含腐殖质的土壤中。

▶**用 途** 观赏。

▶**致危因素** 生境退化或丧失、自然灾害。

暖地杓兰

（兰科　Orchidaceae）

Cypripedium subtropicum S.C.Chen & K.Y.Lang

国家重点保护级别	CITES 附录	IUCN 红色名录
一级	附录 II	极危（CR）

▶**形态特征**　植株高达 1.5 m，具粗短的根状茎。茎直立，被短柔毛，中部以上具 9 ~ 10 枚叶；鞘长 2.5 ~ 9.5 cm，被短柔毛。叶片椭圆状长圆形至椭圆状披针形，长 21 ~ 33 cm，宽 7.7 ~ 10.5 cm，基部收狭成柄。花序顶生，总状，具 3 ~ 10 花；花序轴被淡红色毛；花梗和子房密被腺毛和淡褐色疏柔毛；花黄色，唇瓣上具白色斑点；中萼片卵状椭圆形，背面被淡红色毛；合萼片宽卵状椭圆形，背面亦被毛；花瓣近长圆状卵形，内表面脉上和背面被淡红色毛；唇瓣深囊状，倒卵状椭圆形，囊内基部具毛，囊外无毛；退化雄蕊近舌状，先端钝，基部具柄。

▶**花 果 期**　花期 7 月，果期未知。

▶**分　　布**　西藏（墨脱）、广西、云南。

▶**生　　境**　生于海拔 1400 m 的亚热带常绿阔叶林下。

▶**用　　途**　观赏。

▶**致危因素**　生境破碎化或丧失、自然种群过小、过度采集。

太白杓兰

Cypripedium taibaiense G.H.Zhu & S.C.Chen

国家重点保护级别	CITES 附录	IUCN 红色名录
二级	附录 II	濒危（EN）

▶**形态特征** 植株高 13 ~ 15（~ 24）cm。根状茎长 4 ~ 5 cm，粗壮，直径 4 ~ 5 mm。茎直立，无毛。叶片椭圆形或椭圆形披针形，长 4.5 ~ 11 cm，宽 2.8 ~ 3.5 cm，背面微小短柔毛或后脱落，具缘毛，先端渐尖或近锐尖。花序顶生，单花；花苞片狭椭圆形或卵状披针形，长 6 ~ 6.5 cm；花梗和子房至少沿着棱被短柔毛。花紫红色，中萼片椭圆状卵形，无毛，先端渐尖；合萼片卵状椭圆形至狭椭圆形，无毛，先端 2 裂。花瓣披针形，正面基部半具长柔毛；唇瓣囊状，倒卵状近球形，外表面无毛，内底具毛。退化雄蕊长圆形，中央具一纵向槽，背面龙骨状，先端短尖。

▶**花 果 期** 花期 6—7 月。

▶**分 布** 山西（太白山）。

▶**生 境** 生于海拔 330 ~ 2600 m 的草坡上。

▶**用 途** 观赏。

▶**致危因素** 生境退化或丧失。

西藏杓兰

（兰科　Orchidaceae）

Cypripedium tibeticum King ex Rolfe

国家重点保护级别	CITES 附录	IUCN 红色名录
二级	附录 II	

▶**形态特征**　植株高 15 ~ 35 cm。茎具 3 枚叶。叶片椭圆形、卵状椭圆形或宽椭圆形，长 8 ~ 16 cm，宽 3 ~ 9 cm。花序顶生，具 1 朵花；花梗和子房长 2 ~ 3 cm；花大，俯垂，紫色、紫红色或暗栗色，通常具淡绿黄色的斑纹，唇瓣的囊口周围具白色或浅色的圈；中萼片椭圆形或卵状椭圆形，长 3 ~ 6 cm，宽 2.5 ~ 4 cm；合萼片与中萼片相似；花瓣披针形或长圆状披针形，长 3.5 ~ 6.5 cm，宽 1.5 ~ 2.5 cm；唇瓣深囊状，近球形至椭圆形，长 3.5 ~ 6 cm；退化雄蕊卵状长圆形，长 1.5 ~ 2 cm，宽 8 ~ 12 mm，背面多少具龙骨状突起。

▶**花果期**　花期 5—8 月。

▶**分　　布**　甘肃南部、四川西部、贵州西部、云南、西藏；不丹、印度。

▶**生　　境**　生于海拔 2300 ~ 4200 m 的透光林下、灌木坡地、草坡、乱石地上。

▶**用　　途**　观赏。

▶**致危因素**　生境破坏、过度采集。

宽口杓兰

（兰科　Orchidaceae）

Cypripedium wardii Rolfe

国家重点保护级别	CITES 附录	IUCN 红色名录
二级	附录 II	濒危（EN）

▶**形态特征**　植株具细长的根状茎。茎具 2~3(~4)枚叶。叶片椭圆形至椭圆状披针形，长 4.5~10 cm，宽 2.5~3.5 cm，两面被短柔毛。花序顶生，具 1 朵花；花序柄被短柔毛；子房长密被短柔毛；花较小，略带淡黄的白色，唇瓣囊内和囊口周围具紫色斑点；中萼片椭圆形或卵状椭圆形，长 1.4~1.7 cm，宽 8~10 mm；合萼片宽椭圆形；花瓣近卵状菱形或卵状长圆形，长 9~12 mm，宽约 6 mm；唇瓣深囊状，近倒卵状球形；退化雄蕊狭舌状至倒卵状椭圆形，长 1~3 mm，宽 1~2.5 mm，狭于柱头。

▶**花　果　期**　花期 6—7 月。

▶**分　　　布**　云南（德钦）、西藏（察隅）、四川。

▶**生　　　境**　生于海拔 2500~3500 m 的密林下、石灰岩岩壁上、溪边岩石上。

▶**用　　　途**　观赏。

▶**致危因素**　生境破碎化或丧失、过度采集、自然种群过小。

乌蒙杓兰

（兰科　Orchidaceae）

Cypripedium wumengense S.C.Chen

国家重点保护级别	CITES 附录	IUCN 红色名录
二级	附录 II	极危（CR）

▶**形态特征**　植株高约 22 cm。茎具 2 枚叶。叶片卵状椭圆形，长 11 ~ 13 cm，宽 6.5 ~ 7 cm，绿色而有紫色斑点。花序顶生，单花；花直径 6 ~ 7 cm，紫色；中萼片宽卵形，长约 3.5 cm，宽约 2.8 cm；合萼片椭圆形；花瓣斜卵状长圆形，长约 3.8 cm，宽约 1.5 cm；唇瓣深囊状，近球形，长约 1.6 cm，囊前方表面有小疣状突起；退化雄蕊宽卵状圆形，长约 5 mm，宽 7.5 mm。

▶**花　果　期**　花期 5 月。

▶**分　　　布**　云南（禄劝）。

▶**生　　　境**　生于海拔 2900 m 的石灰岩上箭竹丛下。

▶**用　　　途**　观赏。

▶**致危因素**　生境破碎化或丧失、过度采集、自然种群过小。

东北杓兰

Cypripedium × ventricosum Sw.

（兰科 Orchidaceae）

国家重点保护级别	CITES 附录	IUCN 红色名录
二级	附录 II	

▶**形态特征** 地生植物。植株高达 50 cm。茎直立，通常具 3 ~ 5 枚叶。叶片椭圆形至卵状椭圆形，长 13 ~ 20 cm，宽 7 ~ 11 cm，无毛或两面脉上偶见具微柔毛。花序顶生，通常具 2 朵花；花红紫色、粉红色至白色，大小变化较大；花瓣通常多少扭转；唇瓣深囊状，椭圆形或倒卵状球形，通常囊口周围具浅色的圈；退化雄蕊长可达 1 cm。

▶**花 果 期** 花期 5—6 月。

▶**分 布** 黑龙江西北部、内蒙古（大兴安岭）；俄罗斯（库页岛）、朝鲜半岛。

▶**生 境** 生于疏林下、林缘、草地上。

▶**用 途** 观赏。

▶**致危因素** 生境破碎化或丧失、过度采集、自然种群过小。

云南杓兰

（兰科　Orchidaceae）

Cypripedium yunnanense Franch.

国家重点保护级别	CITES 附录	IUCN 红色名录
二级	附录 II	濒危（EN）

▶**形态特征**　地生植物。植株高 20～37 cm。茎具 3～4 枚叶。叶片椭圆形或椭圆状披针形，长 6～14 cm，宽 1～3.5 cm。花序顶生，具 1 朵花；花序柄上端疏被短柔毛；花梗和子房长 2～3.5 cm，无毛或上部稍被毛；花粉红色、淡紫红色或偶见灰白色，具深色的脉纹；中萼片卵状椭圆形；合萼片椭圆状披针形；花瓣披针形，内表面基部具毛；唇瓣深囊状，椭圆形，囊口周围具浅色的圈；退化雄蕊椭圆形或卵形，近无柄。

▶**花 果 期**　花期 5 月。

▶**分　　布**　四川（马尔康、汶川、九龙、道孚、康定）、云南（中甸、丽江、洱源）、西藏东南部。

▶**生　　境**　生于海拔 2700～3800 m 的松林下、灌丛中、草坡上。

▶**用　　途**　观赏。

▶**致危因素**　生境破碎化或丧失、过度采集、自然种群过小。

丹霞兰

（兰科　Orchidaceae）

Danxiaorchis singchiana J.W.Zhai, F.W.Xing & Z.J.Liu

国家重点保护级别	CITES 附录	IUCN 红色名录
二级	附录 II	

▶**形态特征**　菌类寄生植物。无绿叶，植株高 21～40 cm。花葶棕红色；花序具 2～13 朵花；花黄色；中萼片狭椭圆形，长 18～26 mm，宽 6～9 mm；侧萼片卵状椭圆形，长 20～23 mm，宽 6～9 mm；花瓣狭椭圆形，长 20～22 mm，宽 6.5～7.5 mm；唇瓣 3 裂；侧裂片近方形，长 5 mm，宽 5.5 mm；中裂片长圆形，长 7～8 mm，宽 5～8 mm，基部具 2 个浅囊，中部具 1 个 "Y" 形的附属物；蕊柱半圆柱状，长 5～7 mm，无蕊柱足；花粉块 4 个，成 2 对。

▶**花 果 期**　花期 4—5 月，果期未知。

▶**分　　布**　广东（韶关）、湖南。

▶**生　　境**　生于林下阴湿处。

▶**用　　途**　未知。

▶**致危因素**　生境破碎化或丧失、自然种群过小。

253

茫荡山丹霞兰

（兰科 Orchidaceae）

Danxiaorchis mangdangshanensis Q.S. Huang, Miao Zhang, B. Hua Chen & Wang Wu

国家重点保护级别	CITES 附录	IUCN 红色名录
二级	附录 II	

▶**形态特征** 菌类寄生植物。无绿叶。植株高 10.6 ~ 23 cm。花序具 4 ~ 10 朵花；花黄色；萼片倒卵形至椭圆形；中萼片长 13 ~ 17 mm，宽 5 ~ 6.5 mm；侧萼片卵状椭圆形，长 16 ~ 18 mm，宽 6 ~ 6.7 mm；花瓣狭椭圆形，长 15 ~ 19 mm，宽 6 ~ 6.5 mm；唇瓣 3 裂；侧裂片近方形，长 4.5 ~ 5.6 mm，宽 5 ~ 6 mm；中裂片长圆形，长 8 ~ 10 mm，宽 6 ~ 8 mm，基部具 2 个浅囊，中部具 1 个 "Y" 形的附属物和 1 个长方形胼胝体；蕊柱半圆柱状，长 5 ~ 6 mm，无蕊柱足。花粉块 4 块，成 2 对。

▶**花 果 期** 花期 4—5 月，果期 5—6 月。

▶**分 布** 福建。

▶**生 境** 生于海拔 375 m 阔叶林下。

▶**用 途** 未知。

▶**致危因素** 自然种群过小。

江西丹霞兰

（兰科　Orchidaceae）

Danxiaorchis yangii B.Y. Yang et Bo Li

国家重点保护级别	CITES 附录	IUCN 红色名录
二级	附录 II	

▶**形态特征**　菌类寄生植物。无绿叶，植株高 10 ~ 25 cm。花序具 5 ~ 30 朵花；花黄色；中萼片狭椭圆形，长 11 ~ 16 mm，宽 3.5 ~ 5.5 mm；侧萼片卵状椭圆形，长 12 ~ 18 mm，宽 3.6 ~ 6.3 mm；花瓣狭椭圆形，长 8 ~ 15 mm，宽 3.5 ~ 6 mm；唇瓣 3 裂；侧裂片近方形，长 3.5 ~ 5 mm，宽 5 ~ 5.5 mm；中裂片长圆形，长 5 ~ 5.5 mm，宽 4.5 ~ 5 mm，基部具 2 个浅囊，中部具 1 个 "Y" 形的附属物和 1 个长方形胼胝体；蕊柱半圆柱状，长 5 ~ 5.5 mm，无蕊柱足；花粉块 4 个，成 2 对。

▶**花 果 期**　花期 4—5 月，果期未知。

▶**分　　布**　江西（靖安）。

▶**生　　境**　生于海拔 360 m 的阔叶林下。

▶**用　　途**　未知。

▶**致危因素**　生境破碎化或丧失、自然种群过小。

钩状石斛

***Dendrobium aduncum* Lindl.**

国家重点保护级别	CITES 附录	IUCN 红色名录
二级	附录 II	易危（VU）

▶**形态特征**　附生植物。茎下垂，圆柱形。叶长圆形或狭椭圆形，先端急尖并且钩转。总状花序出自老茎上部，多少回折状弯曲，疏生 1～6 朵花；萼片和花瓣淡粉红色；中萼片长圆状披针形；侧萼片斜卵状三角形；萼囊明显坛状，长约 1 cm；花瓣长圆形；唇瓣白色，凹陷呈舟状，前部骤然收狭而先端为短尾状并且反卷，基部具长约 5 mm 的爪，近基部具 1 个绿色方形的胼胝体；蕊柱白色，正面密布紫色长毛；蕊柱足长而宽；药帽深紫色，密布乳突状毛。

▶**花 果 期**　花期 5—6 月，果期未知。

▶**分　　布**　湖南（桃源）、广东（罗浮山）、香港、海南（三亚市、保亭、陵水、琼中）、广西（龙州、上思、凌云、田林、百色、东兰、乐业、永福）、贵州（兴义、独山、罗甸、安龙、黎平）、云南（马关）；不丹、印度、缅甸、泰国、越南。

▶**生　　境**　生于海拔 700～1000 m 的山地林中树干上。

▶**用　　途**　药用和观赏。

▶**致危因素**　生境破碎化或丧失、过度采集、自然种群过小。

滇金石斛

（兰科　Orchidaceae）

Dendrobium albopurpureum (Seidenf.) Schuit. & P.B.Adams

国家重点保护级别	CITES 附录	IUCN 红色名录
二级	附录 II	

▶**形态特征**　附生植物。根状茎粗 4～8 mm。茎通常下垂，多分枝。假鳞茎稍扁纺锤形，顶生 1 枚叶。叶革质，长圆形或长圆状披针形，先端钝并且微 2 裂。花序出自叶腋和叶基部的远轴面一侧，具 1～2 朵花；萼片和花瓣白色；中萼片长圆形；侧萼片斜卵状披针形，基部歪斜而较宽；萼囊与子房交成直角，淡黄色；花瓣狭长圆形；唇瓣白色，3 裂；侧裂片（后唇）内面密布紫红色斑点；中裂片，呈扇形；唇盘从后唇至前唇基部具 2 条密布紫红色斑点的褶脊；蕊柱粗短，正面白色并且密布紫红色斑点，长约 3 mm，具长约 5 mm 的蕊柱足。

▶**花 果 期**　花期 6—7 月，果期未知。

▶**分　　布**　云南（勐腊、景洪）；泰国、越南、老挝。

▶**生　　境**　生于海拔 800～1200 m 的山地疏林中树干上或林下岩石上。

▶**用　　途**　药用和观赏。

▶**致危因素**　生境破碎化或丧失、过度采集、自然种群过小。

宽叶厚唇兰

（兰科　Orchidaceae）

Dendrobium amplum Lindl.

国家重点保护级别	CITES 附录	IUCN 红色名录
二级	附录 II	无危（LC）

▶**形态特征**　根状茎粗 4 ~ 6 mm。假鳞茎在根状茎上疏生，卵形或椭圆形，被鳞片状大型的膜质鞘所包，顶生 2 枚叶。叶革质，椭圆形或长圆状椭圆形，长 6 ~ 22.5 cm，宽达 5.5 cm，先端几钝尖并且稍凹入。花序远比叶短，具 1 朵花；花大，开展，黄绿色带深褐色斑点；中萼片披针形，长约 4.5 cm，中部宽 8 mm；侧萼片镰刀状披针形，与中萼片等长；花瓣披针形，等长于萼片；唇瓣 3 裂；侧裂片短小；中裂片近菱形，长约 6 mm；唇盘（在两侧裂片之间）具 3 条褶片，中央 1 条较长。蕊柱粗壮。

▶**花 果 期**　花期 11 月。

▶**分　　布**　广西（上思）、云南（西畴、麻栗坡、屏边、建水、镇康、怒江流域一带）、西藏（墨脱）、贵州；尼泊尔、不丹、印度东北部、缅甸、泰国、越南。

▶**生　　境**　生于海拔 1000 ~ 1900 m 的林下、溪边的岩石上、山地林中树干上。

▶**用　　途**　药用和观赏。

▶**致危因素**　无危。

狭叶金石斛

Dendrobium angustifolium (Bl.) Lindl.

国家重点保护级别	CITES 附录	IUCN 红色名录
二级	附录 II	易危（VU）

▶**形态特征** 附生植物。根状茎、每相距 4~5 个节间发出 1 个茎。茎下垂，多分枝；第一级分枝之下的茎长约 6 cm，具 3 个节间。假鳞茎呈稍扁的细纺锤形，顶生 1 枚叶。叶革质，狭披针形。花序通常为单朵花，生于叶基部的背侧；花梗和子房长约 7 mm；萼片和花瓣淡黄色带褐紫色条纹；中萼片卵状椭圆形；萼囊大，与子房交成锐角；花瓣卵状披针形；唇瓣长 1 cm，基部具长爪，3 裂；侧裂片（后唇）除边缘浅白色外其余紫色；中裂片（前唇）橘黄色，前部深 2 裂；唇盘具 2 条从中裂片基部延伸至近先端的高褶片。

▶**花 果 期** 花期 6—7 月。

▶**分　　布** 海南（五指山等地）、广西（靖西、德保）、西藏（墨脱）；越南、泰国、马来西亚、印度尼西亚（爪哇和苏门答腊）。

▶**生　　境** 生于海拔 1000~1400 m 的山地疏林中树干上。

▶**用　　途** 药用和观赏。

▶**致危因素** 生境破碎化或丧失。

兜唇石斛

（兰科　Orchidaceae）

Dendrobium aphyllum (Roxb.) C.E.C.Fischer

国家重点保护级别	CITES 附录	IUCN 红色名录
二级	附录 II	

▶**形态特征**　附生植物。茎下垂，肉质。叶 2 列互生于整个茎上，基部具鞘。总状花序几乎无花序轴，每 1 ~ 3 朵花为一束，从老茎上发出。花下垂；中萼片近披针形，长 2.3 cm，宽 5 ~ 6 mm；侧萼片与中萼片相似、等大；萼囊狭圆锥形，长约 5 mm；花瓣椭圆形，长 2.3 cm，宽 9 ~ 10 mm；唇瓣宽倒卵形或近圆形，长、宽 2.5 cm，围抱蕊柱而成喇叭状，两面密布短柔毛；药帽近圆锥状，密布细乳突状毛。

▶**花 果 期**　花期 3—4 月，果期 6—7 月。

▶**分　　布**　广西（隆林、西林、乐业）、贵州（兴义）、云南（富宁、建水、金平、勐腊、勐海、泸水）；印度、尼泊尔、不丹、缅甸、老挝、越南、马来西亚。

▶**生　　境**　生于海拔 400 ~ 1500 m 的疏林中树干上或山谷岩石上。

▶**用　　途**　药用和观赏。

▶**致危因素**　生境破碎化或丧失、过度采集、自然种群过小。

矮石斛

（兰科　Orchidaceae）

Dendrobium bellatulum Rolfe

国家重点保护级别	CITES 附录	IUCN 红色名录
二级	附录 II	濒危（EN）

▶**形态特征**　附生植物。茎纺锤形或短棒状。叶 2～4 枚，近顶生，革质，两面和叶鞘均密被黑色短毛。总状花序顶生或近茎的顶端发出，具 1～3 朵花。花开展，花瓣和萼片白色，唇瓣的中裂片金黄色，侧裂片的内面橘红色；中萼片卵状披针形，长约 2.5 cm，宽约 1 cm；侧萼片斜卵状披针形；萼囊宽圆锥形；花瓣倒卵形；唇瓣近提琴形，长约 3 cm，3 裂；侧裂片近半卵形；中裂片近肾形，下弯，先端浅 2 裂；唇盘具 5 条脊突，在脊突上和脊突之间具不规则的疣突；蕊柱长约 5 mm；药帽圆锥形，密被乳突。

▶**花 果 期**　花期 4—6 月。

▶**分　　布**　云南（屏边、蒙自、思茅、勐海、景东、澜沧、凤庆）；印度、缅甸、泰国、老挝、越南。

▶**生　　境**　生于海拔 1250～2100 m 的山地疏林中树干上。

▶**用　　途**　药用和观赏。

▶**致危因素**　生境破碎化或丧失、过度采集、自然种群过小。

双槽石斛

（兰科　Orchidaceae）

Dendrobium bicameratum Lindl.

国家重点保护级别	CITES 附录	IUCN 红色名录
二级	附录 II	

▶**形态特征**　附生植物。茎梭形，具凹槽。叶长圆形至披针形，长 4.0 ~ 8.0 cm，宽 1.8 ~ 2.5 cm；花序近头状，具 4 ~ 6 朵花；花淡黄色具深色条纹和斑点；中萼片宽卵状长圆形，长 6.0 ~ 6.5 mm，宽 3.0 ~ 4.0 mm；侧萼片宽三角形，长 5.0 ~ 7.0 mm，宽 3.0 ~ 3.5 mm；花瓣长圆状卵形，长 5.5 ~ 6.0 mm，宽 2.5 ~ 3.5 mm；唇瓣 3 裂，宽卵状长圆形，长 4.5 ~ 5.5 mm，宽 4.0 ~ 4.5 mm；侧裂片三角形，直立，紫红色；中裂片短，金黄色；蕊柱和蕊柱足长 4.0 ~ 5.0 mm。

▶**花　果　期**　花期 6—8 月。

▶**分　　布**　云南；印度、孟加拉国、尼泊尔、缅甸、泰国。

▶**生　　境**　生于海拔 600 ~ 2400 m 的林中树上。

▶**用　　途**　药用。

▶**致危因素**　生境破碎化和丧失。

长苏石斛

Dendrobium brymerianum Rchb.f.

国家重点保护级别	CITES 附录	IUCN 红色名录
二级	附录 II	濒危（EN）

▶**形态特征**　附生植物。茎中部通常有 2 个节间膨大而呈纺锤形。叶薄革质，常 3～5 枚互生于茎的上部，狭长圆形，长 7～13.5 cm，宽 1.2～2.2 cm。总状花序侧生于去年生无叶的茎上端，具 1～2 朵花。花金黄色；中萼片长圆状披针形，长 2.5 cm，宽 8 mm；侧萼片近披针形，长 2.5 cm，宽 8 mm；萼囊长约 3 mm；花瓣长圆形，长 2.5 cm，宽 7 mm；唇瓣卵状三角形，长 2 cm，宽 15 mm，上面密布短茸毛，中部以下边缘具短流苏，中部以上（尤其先端）边缘具长而分枝的流苏；蕊柱黄色而上端两侧白色；药帽浅黄白色，狭圆锥形。

▶**花 果 期**　花期 6—7 月，果期 9—10 月。

▶**分　　布**　云南（屏边、勐腊、勐海、镇康）；泰国、缅甸、老挝。

▶**生　　境**　生于海拔 1100～1900 m 的山地林缘树干上。

▶**用　　途**　药用和观赏。

▶**致危因素**　生境破碎化或丧失、过度采集、自然种群过小。

红头金石斛

Dendrobium calocephalum (Z.H.Tsi & S.C.Chen) Schuit. & P.B.Adams

国家重点保护级别	CITES 附录	IUCN 红色名录
二级	附录 II	

▶**形态特征**　附生植物。根状茎每 7～10 个节发出 1 个茎。茎第一级分枝之下的茎长 25 cm，具 3～4 个节。假鳞茎近圆柱形，顶生 1 枚叶。叶革质，狭长圆形。花序出自叶腋和叶基部的远轴面一侧，具 1～2 朵花；萼片和花瓣近柠檬黄色；中萼片卵状长圆形；侧萼片斜卵状三角形；萼囊几与子房交成直角；花瓣狭长圆形，长 9 mm，宽 2 mm；唇瓣整体轮廓倒卵形，基部楔形，长 12 mm，3 裂；侧裂片（后唇）淡橘红色；中裂片长约 4.5 mm，前部橘红色，摊平后呈扇形；唇盘从后唇基部沿前唇基部边缘具 2 条棕红色而稍带波状的褶脊，而褶脊在前唇的基部呈皱波状或小鸡冠状；蕊柱长约 3 mm，具长约 5 mm 的蕊柱足。

▶**花 果 期**　花期 6—7 月。

▶**分　　布**　云南（景洪）、贵州。

▶**生　　境**　生于海拔 1200 m 的山地疏林中树干上。

▶**用　　途**　药用和观赏。

▶**致危因素**　生境破碎化或丧失、过度采集、自然种群过小。

短棒石斛

（兰科　Orchidaceae）

Dendrobium capillipes* Rchb.f.*

国家重点保护级别	CITES 附录	IUCN 红色名录
二级	附录 II	濒危（EN）

▶**形态特征**　附生植物。茎肉质状，近扁的纺锤形，中部粗约 1.5 cm。叶 2~4 枚近茎端着生，革质，通常长 10~12 cm，宽 1~1.5 cm。总状花序从老茎中部发出，疏生 2 至数朵花。花金黄色；中萼片卵状披针形，长 1.2 cm，中部宽 5 mm；侧萼片与中萼片近等大；萼囊近长圆形；花瓣卵状椭圆形，长 1.5 cm，宽 9 mm；唇瓣近肾形，基部两侧围抱蕊柱并且两侧具紫红色条纹，边缘波状，两面密被短柔毛；蕊柱长约 4 mm；药帽多少呈塔状。

▶**花 果 期**　花期 3—5 月。

▶**分　　布**　云南（勐腊、景洪、勐海、思茅、关坪）；印度、缅甸、泰国、老挝、越南。

▶**生　　境**　生于海拔 900~1450 m 的常绿阔叶林内树干上。

▶**用　　途**　药用和观赏。

▶**致危因素**　生境破碎化或丧失、过度采集、自然种群过小。

翅萼石斛

（兰科　Orchidaceae）

Dendrobium cariniferum Rchb.f.

国家重点保护级别	CITES 附录	IUCN 红色名录
二级	附录 II	濒危（EN）

▶**形态特征**　附生植物。茎肉质状粗厚，圆柱形或有时膨大呈纺锤形，中部粗达 1.5 cm，不分枝。叶下面和叶鞘密被黑色粗毛。总状花序出自近茎端，常具 1～2 朵花；子房黄绿色，三棱形；中萼片卵状披针形，长约 2.5 cm，宽 9 mm，在背面中肋隆起呈翅状；侧萼片斜卵状三角形；萼囊淡黄色带橘红色，呈角状，长约 2 cm，近先端处稍弯曲；花瓣白色，长圆状椭圆形，长约 2 cm，宽 1 cm；唇瓣喇叭状，3 裂；侧裂片橘红色；中裂片黄色，近横长圆形，前端边缘具不整齐的缺刻；唇盘橘红色，沿脉上密生粗短的流苏。

▶**花 果 期**　花期 3—4 月。

▶**分　　布**　云南（勐腊、景洪、勐海、镇康、沧源）；印度、缅甸、泰国、老挝、越南。

▶**生　　境**　生于海拔 1100～1700 m 的山地林中树干上。

▶**用　　途**　药用和观赏。

▶**致危因素**　生境破碎化或丧失、过度采集、自然种群过小。

长爪石斛

（兰科 Orchidaceae）

Dendrobium chameleon Ames

国家重点保护级别	CITES 附录	IUCN 红色名录
二级	附录 II	

▶**形态特征** 附生植物。茎下垂，多分枝；节间倒圆锥状圆柱形，长约 1 cm。叶披针形或长圆状披针形，长 3~3.5 cm，先端渐尖或有时不等侧 2 裂，叶鞘紧抱于茎。总状花序侧生于老茎上端，具 1~4 朵花；花渐变变为白色带紫色；中萼片长圆形；侧萼片斜卵状长圆形；萼囊圆筒状，长约 15 mm；花瓣斜长圆形，长 14~17 mm，宽约 5 mm；唇瓣长匙形，基部具狭长的爪并且与萼囊合生，在爪的前端具 2 条肉疣，中部缢缩；唇瓣片卵状长圆形；蕊柱长约 3 mm，基部具长达 18 mm 的蕊柱足。

▶**花 果 期** 花期 10—12 月。

▶**分 布** 台湾（台北、乌来、南投、台东、花莲）；菲律宾。

▶**生 境** 生于海拔 500~1200 m 的山地林中树干上或山谷岩壁上。

▶**用 途** 药用和观赏。

▶**致危因素** 生境破碎化或丧失、过度采集、自然种群过小。

毛鞘石斛

（兰科　Orchidaceae）

Dendrobium christyanum Rchb.f.

国家重点保护级别	CITES 附录	IUCN 红色名录
二级	附录 II	易危（VU）

▶**形态特征**　附生植物。茎近纺锤形。叶近顶生，卵形至披针形，长 3～4 cm，宽约 1 cm，背面和鞘被黑色毛。花序近顶生，具 1～2 朵花；花白色，唇瓣喉部具红色和黄色斑；萼片卵形，长约 20 mm，宽 8～10 mm；萼囊宽圆锥形，长约 10 mm；花瓣椭圆状长圆形，长约 20 mm；唇瓣长 25 mm，先端 3 裂，中裂片顶端微凹，唇盘上具 3 条颗粒状的褶片。

▶**花 果 期**　5—7 月。

▶**分　　布**　云南（思茅、勐腊、勐海、景洪）；泰国、越南。

▶**生　　境**　生于海拔 800～1600 m 的林中树上。

▶**用　　途**　药用和观赏。

▶**致危因素**　生境破碎化、过度采集。

束花石斛

（兰科　Orchidaceae）

Dendrobium chrysanthum Wall. ex Lindl.

国家重点保护级别	CITES 附录	IUCN 红色名录
二级	附录 II	易危（VU）

▶**形态特征**　附生植物。茎粗厚，肉质。叶 2 列，长圆状披针形，通常长 13 ~ 19 cm，宽 1.5 ~ 4.5 cm。伞状花序，每 2 ~ 6 花为一束，生于具叶的茎上部；花黄色；中萼片长圆形或椭圆形；侧萼片斜卵状三角形；萼囊宽而钝；花瓣倒卵形；唇瓣不裂，肾形或横长圆形，长约 18 mm，宽约 22 mm，基部具 1 个长圆形的胼胝体并且骤然收狭为短爪，上面密布短毛，下面除中部以下外亦密布短毛；唇盘两侧各具 1 个栗色斑块；蕊柱足约 6 mm；药帽圆锥形，长约 2.5 mm；蒴果长圆柱形。

▶**花 果 期**　花期 9—10 月，果期未知。

▶**分　　布**　广西（百色、德保、隆林、凌云、靖西、田林、南丹）、贵州（兴义、安龙、罗甸、关岭）、云南（麻栗坡、砚山、屏边、绿春、勐腊、勐海、澜沧、镇康、临沧）、西藏（墨脱）；印度、尼泊尔、不丹、缅甸、泰国、老挝、越南。

▶**生　　境**　生于海拔 700 ~ 2500 m 的山地密林中树干上或山谷阴湿的岩石上。

▶**用　　途**　药用和观赏。

▶**致危因素**　生境破碎化或丧失、过度采集、自然种群过小。

线叶石斛

（兰科 Orchidaceae）

Dendrobium chryseum Rolfe

国家重点保护级别	CITES 附录	IUCN 红色名录
二级	附录 II	濒危（EN）

▶**形态特征** 附生植物。茎圆柱形。叶革质，线形或狭长圆形，长 8～10 cm，宽 0.4～1.4 cm。总状花序侧生于落叶的茎上端，通常 1～2 朵花；花序柄基部套叠 3～4 枚鞘；鞘长 5～20 mm。花橘黄色；中萼片长圆状椭圆形；侧萼片长圆形；花瓣椭圆形或宽椭圆状倒卵形，长 2.4～2.6 cm，宽 1.4～1.7 cm；唇瓣近圆形，长 2.5 cm，宽约 2.2 cm，中部以下两侧围抱蕊柱，上面密布茸毛，唇盘无任何斑块。

▶**花 果 期** 花期 5—6 月。

▶**分　　布** 台湾（台北、桃园、南投、新竹、宜兰、花莲、台东）、四川（峨眉山、峨边）、云南（蒙自、文山、勐海、腾冲、怒江和独龙江流域一带）；印度、缅甸。

▶**生　　境** 生于海拔达 2600 m 的高山阔叶林中树干上。

▶**用　　途** 药用和观赏。

▶**致危因素** 生境破碎化或丧失、过度采集、自然种群过小。

杓唇扁石斛（勐腊石斛）

（兰科　Orchidaceae）

Dendrobium chrysocrepis C.S.P.Parish & Rchb.f. ex Hook.f.

国家重点保护级别	CITES 附录	IUCN 红色名录
二级	附录 II	濒危（EN）

▶**形态特征**　附生植物。茎簇生，弯曲，压扁。叶椭圆形至披针形，长 5 ~ 8 cm，宽 1.5 cm。花序生于老茎上部，具 1 ~ 2 朵花；花黄色，唇瓣颜色较深；中萼片倒卵状楔形，长 1.3 ~ 1.4 cm，略凹；侧萼片呈偏斜的长圆状椭圆形，长 17 ~ 18 mm；花瓣匙状，长 1.2 ~ 1.3 cm；唇瓣拖鞋状，长 1.6 ~ 1.8 cm，内面具红毛，唇瓣以关节连接在蕊柱足上。

▶**花 果 期**　花期 6 月。

▶**分　　布**　云南（勐腊、景洪）；印度、缅甸。

▶**生　　境**　生于海拔 1000 ~ 1300 m 的石灰岩山林下、树上或多苔藓的岩石上。

▶**用　　途**　药用和观赏。

▶**致危因素**　生境破碎化或丧失。

鼓槌石斛

Dendrobium chrysotoxum Lindl.

国家重点保护级别	CITES 附录	IUCN 红色名录
二级	附录 II	易危（VU）

▶**形态特征**　附生植物。茎纺锤形，中部粗 1.5 ~ 5 cm，具多数圆钝的条棱，近顶端具 2 ~ 5 枚叶。叶革质，长圆形，长达 19 cm，基部不下延为抱茎的鞘。总状花序近茎顶端发出；花序轴粗壮，疏生多数花；花梗和子房黄色；花金黄色；中萼片长圆形，长 1.2 ~ 2 cm，中部宽 5 ~ 9 mm；侧萼片与中萼片近等大；萼囊近球形；花瓣倒卵形，等长于中萼片，宽约为萼片的 2 倍；唇瓣近肾状圆形，长约 2 cm，宽 2.3 cm，上面密被短茸毛；药帽淡黄色，尖塔状。

▶**花 果 期**　花期 3—5 月。果期未知。

▶**分　　布**　云南（石屏、景谷、思茅、勐腊、景洪、耿马、镇康、沧源）；印度、缅甸、泰国、老挝、越南。

▶**生　　境**　生于海拔 520 ~ 1620 m 阳光充足的常绿阔叶林树干上或疏林下岩石上。

▶**用　　途**　药用和观赏。

▶**致危因素**　生境破碎化或丧失、过度采集、自然种群过小。

金石斛

（兰科 Orchidaceae）

Dendrobium comatum (Blume) Lindl.

国家重点保护级别	CITES 附录	IUCN 红色名录
二级	附录 II	濒危（EN）

▶**形态特征** 附生植物。根状茎粗达 1.3 cm，每 3～4 个节间发出 1 个茎。假鳞茎梭形，长约 6.5 cm，粗 1.7～2.3 cm。叶卵形至长圆形，长 5～11 cm，宽 2～5 cm。花序从叶腋和叶基背侧（远轴面）发出，通常具 1～2 朵花；萼片和花瓣浅黄白色带紫色斑点；中萼片狭披针形；侧萼片狭披针形；萼囊与子房交成锐角，狭圆锥形，长约 4 mm；花瓣线形，长 10～15 mm，宽 1～1.5 mm；唇瓣黄色，长 10～15 mm，基部楔形，3 裂；侧裂片半卵形，前端边缘多少撕裂状；中裂片向先端扩大，边缘深裂为长流苏；蕊柱具长 4 mm 的蕊柱足。

▶**花 果 期** 花期 7 月。

▶**分　　布** 台湾（恒春半岛、台东与屏东一带）；菲律宾、马来西亚、印度尼西亚、澳大利亚、新几内亚岛、太平洋的一些群岛。

▶**生　　境** 附生于树干上。

▶**用　　途** 药用和观赏。

▶**致危因素** 生境破碎化或丧失、过度采集、自然种群过小。

草石斛

Dendrobium compactum Rolfe ex Hemsl.

国家重点保护级别	CITES 附录	IUCN 红色名录
二级	附录 II	易危（VU）

▶**形态特征**　附生植物。植株矮小。茎肉质，长 1.5 ~ 3 cm。叶 2 ~ 5 枚，2 列互生，长圆形，长 1 ~ 2.5 cm，宽 4 ~ 6 mm，先端钝并且不等侧 2 裂。总状花序顶生或侧生于当年生的茎上部，通常长 1 ~ 2 cm，具 3 ~ 6 朵小花；花白色；中萼片卵状长圆形；侧萼片斜三角状披针形；花瓣近圆形，长 4 mm，宽 1.7 mm，边缘微波状；唇瓣浅绿色，近圆形，长 5 mm，宽约 4 mm；侧裂片半圆形，中部以上边缘具细齿；中裂片宽卵状三角形，先端短尖，边缘鸡冠状皱褶；唇盘具 2 ~ 3 条褶片连成一体的肉脊；蕊柱上端扩大；药帽短圆锥形，前端边缘微缺刻。蒴果卵球形。

▶**花 果 期**　花期 9—10 月，果期未知。

▶**分　　布**　云南（勐腊、思茅、景洪、澜沧、凤庆）；缅甸、泰国。

▶**生　　境**　生于海拔 1650 ~ 1850 m 的山地阔叶林中树干上。

▶**用　　途**　药用和观赏。

▶**致危因素**　生境破碎化或丧失、过度采集、自然种群过小。

同色金石斛

（兰科 Orchidaceae）

Dendrobium concolor (Z.H.Tsi & S.C.Chen) Schuit. & P.B.Adams

国家重点保护级别	CITES 附录	IUCN 红色名录
二级	附录 II	

▶**形态特征** 附生植物。根状茎每 4~6 个节间发出 1 个茎。茎下垂或斜出，通常分枝。假鳞茎稍扁的狭纺锤形，具 1 个节间，顶生 1 枚叶。叶狭椭圆状披针形，长 11~12 cm，宽 1.4~2.2 cm。花纯乳白色，通常单生于叶腋；中萼片卵状披针形，长 8 mm，宽 4 mm；萼囊与子房交成钝角；花瓣狭长圆形，长 10 mm，宽 2.5 mm，先端锐尖；唇瓣长 1 cm，3 裂；侧裂片长圆形；中裂片（前唇）在前端呈"V"形；唇盘从后唇向前唇纵贯 2 条褶脊；蕊柱粗短，具长 5 mm 的蕊柱足；药帽前端近截形，其边缘具少数细齿。

▶**花 果 期** 花期 6 月，果期未知。

▶**分 布** 云南（景洪）。

▶**生 境** 生于海拔 1600 m 的山地疏林中树干上。

▶**用 途** 药用和观赏。

▶**致危因素** 生境破碎化或丧失、过度采集、自然种群过小。

玫瑰石斛

（兰科　Orchidaceae）

Dendrobium crepidatum Lindl. & Paxton

国家重点保护级别	CITES 附录	IUCN 红色名录
二级	附录 II	濒危（EN）

▶**形态特征**　附生植物。茎悬垂，肉质状肥厚，青绿色，被绿色和白色条纹的鞘，干后紫铜色。叶狭披针形，长 5 ~ 10 cm，宽 1 ~ 1.25 cm。总状花序很短，从落了叶的老茎上部发出，具 1 ~ 4 朵花；花梗和子房淡紫红色；花质地厚，开展；萼片和花瓣白色，中上部淡紫色；中萼片近椭圆形；侧萼片卵状长圆形，在背面其中肋多少龙骨状隆起；萼囊小，近球形，长约 5 mm；花瓣宽倒卵形，长 2.1 cm，宽 1.2 cm，先端近圆形；唇瓣中部以上淡紫红色，中部以下金黄色，近圆形或宽倒卵形，上面密布短柔毛。蕊柱前面具 2 条紫红色条纹，长约 3 mm。药帽近圆锥形。

▶**花 果 期**　花期 3—4 月。

▶**分　　布**　云南（勐海、勐腊、镇康、沧源）、贵州（兴义、罗甸）；印度、尼泊尔、不丹、缅甸、泰国、老挝、越南。

▶**生　　境**　生于海拔 1000 ~ 1800 m 的山地疏林中树干上或山谷岩石上。

▶**用　　途**　药用和观赏。

▶**致危因素**　生境破碎化或丧失、过度采集、自然种群过小。

木石斛

（兰科 Orchidaceae）

Dendrobium crumenatum Sw.

国家重点保护级别	CITES 附录	IUCN 红色名录
二级	附录 II	

▶**形态特征** 附生植物。茎上部细，基部上方 3 ~ 4 个节间膨大呈纺锤状；膨大部分的茎粗达 2 cm。叶 2 列互生于茎的中部，卵状长圆形，长约 6 cm，宽 2.5 cm，先端钝并且不等侧 2 裂。花出自茎上部落了叶的部分，通常单生，白色或有时先端具粉红色；中萼片卵状披针形；侧萼片斜卵状披针形；萼囊长圆锥形，长达 15 mm；花瓣倒卵状长圆形；唇瓣 3 裂；侧裂片直立，近倒卵形，先端近截形；中裂片倒卵形，先端具短尖；唇盘具 5 条黄色并且边缘带细齿的龙骨脊。

▶**花 果 期** 花期 9—10 月，果期未知。

▶**分　　布** 台湾（绿岛）；缅甸、老挝、越南、柬埔寨、马来西亚、印度尼西亚、斯里兰卡、菲律宾。

▶**生　　境** 生于海拔 700 ~ 1100 m 的热带森林中。

▶**用　　途** 药用和观赏。

▶**致危因素** 本种适应性强，在东南亚热带地区也极为广布。

晶帽石斛

（兰科　Orchidaceae）

Dendrobium crystallinum Rchb.f.

国家重点保护级别	CITES 附录	IUCN 红色名录
二级	附录 II	易危（VU）

▶**形态特征**　附生植物。茎圆柱形。叶长圆状披针形，长 9.5 ~ 17.5 cm，宽 1.5 ~ 2.7 cm，具数条两面隆起的脉。总状花序出自去年生落了叶的老茎上部，具 1 ~ 2 朵花；花大，开展；萼片和花瓣乳白色，上部紫红色；中萼片狭长圆状披针形；侧萼片相似于中萼片；萼囊小，长圆锥形；花瓣长圆形；唇瓣橘黄色，上部紫红色，近圆形，长 2.5 cm，两面密被短茸毛；蕊柱长 4 mm；药帽狭圆锥形，密布白色晶体状乳突，前端边缘具不整齐的齿。

▶**花　果　期**　花期 5—7 月，果期 7—8 月。

▶**分　　　布**　云南（勐腊、勐海、景洪）；缅甸、泰国、老挝、柬埔寨、越南。

▶**生　　　境**　生于海拔 540 ~ 1700 m 的山地林缘或疏林中树干上。

▶**用　　　途**　药用和观赏。

▶**致危因素**　生境破碎化或丧失、过度采集、自然种群过小。

叠鞘石斛

（兰科　Orchidaceae）

Dendrobium denneanum Kerr

国家重点保护级别	CITES 附录	IUCN 红色名录
二级	附录 II	易危（VU）

▶**形态特征**　附生植物。茎粗壮。叶线形，长 8 ~ 10 cm，宽 1.8 ~ 4.5 cm，基部具鞘。花序出自老茎上端；花金黄色，唇瓣中部具 1 个大的紫色斑块；中萼片长圆形至椭圆形，长 23 ~ 25 mm，宽 10 ~ 15 mm；侧萼片长圆形；萼囊圆锥形；花瓣椭圆形，长 24 ~ 26 mm，宽 14 ~ 17 mm；唇瓣近圆形，长 25 mm，宽 22 mm，上面密布茸毛，边缘具不整齐的细齿；蕊柱长 4 mm。

▶**花 果 期**　花期 4 ~ 6 月。果期未知。

▶**分　　布**　海南（坝王岭）、广西（凌云、乐业、凤山、靖西、德保、那坡）、贵州（兴义、罗甸、平塘、安龙、关岭、惠水）、云南（屏边、砚山、建水、勐海、凤庆、沧源、澜沧、耿马、镇康、腾冲、贡山、丽江、维西、德钦）；印度、尼泊尔、不丹、缅甸、泰国、老挝、越南。

▶**生　　境**　生于海拔 600 ~ 2500 m 的山地疏林中树干上。

▶**用　　途**　药用和观赏。

▶**致危因素**　生境破碎化或丧失、过度采集、自然种群过小。

密花石斛

Dendrobium densiflorum Wall.

国家重点保护级别	CITES 附录	IUCN 红色名录
二级	附录 II	易危（VU）

▶**形态特征**　附生植物。茎粗壮，通常棒状或纺锤形，下部常收狭为细圆柱形，具 4 个纵棱；叶常 3 ~ 4 枚，近顶生，长圆状披针形，长 8 ~ 17 cm，宽 2.6 ~ 6 cm。总状花序从老茎上端发出，下垂，密生许多花；萼片和花瓣淡黄色；中萼片卵形；侧萼片卵状披针形，近等大于中萼片；萼囊近球形；花瓣近圆形，中部以上边缘具啮齿；唇瓣金黄色，圆状菱形，长 1.7 ~ 2.2 cm，宽达 2.2 cm，上面和下面的中部以上密被短茸毛。蕊柱橘黄色；药帽橘黄色。

▶**花 果 期**　花期 4—5 月。

▶**分　　布**　广东（南昆山、乐昌）、海南（三亚市、陵水、保亭、东方、乐东、白沙、琼中）、广西（防城、上思、桂平、容县、金秀、融水、资源）、西藏东南部（墨脱）；尼泊尔、不丹、印度东北部、缅甸、泰国。

▶**生　　境**　生于海拔 420 ~ 1000 m 的常绿阔叶林中树干上或山谷岩石上。

▶**用　　途**　药用和观赏。

▶**致危因素**　生境破碎化或丧失、过度采集、自然种群过小。

齿瓣石斛

（兰科 Orchidaceae）

Dendrobium devonianum Paxton

国家重点保护级别	CITES 附录	IUCN 红色名录
二级	附录 II	濒危（EN）

▶**形态特征** 附生植物。茎下垂，细圆柱形，干后常呈淡褐色带污黑。叶 2 列互生于整个茎上，狭卵状披针形，长 8 ~ 13 cm，宽 1.2 ~ 2.5 cm；叶鞘常具紫红色斑点。总状花序出自落叶的老茎上，具 1 ~ 2 朵花；中萼片白色，卵状披针形，长约 2.5 cm，宽 9 mm；侧萼片与中萼片同色；萼囊近球形，长约 4 mm；花瓣与萼片同色，卵形，边缘具短流苏；唇瓣白色，前部紫红色，中部以下两侧具紫红色条纹，近圆形，长 3 cm，边缘具复式流苏；唇盘两侧各具 1 个黄色斑块；蕊柱白色，长约 3 mm，前面两侧具紫红色条纹；药帽近圆锥形，密布细乳突。

▶**花 果 期** 花期 4—5 月。

▶**分 布** 广西（隆林）、贵州（兴义、罗甸）、云南（勐腊、勐海、河口、凤庆、澜沧、镇康、漾濞、盈江）、西藏（墨脱）；不丹、印度、缅甸、泰国、越南。

▶**生 境** 生于海拔 1850 m 的山地密林中树干上。

▶**用 途** 药用和观赏。

▶**致危因素** 生境破碎化或丧失、过度采集、自然种群过小。

黄花石斛

（兰科　Orchidaceae）

Dendrobium dixanthum Rchb.f.

国家重点保护级别	CITES 附录	IUCN 红色名录
二级	附录 II	濒危（EN）

▶**形态特征**　附生植物。茎细圆柱形。叶革质，卵状披针形，长 8~11(~13) cm，宽约 1 cm。总状花序从落了叶的茎上发出，具 2~5 朵花；花序柄纤细；花梗和子房纤细，长约 2 cm；花黄色；中萼片长圆状披针形；侧萼片与中萼片相似；萼囊近圆筒形，长 4 mm；花瓣近长圆形，长 2.3 cm，宽 1 cm；唇瓣深黄色，基部两侧具紫红色条纹，上面密布短毛；蕊柱长5 mm；药帽圆锥形，密布细乳突。

▶**花 果 期**　花期 3 月，果期 7 月。

▶**分　　布**　云南（勐腊、景洪、思茅）；缅甸、泰国、老挝。

▶**生　　境**　生于海拔 800~1200 m 的山地林中树干上。

▶**用　　途**　药用和观赏。

▶**致危因素**　生境破碎化或丧失、过度采集、自然种群过小。

反瓣石斛

Dendrobium ellipsophyllum Tang & F.T.Wang

（兰科　Orchidaceae）

国家重点保护级别	CITES 附录	IUCN 红色名录
二级	附录 II	濒危（EN）

▶**形态特征**　附生植物。茎上下等粗，具纵条棱，被叶鞘所包裹。叶 2 列，舌状披针形，长 4～5 cm，宽 15～19 mm，先端不等侧 2 裂。花白色，常单朵从具叶的老茎上部发出，与叶对生；中萼片反卷，卵状长圆形；侧萼片反卷，长圆状披针形；萼囊角状；花瓣反卷，狭披针形；唇瓣肉质，3 裂，沿中轴线多少下弯而折叠；侧裂片小，三角形，长约 2 mm；中裂片较大，近横长圆形或圆形，长 10 mm，宽约 15 mm，先端近截形而具宽凹缺，唇盘中部以上黄色，中央具 3 条褐紫色的龙骨脊。

▶**花 果 期**　花期 6 月。

▶**分　　布**　云南（勐腊、勐海）；缅甸、老挝、柬埔寨、越南、泰国。

▶**生　　境**　生于海拔 1100 m 的山地阔叶林中树干上。

▶**用　　途**　药用和观赏。

▶**致危因素**　生境破碎化或丧失、过度采集、自然种群过小。

燕石斛

Dendrobium equitans Kraenl.

国家重点保护级别	CITES 附录	IUCN 红色名录
二级	附录 II	极危（CR）

▶**形态特征**　附生植物。茎扁圆柱形，基部 1~2 个节间膨大呈纺锤形。叶两侧压扁呈匕首状或短狭的剑状，长 4~7 cm，宽 3~4 mm，基部具紧抱于茎的肉质鞘，与鞘相连接处具 1 个关节。花单朵，侧生于茎的上端，乳白色；中萼片卵状披针形；侧萼片斜卵状披针形，与中萼片近等长；萼囊角状；花瓣倒卵状披针形，与中萼片近等大；唇瓣倒卵形，长约 18 mm，基部楔形，中部以上 3 裂；侧裂片近倒半卵形；中裂片近圆形或横长圆形，边缘撕裂状或流苏状，唇盘中央黄色并且密布细乳突状毛；蕊柱长约 2 mm。

▶**花 果 期**　花期 6—9 月。

▶**分　　布**　台湾（兰屿岛）。

▶**生　　境**　生于海拔 100~300 m 的林中树干上。

▶**用　　途**　药用和观赏。

▶**致危因素**　生境破碎化或丧失、过度采集、自然种群过小。

景洪石斛

Dendrobium exile Schltr.

（兰科　Orchidaceae）

国家重点保护级别	CITES 附录	IUCN 红色名录
二级	附录 II	易危（VU）

▶**形态特征**　附生植物。茎多少木质化，上部常分枝，基部 2～3 个节间膨大呈纺锤形；膨大部分的茎肉质，具 4 个棱。叶扁压状圆柱形。花序具单花。花白色，萼片和花瓣近披针形，先端长渐尖；中萼片长 1.7 cm，宽约 2.5 mm；侧萼片蕊柱足形成角状的萼囊；萼囊长约 1 cm，末端急尖；唇瓣基部楔形，中部以上 3 裂；侧裂片斜半卵状三角；中裂片狭长圆形；唇盘黄色，被稀疏的长柔毛，从基部至先端纵贯 3 条龙骨脊；蕊柱长 2 mm，蕊柱足近基部具 1 个胼胝体；药帽圆锥形。

▶**花 果 期**　花期 10—11 月，果期 11—12 月。

▶**分　　布**　云南（景洪、勐腊）；越南、泰国。

▶**生　　境**　生于海拔 600～800 m 的疏林中树干上。

▶**用　　途**　观赏。

▶**致危因素**　生境破碎化或丧失、过度采集、自然种群过小。

串珠石斛

（兰科　Orchidaceae）

Dendrobium falconeri Hook.

国家重点保护级别	CITES 附录	IUCN 红色名录
二级	附录 II	易危（VU）

▶**形态特征**　附生植物。茎悬垂，近中部的节间常膨大，多分枝，分枝节上膨大呈念珠状。叶狭披针形，长 5 ~ 7 cm，宽 0.3 ~ 0.7 cm。花单朵侧生；花萼片淡紫色，花瓣和唇瓣白色带紫色先端；中萼片卵状披针形，长 30 ~ 36 mm，宽 7 ~ 8 mm；侧萼片卵状披针形，与中萼片等大；花瓣卵状菱形，长 29 ~ 33 mm，宽 14 ~ 16 mm；唇瓣卵状菱形，边缘具细锯齿，基部两侧黄色；唇盘具 1 深紫色斑块，上面密布短毛；蕊柱长 2 mm。

▶**花 果 期**　花期 5—6 月，果期未知。

▶**分　　布**　湖南、台湾、广西、云南；印度、不丹、缅甸、泰国。

▶**生　　境**　生于海拔 800 ~ 1900 m 的林中树上。

▶**用　　途**　观赏和药用。

▶**致危因素**　生境破坏、过度采集。

梵净山石斛

Dendrobium fanjingshanense Z.H.Tsi ex X.H.Jin & Y.W.Zhang

国家重点保护级别	CITES 附录	IUCN 红色名录
二级	附录 II	濒危（EN）

▶**形态特征**　附生植物。茎丛生，干后淡黄色带污黑色。叶矩圆形至披针形，长 2 ~ 5 cm，宽 5 ~ 15 mm。总状花序从老茎上部发出，具 1 ~ 2 朵花；花被片反卷，边缘波状，橙黄色；中萼片长圆形，长约 2 cm，宽 6 ~ 7 mm；侧萼片卵形至披针形；萼囊倒圆锥形，0.8 cm；花瓣近椭圆形；唇瓣长约 2 cm，唇盘中央具 1 大的扇形斑块，密布短毛，不明显 3 裂；侧裂片半圆形，两侧裂片间具 1 条淡紫色的胼胝体；中裂片卵形，长约 1 cm，具 1 条脊突；蕊柱长约 3 mm。

▶**花 果 期**　花期 5—6 月。

▶**分　　布**　福建（武夷山）、浙江（九龙山）、贵州（江口）。

▶**生　　境**　生于海拔 800 ~ 1500 m 的山地阔叶林中树干上或林下岩石上。

▶**用　　途**　药用和观赏。

▶**致危因素**　生境破碎化或丧失、过度采集、自然种群过小。

单叶厚唇兰

（兰科　Orchidaceae）

Dendrobium fargesii Finet

国家重点保护级别	CITES 附录	IUCN 红色名录
二级	附录 II	

▶**形态特征**　附生植物。根状茎密被栗色筒状鞘。假鳞茎斜立，中部以下贴伏根状茎，长约 1 cm，顶生 1 枚叶。叶厚革质，卵形或宽卵状椭圆形，长 1 ~ 2.3 cm，宽 7 ~ 11 mm，先端中央凹入。花序生假鳞茎顶端，单花；萼片和花瓣淡粉红色；中萼片卵形，长约 1 cm，宽 6 mm；侧萼片斜卵状披针形，长约 1.5 cm，宽 6 mm，基部贴生蕊柱足形成萼囊；花瓣卵状披针形；唇瓣几乎白色，小提琴状，长约 2 cm，前后唇等宽；后唇两侧直立；前唇伸展，近肾形，先端深凹；唇盘具 2 条纵向的龙骨脊。

▶**花 果 期**　花期 4—5 月，果期未知。

▶**分　　布**　安徽(祁门)、浙江(缙云、乐清)、江西(井冈山)、福建(宁化)、台湾(台东)、湖北(恩施、鹤峰)、湖南(宜章)、广东(饶平、信宜、乐昌)、广西(上思、横县、龙胜、临桂、贺县、金秀)、四川(万源、城口、越西、石柱、青川、南川)、云南；不丹、印度、泰国。

▶**生　　境**　生于海拔 400 ~ 2400 m 的沟谷岩石上或山地林中树干上。

▶**用　　途**　药用和观赏。

▶**致危因素**　生境破碎化或丧失、过度采集、自然种群过小。

流苏石斛

（兰科　Orchidaceae）

Dendrobium fimbriatum Hook.

国家重点保护级别	CITES 附录	IUCN 红色名录
二级	附录 II	易危（VU）

▶**形态特征**　附生植物。茎粗壮，质地硬。叶 2 列，革质，长圆形或长圆状披针形，长 8 ~ 15.5 cm，宽 2 ~ 3.6 cm。总状花序疏生 6 ~ 12 朵花；花金黄色；中萼片长圆形，长 1.3 ~ 1.8 cm，宽 6 ~ 8 mm；侧萼片卵状披针形；萼囊近圆形；花瓣长圆状椭圆形；唇瓣近圆形，基部两侧具紫红色条纹，边缘具复流苏，唇盘具 1 个新月形横生的深紫色斑块，上面密布短茸毛；蕊柱长约 2 mm，蕊柱足长约 4 mm；药帽黄色，圆锥形，光滑。

▶**花 果 期**　花期 4—6 月。

▶**分　　布**　广西（天峨、凌云、田林、龙州、天等、隆林、东兰、武鸣、靖西、南丹）、贵州（罗甸、兴义、独山）、云南（西畴、蒙自、石屏、富民、思茅、勐海、沧源、镇康）；印度、尼泊尔、不丹、缅甸、泰国、越南。

▶**生　　境**　生于海拔 600 ~ 1700 m 的密林中树干上或山谷阴湿岩石上。

▶**用　　途**　药用和观赏。

▶**致危因素**　生境破碎化或丧失、过度采集、自然种群过小。

棒节石斛

（兰科　Orchidaceae）

Dendrobium findlayanum C.S.P.Parish & Rchb.f.

国家重点保护级别	CITES 附录	IUCN 红色名录
二级	附录 II	濒危（EN）

▶**形态特征**　附生植物。茎节间扁棒状或棒状，长 3～3.5 cm。叶革质，互生于茎的上部，披针形，长 5.5～8 cm，宽 1.3～2 cm；总状花序从老茎上部发出，具 2 朵花；花梗和子房淡玫瑰色；花白色带玫瑰色先端；中萼片长圆状披针形；侧萼片卵状披针形，长 3.5～3.7 cm，宽 9 mm；萼囊近圆筒形；花瓣宽长圆形，长 3.5～3.7 cm，宽 1.8 cm；唇瓣近圆形，先端锐尖带玫瑰色，基部两侧具紫红色条纹；唇盘中央金黄色，密布短柔毛；蕊柱长约 8 mm；药帽白色，顶端圆钝。

▶**花 果 期**　花期 3 月，果期未知。

▶**分　　布**　云南（勐腊）；缅甸、泰国、老挝。

▶**生　　境**　生于海拔 800～900 m 的山地疏林中树干上。

▶**用　　途**　药用和观赏。

▶**致危因素**　生境破碎化或丧失、过度采集、自然种群过小。

曲茎石斛

Dendrobium flexicaule Z.H.Tsi , S.C.Sun & L.G.Xu

国家重点保护级别	CITES 附录	IUCN 红色名录
一级	附录 II	极危（CR）

▶**形态特征**　附生植物。茎圆柱形，稍回折状弯曲，长 6～11 cm。叶 2～4 枚，2 列，近革质，长圆状披针形，长约 3 cm，宽 7～10 mm。花序从老茎上部发出，具 1～2 朵花；中萼片长圆形；侧萼片斜卵状披针形，与中萼片等长而较宽；萼囊圆锥形；花瓣椭圆形，长约 25 mm，中部宽 13 mm；唇瓣淡黄色，宽卵形，长 17 mm，宽 14 mm，上面密布短茸毛，唇盘中部前方具 1 个大的紫色扇形斑块，其后具 1 个黄色的马鞍形胼胝体；蕊柱足长约 10 mm，中部具 2 个圆形紫色斑块并且疏生上叉状毛，末端形成强烈增厚的关节；药帽近菱形，顶端深 2 裂。

▶**花 果 期**　花期 5 月。

▶**分　　布**　湖北（神农架地区）、湖南（衡山）、四川（甘洛）、重庆、河南。

▶**生　　境**　生于海拔 1200～2000 m 的山谷岩石上。

▶**用　　途**　药用和观赏。

▶**致危因素**　生境破碎化或丧失、过度采集、自然种群过小。

双花石斛

Dendrobium furcatopedicellatum Hayata

国家重点保护级别	CITES 附录	IUCN 红色名录
二级	附录 II	

▶**形态特征**　附生植物。茎圆柱形，上部互生叶。叶线形，长约 11 cm，宽 4 mm。伞状花序侧生，具 2 朵花，与茎交成 90° 向外伸展；花稍张开，淡黄色；萼片在中部两侧具紫色斑点，狭披针形，长约 3 cm，基部宽 3.5 mm，先端丝状卷曲；萼囊长约 5 mm，多少有弯曲；花瓣与萼片等长；唇瓣 3 裂，侧裂片小，直立，先端钝；中裂片较大，三角状披针形，长 1~1.5 cm，先端反卷，边缘具流苏状的齿，唇盘被短柔毛。

▶**花　果　期**　花期 5 月。

▶**分　　　布**　台湾（中部和南部）。

▶**生　　　境**　生于山地林中。

▶**用　　　途**　药用和观赏。

▶**致危因素**　生境破碎化或丧失、过度采集、自然种群过小。

景东厚唇兰

Dendrobium fuscescens Griff.

（兰科　Orchidaceae）

国家重点保护级别	CITES 附录	IUCN 红色名录
二级	附录 II	濒危（EN）

▶**形态特征**　附生植物。根状茎常分枝。假鳞茎在根状茎上疏生，彼此相距 4 ~ 6 cm，狭卵形，顶生 2 枚叶。叶革质，长圆形，长 3 ~ 6.5 cm，宽 1 ~ 1.9 cm。花序顶生于假鳞茎，具单朵花。花淡褐色。中萼片卵状披针形，长 25 ~ 30 mm，中部宽 5 mm，先端长渐尖。侧萼片镰刀状披针形，先端渐尖呈尾状。花瓣狭长圆形或线形，先端渐尖呈尾状。唇瓣卵状长圆形，长 15 mm；侧裂片直立，近长圆形；中裂片椭圆形，长 12 mm，宽约 6 mm，先端通常具钩曲的芒；唇盘在两侧裂片之间具 3 条褶片，中央 1 条较短。蕊柱具长约 9 mm 的蕊柱足。

▶**花 果 期**　花期 10 月。

▶**分　　布**　广西（靖西）、云南（景东、腾冲）、西藏（墨脱）；印度。

▶**生　　境**　生于海拔 1800 ~ 2100 m 的山谷阴湿岩石上。

▶**用　　途**　药用和观赏。

▶**致危因素**　生境破碎化或丧失、过度采集、自然种群过小。

高黎贡厚唇兰

Dendrobium gaoligongense (Hong Yu & S.G.Zhang) Schuit. & P.B.Adams

国家重点保护级别	CITES 附录	IUCN 红色名录
二级	附录 II	濒危（EN）

▶**形态特征** 附生植物。根状茎匍匐，具分枝。假鳞茎狭卵形，顶生 2 枚叶。叶片卵状椭圆形，长 2.5 ~ 7 cm，宽 1.2 ~ 2.8 cm。花序生于假鳞茎顶端，具 1 朵花。花黄绿色，具紫红色斑点。中萼片披针形，长 18 ~ 23 mm，宽 5 ~ 6 mm；侧萼片偏斜的卵状披针形，长 15 ~ 19 mm。花瓣线状披针形，长 15 ~ 21 mm，宽 1.5 ~ 2 mm；唇瓣卵圆形，长 10 ~ 15 mm，宽 14 ~ 20 mm，3 裂，侧裂片直立，卵形；中裂片宽卵形，长 8 ~ 10 mm；唇盘上具 3 条纵脊。

▶**花 果 期** 花期 7 ~ 9 月。

▶**分　　布** 云南（福贡）。

▶**生　　境** 生于海拔 2400 ~ 2600 m 的林中树上或林下阴湿的岩石上。

▶**用　　途** 药用和观赏。

▶**致危因素** 生境破碎化或丧失、过度采集、自然种群过小。

曲轴石斛

（兰科　Orchidaceae）

Dendrobium gibsonii Lindl.

国家重点保护级别	CITES 附录	IUCN 红色名录
二级	附录 II	濒危（EN）

▶**形态特征**　附生植物。茎质地硬，圆柱形；节间具纵槽。叶革质，2 列互生，长圆形或近披针形，长 10～15 cm，宽 2.5～3.5 cm。总状花序出自老茎上部，常下垂；花序轴常折曲。花橘黄色，开展。中萼片椭圆形，长 1.4～1.6 cm，宽 10～11 mm，先端钝；侧萼片长圆形；萼囊近球形。花瓣近椭圆形，长 1.4～1.6 cm，宽 8～9 mm。唇瓣近肾形，长 1.5 cm，宽 1.7 cm；唇盘两侧各具 1 个圆形栗色或深紫色斑块，上面密布细乳突状毛，边缘具短流苏足。药帽淡黄色，近半球形。

▶**花果期**　花期 6—7 月。

▶**分　布**　广西（凌云）、云南（文山、蒙自、思茅、勐腊、景洪）；尼泊尔、不丹、印度东北部、缅甸、泰国。

▶**生　境**　生于海拔 800～1000 m 的山地疏林中树干上。

▶**用　途**　药用和观赏。

▶**致危因素**　生境破碎化或丧失、过度采集、自然种群过小。

红花石斛

Dendrobium goldschmidtianum Kraenzl.

国家重点保护级别	CITES 附录	IUCN 红色名录
二级	附录 II	

▶**形态特征**　附生植物。茎直立或悬垂，节间倒圆锥状圆柱形。叶披针形或卵状披针形，长 6～10 cm，宽 1.2～2 cm；叶鞘绿色带紫红色。总状花序出自老茎，呈簇生状，密生 6～10 朵花；花梗和子房褐绿色；花鲜红色；中萼片椭圆形，长约 1 cm，宽 5 mm；侧萼片斜卵形，与中萼片等大；萼囊狭圆锥形；花瓣斜倒卵状长圆形；唇瓣匙形，长 1.5～2.2 cm，宽 7～8.5 mm，基部具狭的爪；蕊柱黄色，长约 2 mm；蕊柱足黄绿色，长约 1 cm；药帽黄色，圆锥形，前端边缘具细乳突状毛。

▶**花 果 期**　花期 3—11 月，常不定时开放。

▶**分　　布**　台湾（兰屿岛）；菲律宾。

▶**生　　境**　未知。

▶**用　　途**　药用和观赏。

▶**致危因素**　生境破碎化或丧失、过度采集、自然种群过小。

杯鞘石斛

（兰科　Orchidaceae）

Dendrobium gratiosissimum Rchb.f.

国家重点保护级别	CITES 附录	IUCN 红色名录
二级	附录 II	易危（VU）

▶**形态特征**　附生植物。茎悬垂，肉质，圆柱形。叶长圆形，长 8 ~ 11 cm，宽 15 ~ 18 mm。总状花序从老茎上部发出，具 1 ~ 2 朵花；花白色带淡紫色先端；中萼片卵状披针形，长 2.3 ~ 2.5 cm，宽 7 ~ 8 mm；侧萼片与中萼片近圆形；萼囊近球形；花瓣斜卵形，长 2.3 ~ 2.5 cm，宽 1.3 ~ 1.4 cm；唇瓣近宽倒卵形，长 2.3 cm，宽 2 cm，两侧具多数紫红色条纹，唇盘中央具 1 个淡黄色横生的半月形斑块；蕊柱白色，长约 4 mm；药帽白色，近圆锥形，密生细乳突，前端边缘具不整齐的齿。

▶**花 果 期**　花期 4—5 月，果期 6—7 月。

▶**分　　布**　云南（勐腊、勐海、景洪、思茅、澜沧）；印度、缅甸、泰国、老挝、越南。

▶**生　　境**　生于海拔 800 ~ 1700 m 的山地疏林中树干上。

▶**用　　途**　药用和观赏。

▶**致危因素**　生境破碎化或丧失、过度采集、自然种群过小。

海南石斛

（兰科　Orchidaceae）

Dendrobium hainanense Rolfe

国家重点保护级别	CITES 附录	IUCN 红色名录
二级	附录 II	易危（VU）

▶**形态特征**　附生植物。茎质地硬，扁圆柱形。叶厚肉质，2 列互生，半圆柱形，长 2 ~ 2.5 cm，宽 1 ~ 2（~ 3）mm，先端钝，中部以上向外弯。花小，白色，单生于落了叶的茎上部；中萼片卵形，长 3.3 ~ 4 mm，宽 2.5 mm；侧萼片卵状三角形，长 3.3 ~ 4 mm，宽 3.5 mm，基部十分歪斜；萼囊长约 10 mm；花瓣狭长圆形，长 3.3 ~ 4 mm，宽约 1 mm；唇瓣倒卵状三角形，长约 1.5 cm，先端凹缺，前端边缘波状，唇盘中央具 3 条较粗的脉纹从基部到达中部；蕊柱具长约 1 cm 的蕊柱足。

▶**花 果 期**　花期 9—10 月，果期未知。

▶**分　　布**　香港、海南（三亚市、陵水、琼中、昌江、白沙、定安）；泰国、越南。

▶**生　　境**　生于海拔 1000 ~ 1700 m 的山地阔叶林中树干上。

▶**用　　途**　药用和观赏。

▶**致危因素**　生境破碎化或丧失、过度采集、自然种群过小。

细叶石斛

Dendrobium hancockii Rolfe

国家重点保护级别	CITES 附录	IUCN 红色名录
二级	附录 II	濒危（EN）

▶**形态特征** 附生植物。茎质地较硬，通常分枝，具纵槽或条棱。叶通常 3 ~ 6 枚，互生于主茎和分枝的上部，狭长圆形，长 3 ~ 10 cm，宽 3 ~ 6 mm，先端钝并且不等侧 2 裂。总状花序长具 1 ~ 2 朵花；花金黄色，仅唇瓣侧裂片内侧具少数红色条纹；中萼片卵状椭圆形；侧萼片卵状披针形；花瓣斜倒卵形或近椭圆形；唇瓣长宽相等，1 ~ 2 cm，基部具 1 个胼胝体，中部 3 裂；侧裂片近半圆形，先端圆形；中裂片近扁圆形或肾状圆形；唇盘通常浅绿色，密布短乳突状毛；蕊柱长约 5 mm；蕊柱齿近三角形；药帽斜圆锥形，前面具 3 条脊。

▶**花 果 期** 花期 5—6 月。

▶**分 布** 陕西（山阳、宁陕）、甘肃（徽县、武都）、河南（西峡、南召、灵宝）、湖北（兴山、利川）、湖南（炎陵）、广西（隆林）、四川（天全、泸定、布拖、城口）、贵州（兴义、罗甸、望谟、贞丰）、云南（富民、石屏、蒙自）。

▶**生 境** 生于海拔 700 ~ 1500 m 的山地林中树干上或山谷岩石上。

▶**用 途** 药用和观赏。

▶**致危因素** 生境破碎化或丧失、过度采集、自然种群过小。

苏瓣石斛

（兰科　Orchidaceae）

Dendrobium harveyanum Rchb.f.

国家重点保护级别	CITES 附录	IUCN 红色名录
二级	附录 II	濒危（EN）

▶**形态特征**　附生植物。茎纺锤形，质地硬，具多数扭曲的纵条棱。叶革质，长圆形或狭卵状长圆形，长 10.5 ~ 12.5 cm，宽 1.6 ~ 2.6 cm。总状花序纤细，下垂，疏生少数花；花金黄色；中萼片披针形，长 12 mm，宽 5 ~ 6 mm；侧萼片卵状披针形，长 12 mm，宽 7 mm；萼囊近球形；花瓣长圆形，长 12 mm，宽 7 mm，边缘密生长流苏；唇瓣近圆形，宽约 2 cm，基部收狭为短爪，边缘具复式流苏，唇盘密布短茸毛；蕊柱长约 4 mm；药帽近圆锥形，前端边缘具不整齐的齿。

▶**花 果 期**　花期 3—4 月。

▶**分　　布**　云南（勐腊）；缅甸、泰国、越南。

▶**生　　境**　生于海拔 1100 ~ 1700 m 的疏林中树干上。

▶**用　　途**　药用和观赏。

▶**致危因素**　生境破碎化或丧失、过度采集、自然种群过小。

河口石斛

（兰科　Orchidaceae）

Dendrobium hekouense Z.J.Liu & L.J.Chen

国家重点保护级别	CITES 附录	IUCN 红色名录
二级	附录 II	

▶**形态特征**　附生植物，矮小植物。茎聚生，近椭圆状，长 6 ~ 12 mm，宽 4 ~ 6 mm。叶狭椭圆形至长圆形椭圆形，长 1.1 ~ 1.8 cm，宽 3.5 ~ 6 mm。总状花序从假鳞茎基部长出，具 1 朵花。花瓣和萼片白色，唇瓣白色，唇盘和侧裂片密布深红色斑点；中萼片宽卵形，长 7 ~ 7.5 mm，宽 5.5 ~ 6 mm；侧萼

片斜卵状三角形；萼囊圆柱形；花瓣倒卵形至椭圆形；唇瓣密被毛，3 裂；侧裂片长三角形，长 1.3 ~ 1.4 cm，宽 5 ~ 5.5 mm；中裂片肾形，长 3.5 ~ 4 mm，宽 7 ~ 7.5 mm，先端浅 2 裂；蕊柱长约 1 mm，蕊柱足长 1.3 ~ 1.4 cm；药帽圆锥形。

▶**花 果 期**　花期 8 月。

▶**分　　布**　云南（河口）；越南。

▶**生　　境**　生于海拔 1000 m 的树干上。

▶**用　　途**　药用和观赏。

▶**致危因素**　生境破碎化或丧失、过度采集、自然种群过小。

河南石斛

（兰科　Orchidaceae）

Dendrobium henanense J.L.Lu & L.X.Gao

国家重点保护级别	CITES 附录	IUCN 红色名录
二级	附录 II	濒危（EN）

▶形态特征。附生植物。茎长 3 ~ 8 cm。叶革质，矩圆形披针形。总状花序从老茎上部发出，具 1 ~ 2 朵花；花苞片浅白色带栗色斑块。花白色；中萼片矩圆状椭圆形，长 10 ~ 16 mm，宽 3 ~ 5 mm；侧萼片略短于中萼片；花瓣矩圆形，长 9 ~ 14 mm，宽 3 ~ 5 mm；唇瓣近卵形至菱形，长和宽约相等，基部具 1 个黄色胼胝体，长约 11 mm；中裂片卵形至三角形，被短茸毛；唇盘具 1 个紫色斑块；蕊柱具长 8 mm 的蕊柱足；蕊柱足基部密生长白毛；药帽半球形。

▶花　果　期　花期 5—6 月。

▶分　　布　河南（灵宝、西峡、南召）、贵州（江口）、广西（金秀）。

▶生　　境　生于海拔 700 ~ 1400 m 的林中。

▶用　　途　药用和观赏。

▶致危因素　生境破碎化或丧失、过度采集、自然种群过小。

疏花石斛

Dendrobium henryi Schltr.

国家重点保护级别	CITES 附录	IUCN 红色名录
二级	附录 II	濒危（EN）

▶**形态特征**　附生植物。茎圆柱形。叶 2 列，长圆形或长圆状披针形，长 8.5 ~ 11 cm，宽 1.7 ~ 3 cm。总状花序出自老茎中部，具 1 ~ 2 朵花；花序柄几乎与茎交成直角而伸展；花梗和子房长约 2 cm；花金黄色；中萼片卵状长圆形，长 2.3 ~ 3 cm，宽 10 ~ 12 mm；侧萼片卵状披针形，长 2.3 ~ 3 cm，宽 10 ~ 12 mm；萼囊宽圆锥形；花瓣稍斜宽卵形；唇瓣近圆形，长 2 ~ 3 cm，两侧围抱蕊柱，边缘具不整齐的细齿；唇盘密布细乳突；药帽圆锥形，长约 2 mm，密布细乳突，前端边缘多少具不整齐的细齿。

▶**花 果 期**　花期 6—9 月。

▶**分　　布**　湖南（江永）、广西（马山、上林、罗城、融水）、贵州（兴义）、云南东（西畴、屏边、蒙自、河口、思茅、勐海）；泰国、越南。

▶**生　　境**　生于海拔 600 ~ 1700 m 的山地林中树干上或山谷阴湿岩石上。

▶**用　　途**　药用和观赏。

▶**致危因素**　生境破碎化或丧失、过度采集、自然种群过小。

重唇石斛

Dendrobium hercoglossum Rchb.f.

国家重点保护级别	CITES 附录	IUCN 红色名录
二级	附录 II	

▶**形态特征**　附生植物。茎下垂。叶薄革质，狭长圆形或长圆状披针形，先端钝并且不等侧。总状花序从落了叶的老茎上发出，常具 2 ~ 3 朵花；花开展，萼片和花瓣淡粉红色；中萼片卵状长圆形，长 1.3 ~ 1.8 cm，宽 5 ~ 8 mm；侧萼片稍斜卵状披针形；花瓣倒卵状长圆形，长 1.2 ~ 1.5 cm，宽 4.5 ~ 7 mm；唇瓣白色，长约 1 cm；后唇半球形，前端密生短流苏，内面密生短毛；前唇淡，较小，三角形，急尖，无毛；蕊柱白色，长约 4 mm；蕊柱齿三角形；药帽紫色，半球形。

▶**花 果 期**　花期 5—6 月。

▶**分　　布**　安徽（霍山）、江西（全南）、湖南（江华）、广东（信宜）、海南（三亚、保亭、昌江）、广西（东兴、凌云、西林、龙胜、金秀、桂平、永福、阳朔、融水、平乐、南丹、隆林、马山）、贵州（兴义、罗甸、册亨）、云南（屏边、金平、文山）；泰国、老挝、越南、马来西亚。

▶**生　　境**　生于海拔 590 ~ 1260 m 的山地密林中树干上和山谷湿润岩石上。

▶**用　　途**　药用和观赏。

▶**致危因素**　生境破碎化或丧失、过度采集、自然种群过小。

尖刀唇石斛

（兰科 Orchidaceae）

Dendrobium heterocarpum Wall. ex Lindl.

国家重点保护级别	CITES 附录	IUCN 红色名录
二级	附录 II	易危（VU）

▶**形态特征** 附生植物。茎厚肉质，基部收狭，多少呈棒状，节多少膨大。叶革质，长圆状披针形。总状花序出自老茎上端，具 1～4 朵花；萼片和花瓣银白色或奶黄色；中萼片长圆形，长 2.7～3 cm；侧萼片斜卵状披针形；萼囊圆锥形；花瓣卵状长圆形，长 2.5～2.8 cm，宽 9～10 mm；唇瓣卵状披针形；侧裂片黄色带红色条纹，直立，中部向下反卷；中裂片银白色或奶黄色，上面密布红褐色短毛；蕊柱白色，长约 3 mm，具黄色的蕊柱足；药帽圆锥形，密布细乳突。

▶**花 果 期** 花期 3—4 月。

▶**分 布** 云南（勐腊、潞西、腾冲、镇康）；斯里兰卡、印度、尼泊尔、不丹、缅甸、泰国、老挝、越南、菲律宾、马来西亚、印度尼西亚。

▶**生 境** 生于海拔 1500～1750 m 的山地疏林中树干上。

▶**用 途** 药用和观赏。

▶**致危因素** 生境破碎化或丧失、过度采集、自然种群过小。

金耳石斛

（兰科　Orchidaceae）

Dendrobium hookerianum Lindl.

国家重点保护级别	CITES 附录	IUCN 红色名录
二级	附录 II	易危（VU）

▶**形态特征**　附生植物。茎质地硬。叶卵状披针形或长圆形，长 7 ~ 17 cm，宽 2 ~ 3.5 cm。总状花序出自老茎中部；花序柄通常与茎交成 90° 向外伸；花金黄色；中萼片椭圆状长圆形，长 2.4 ~ 3.5 cm，宽 9 ~ 16 cm；侧萼片长圆形，长 2.4 ~ 3.5 cm，宽 9 ~ 16 mm；花瓣长圆形，长 2.4 ~ 3.5 cm；唇瓣近圆形，宽 2 ~ 3 cm，边缘具复式流苏，上面密布短茸毛，唇盘两侧各具 1 个紫色斑块，爪上具 1 枚胼胝体；蕊柱长约 4 mm。

▶**花果期**　花期 7—9 月，果期未知。

▶**分　　布**　云南（贡山、腾冲）、西藏（墨脱、波密、林芝）；印度东部。

▶**生　　境**　生于海拔 1000 ~ 2300 m 的山谷岩石上或山地林中树干上。

▶**用　　途**　药用和观赏。

▶**致危因素**　生境破碎化或丧失、过度采集、自然种群过小。

霍山石斛

（兰科　Orchidaceae）

Dendrobium huoshanense C.Z.Tang & S.J.Cheng

国家重点保护级别	CITES 附录	IUCN 红色名录
一级	附录 II	极危（CR）

▶**形态特征**　附生植物。茎长 3 ~ 9 cm。叶革质，舌状长圆形。总状花序从老茎上部发出，具 1 ~ 2 朵花；花苞片浅白色带栗色斑块；花淡黄绿色；中萼片卵状披针形，长 12 ~ 14 mm，宽 4 ~ 5 mm；侧萼片镰状披针形，长 12 ~ 14 mm，宽 5 ~ 7 mm；花瓣卵状长圆形，长 12 ~ 15 mm，宽 6 ~ 7 mm；唇瓣近菱形，长和宽约相等，基部具 1 个胼胝体，两侧裂片之间密生短毛，近基部处密生长白毛；中裂片半圆状三角形，先端近钝尖，基部密生长白毛并且具 1 个黄色横椭圆形的斑块；蕊柱具长 7 mm 的蕊柱足；蕊柱足基部密生长白毛；药帽绿白色，近半球形，长 1.5 mm，顶端微凹。

▶**花　果　期**　花期 5 月，果期未知。

▶**分　　　布**　河南西南部（南召）、安徽西南部（霍山、岳西）、江西。

▶**生　　　境**　生于山地林中树干上和山谷岩石上。

▶**用　　　途**　药用和观赏。

▶**致危因素**　生境破碎化或丧失、过度采集、自然种群过小。

小黄花石斛

（兰科　Orchidaceae）

Dendrobium jenkinsii Wall. ex Lindl.

国家重点保护级别	CITES 附录	IUCN 红色名录
二级	附录 II	

▶**形态特征**　附生植物。茎假鳞茎状，卵形，压扁，具 2 ~ 3 节，1 叶。叶长 1 ~ 3 cm，宽 0.5 ~ 0.8 cm。总状花序，具 1 ~ 3 朵花；花黄橙色；中萼片长圆形椭圆形，长 10 ~ 12 mm，宽 5 ~ 6 mm；侧萼片狭卵形椭圆形；花瓣宽椭圆形，长 1 ~ 1.6 cm，宽 0.5 ~ 0.9 cm；唇瓣倒心形，长 1.5 ~ 2.2 cm；宽 1.7 ~ 2.8 cm，上面具短柔毛；蕊柱长约 6 mm。

▶**花 果 期**　花期 9—10 月，果期未知。

▶**分　　布**　云南（石屏、景洪、勐腊、勐海、沧源、澜沧）；不丹、印度东北部、缅甸、泰国、老挝。

▶**生　　境**　常生于海拔 700 ~ 1300 m 的疏林中树干上。

▶**用　　途**　药用和观赏。

▶**致危因素**　生境破碎化或丧失、过度采集、自然种群过小。

夹江石斛

（兰科　Orchidaceae）

Dendrobium jiajiangense Z.Y.Zhu , S.J.Zhu & H.B.Wang

国家重点保护级别	CITES 附录	IUCN 红色名录
二级	附录 II	

▶**形态特征**　附生植物。茎簇生。叶片线形或线状披针形，长 6~8 cm，宽 0.9~1.2 cm。花序生在老茎上；花金黄色，唇瓣基部紫色具条纹，花盘有时金黄色斑点，花药帽白色；中萼片长圆形或长椭圆形，长 24~26 mm，宽 10~11 mm；侧萼片短和窄；萼囊 3~4 mm 长；花瓣宽椭圆形或卵形；唇瓣宽卵形，长 17~21 mm，宽 21~22 mm，上面密被茸毛；蕊柱长 4~5 mm；药帽圆锥形。

▶**花 果 期**　花期 5 月，果期未知。

▶**分　　布**　四川（夹江）。

▶**生　　境**　未知。

▶**用　　途**　药用和观赏。

▶**致危因素**　生境破碎化或丧失。

广东石斛

（兰科　Orchidaceae）

Dendrobium kwangtungense Tso

国家重点保护级别	CITES 附录	IUCN 红色名录
二级	附录 II	极危（CR）

▶**形态特征**　附生植物。茎细圆柱形，干后淡黄色带污黑色。叶互生于茎的上部，长圆形，长 3 ~ 6 cm，宽 8 ~ 12（~ 15）mm。总状花序从老茎上部发出，具 1 ~ 2 朵花；花乳白色，唇瓣基部黄色；中萼片狭卵形至长圆状；侧萼片斜披针形；花瓣倒卵形至椭圆形，长 4.5 cm，宽 1 cm；唇瓣倒卵形，长约 3 cm，宽约 2 cm，中央具 1 个被毛胼胝体；蕊柱长 3 ~ 4 mm，蕊柱足长约 1 cm；药帽近半球形，密布细乳突；花粉块 4 个，2 对。

▶**花　果　期**　花期 2—3 月。

▶**分　　　布**　广东（仁化）、云南（文山）、湖南。

▶**生　　　境**　生于海拔 1500 m 的林中树干上。

▶**用　　　途**　药用和观赏。

▶**致危因素**　数量过少。

广坝石斛

(兰科　Orchidaceae)

Dendrobium lagarum Seidenf.

国家重点保护级别	CITES 附录	IUCN 红色名录
二级	附录 II	易危（VU）

▶**形态特征**　茎多少木质化，丛生，基部 2～3 个节间膨大呈圆柱形；膨大部分的茎肉质，具 7～8 个棱，直径达 5 mm。叶圆柱形，长 3～5 cm。花序具 1～5 朵花。花白色；中萼片近披针形，长 9 mm，宽约 2.8 mm；侧萼片近三角形；萼囊长约 8 mm；花瓣近卵形至三角形；唇瓣基部楔形，中部以上 3 裂；中裂片近横椭圆形；唇盘被稀疏的长柔毛，纵贯 3 条龙骨脊。

▶**花 果 期**　花期 9—10 月，果期未知。

▶**分　　布**　海南（儋州）；越南。

▶**生　　境**　生于海拔 700～1100 m 石灰岩灌丛。

▶**用　　途**　药用和观赏。

▶**致危因素**　生境破碎化或丧失、自然种群过小。

菱唇石斛

（兰科　Orchidaceae）

Dendrobium leptocladum Hayata

国家重点保护级别	CITES 附录	IUCN 红色名录
二级	附录 II	濒危（EN）

▶**形态特征**　茎下垂，细圆柱形，通常分枝。叶线形或禾叶状。花序出自落了叶的茎下部，具 1 ~ 2 朵花；花梗和子房长 6 ~ 10 mm；花雪白色；中萼片椭圆形，长约 12 mm，宽 4 mm；侧萼片斜卵状披针形，宽 4 ~ 6 mm；萼囊狭长；花瓣狭椭圆形，长 12 mm，宽 3.5 mm；唇瓣菱形，不明显 3 裂，长 14 ~ 15 mm，宽 7 ~ 8 mm，上面中部以上被卷曲毛，唇盘中央具 1 条纵向扁平的厚脊；蕊柱长 1 mm，具 5 mm 长的蕊柱足。

▶**花 果 期**　花期 9—10 月，果期未知。

▶**分　　布**　台湾（台东、南投）；越南。

▶**生　　境**　生于海拔 600 ~ 1600 m 的山地林中树干上或山谷岩壁上。

▶**用　　途**　药用和观赏。

▶**致危因素**　生境破碎化或丧失、过度采集、自然种群过小。

矩唇石斛

（兰科　Orchidaceae）

Dendrobium linawianum Rchb.f.

国家重点保护级别	CITES 附录	IUCN 红色名录
二级	附录 II	濒危（EN）

▶**形态特征**　茎稍扁圆柱形；节间稍呈倒圆锥形。叶长圆形，长 4 ~ 10 cm，宽 2 ~ 2.5 cm。总状花序从老茎上部发出，具 2 ~ 4 朵花；花白色，有时上部紫红色，开展；中萼片长圆形，长 2.2 ~ 3.5 cm，宽 7.5 ~ 9.5 mm；侧萼片斜长圆形；花瓣椭圆形，长 2.2 ~ 3.5 cm，比萼片宽得多；唇瓣白色，上部紫红色，宽长圆形；唇盘基部两侧各具 1 条紫红色带，上面密布短茸毛；蕊柱具长约 8 mm 的蕊柱足；药帽白色，无毛。

▶**花 果 期**　花期 4—5 月。

▶**分　　布**　台湾(乌来、福山、南庄)、广西(金秀)。

▶**生　　境**　生于海拔 400 ~ 1500 m 的山地林中树干上。

▶**用　　途**　药用和观赏。

▶**致危因素**　生境破碎化或丧失、过度采集、自然种群过小。

313

聚石斛

（兰科 Orchidaceae）

Dendrobium lindleyi Steud.

国家重点保护级别	CITES 附录	IUCN 红色名录
二级	附录 II	

▶**形态特征** 茎假鳞茎状，密集或丛生，多少两侧压扁状，纺锤形或卵状长圆形，长 1～5 cm，粗 5～15 mm，顶生 1 枚叶。叶革质，长圆形，长 3～8 cm，宽 6～30 mm。总状花序从茎上端发出，比茎长。花橘黄色；中萼片卵状披针形，长约 2 cm，宽 7～8 mm；萼囊近球形；花瓣宽椭圆形，长 2 cm，宽 1 cm；唇瓣横长圆形或近肾形，通常长约 1.5 cm，宽 2 cm；唇盘在中部以下密被短柔毛；药帽半球形，光滑，前端边缘不整齐。

▶**花 果 期** 花期 4—5 月。

▶**分 布** 广东（信宜、恩平、罗浮山）、香港、海南（三亚市、陵水、白沙、琼中、澄迈）、广西（西林、大新、龙州、田林、靖田、博白、玉林、百色）、贵州西南部（册亨）；不丹、印度、缅甸、泰国、老挝、越南。

▶**生 境** 生于海拔 1000 m 的阳光充裕的疏林中树干上。

▶**用 途** 药用和观赏。

▶**致危因素** 生境破碎化或丧失、过度采集、自然种群过小。

喇叭唇石斛

（兰科　Orchidaceae）

Dendrobium lituiflorum Lindl.

国家重点保护级别	CITES 附录	IUCN 红色名录
二级	附录 II	极危（CR）

▶**形态特征**　附生植物。茎下垂。叶狭长圆形，长 7.5 ~ 18 cm，宽 12 ~ 15 mm。总状花序出自老茎上，每个 1 ~ 2 朵花。花序柄几乎与茎交成直角；花紫色；中萼片长圆状披针形，长 3.5 cm，宽 7 mm；侧萼片相似于中萼片等大；萼囊近球形；花瓣近椭圆形，长约 4 cm，宽 1.5 cm；唇瓣周边为紫色，内面有 1 条白色环带围绕的深紫色斑块，近倒卵形，中部以下两侧围抱蕊柱而形成喇叭形，上面密布短毛；蕊柱长 4 mm；药帽圆锥形，顶端多少平截而凹陷。

▶**花 果 期**　花期 3 月。

▶**分　　布**　广西（德保、靖西、田林）、云南（镇康）；印度、缅甸、泰国、老挝。

▶**生　　境**　生于海拔 800 ~ 1600 m 的山地阔叶林中树干上。

▶**用　　途**　药用和观赏。

▶**致危因素**　生境破碎化或丧失、过度采集、自然种群过小。

美花石斛

Dendrobium loddigesii Rolfe

国家重点保护级别	CITES 附录	IUCN 红色名录
二级	附录 II	易危（VU）

▶**形态特征**　附生植物。茎柔弱，常下垂，细圆柱形。叶 2 列，互生于整个茎上，长圆状披针形或稍斜长圆形，通常长 2～4 cm，宽 1～1.3 cm。花白色或紫红色，每束 1～2 朵侧生于老茎上部；中萼片卵状长圆形，长 1.7～2 cm，宽约 7 mm；侧萼片披针形，长 1.7～2 cm，宽 6～7 mm；花瓣椭圆形；唇瓣近圆形，直径 1.7～2 cm，上面中央金黄色；药帽近圆锥形，密布细乳突状毛。

▶**花 果 期**　花期 4—5 月，果期未知。

▶**分　　布**　广西（那坡、融水、凌云、龙州、永福、东兰、靖西、隆林）、广东（罗浮山）、海南（白沙）、贵州（罗甸、兴义、关岭）、云南（思茅、勐腊）；老挝、越南。

▶**生　　境**　生于海拔 400～1500 m 的山地林中树干上或林下岩石上。

▶**用　　途**　药用和观赏。

▶**致危因素**　生境破碎化或丧失、过度采集、自然种群过小。

罗河石斛

Dendrobium lohohense Tang & F.T.Wang

（兰科　Orchidaceae）

国家重点保护级别	CITES 附录	IUCN 红色名录
二级	附录 II	濒危（EN）

▶**形态特征**　附生植物。茎质地稍硬，圆柱形，上部节上常生根而分出新枝条。叶 2 列，长圆形，长 3 ~ 4.5 cm，宽 5 ~ 16 mm。总状花序减退为单朵花，花蜡黄色，侧生于具叶的茎端或叶腋。花开展；中萼片椭圆形，长约 15 mm，宽 9 mm；侧萼片斜椭圆形；花瓣椭圆形，长 17 mm，宽约 10 mm；唇瓣不裂，倒卵形，长 20 mm，宽 17 mm；蕊柱顶端两侧各具 2 个蕊柱齿；药帽近半球形，光滑。

▶**花 果 期**　花期 6 月，果期 7—8 月。

▶**分　　布**　湖北（巴东）、湖南（黔阳、沅陵、花垣、石门）、广东（连州）、广西东（凌云、容县、乐业、永福、德保）、四川（南川）、贵州（兴义、惠水、沿河、罗甸、水城、锦屏、独山）、云南东南部（西畴）。

▶**生　　境**　生于海拔 980 ~ 1500 m 的山谷或林缘的岩石上。

▶**用　　途**　药用和观赏。

▶**致危因素**　生境破碎化或丧失、过度采集、自然种群过小。

长距石斛

Dendrobium longicornu Lindl.

国家重点保护级别	CITES 附录	IUCN 红色名录
二级	附录 II	濒危（EN）

▶**形态特征**　茎丛生。叶狭披针形，长 3～7 cm，宽 5～14 mm，两面和叶鞘均被黑褐色粗毛。总状花序从老茎发出，具 1～3 朵花；花除唇盘中央橘黄色外，其余为白色；中萼片卵形，长 1.5～2 cm，宽约 7 mm；侧萼片斜卵状三角形；萼囊狭长，呈角状的距；花瓣长圆形或披针形，长 1.5～2 cm，宽 4（～7）mm；唇瓣近倒卵形或菱形；侧裂片近倒卵形；中裂片先端浅 2 裂；唇盘沿脉纹密被短而肥的流苏，中央具 3～4 条纵贯的龙骨脊；药帽前端边缘密生髯毛。

▶**花 果 期**　花期 9—11 月。

▶**分　　布**　广西（上思）、云南（西畴、屏边、保山、贡山、镇康、龙陵、腾冲、大理）、西藏（墨脱）；尼泊尔、不丹、印度东北部、越南。

▶**生　　境**　生于海拔 1200～2500 m 的山地林中树干上。

▶**用　　途**　药用和观赏。

▶**致危因素**　生境破碎化或丧失、过度采集、自然种群过小。

318

罗氏石斛

（兰科 Orchidaceae）

Dendrobium luoi L.J. Chen & W.H. Rao

国家重点保护级别	CITES 附录	IUCN 红色名录
二级	附录 II	濒危（EN）

▶**形态特征** 植株矮小。假鳞茎狭卵形。叶卵状狭椭圆形或狭长圆形，长 1.1～2.2 cm，宽 4～5 mm。花序生于老茎上部，单花；花瓣淡黄色，唇瓣淡黄色，具紫褐色斑块；中萼片狭卵状椭圆形，长 8～9 mm，宽 3～4 mm；侧萼片卵状三角形，长 11～12 mm，宽 11～12 mm；花瓣狭椭圆形，长 8～9 mm，宽 3～4 mm；唇瓣倒卵状匙形，不裂，长 1.7～1.8 cm，宽 6～7 mm，中央具 3 条粗厚脉纹状褶片，褶片密具乳突状毛；唇盘上部具乳突状短毛；蕊柱长 2～2.5 mm，蕊柱足长 1.0～1.2 cm。

▶**花 果 期** 花期 5 月，果期未知。

▶**分 布** 湖南（新宁）、福建。

▶**生 境** 附生于树上或岩石上。

▶**用 途** 药用和观赏。

▶**致危因素** 生境破碎化或丧失、过度采集、自然种群过小。

吕宋石斛

Dendrobium luzonense Lindl.

国家重点保护级别	CITES 附录	IUCN 红色名录
二级	附录 II	

▶**形态特征**　茎质地硬，近木质，不分枝，长约 7.5 cm。叶线形，长 9 cm，宽 9 mm。花序具 2 朵花；花黄褐色，唇瓣褐色；中萼片椭圆形，长 9 mm，宽 4 mm；侧萼片椭圆形至披针形，与中萼片近等大；萼囊长 4 mm；花瓣近长圆形至披针形；唇瓣 3 裂，长 8.5 mm，上面中央具 1 条黄色的龙骨脊，基部收缩成爪；侧萼片齿状；蕊柱长约 3 mm。

▶**花 果 期**　花期不定。

▶**分　　布**　台湾（台东）；菲律宾、印度尼西亚。

▶**生　　境**　生于海拔 400 m 的林中。

▶**用　　途**　观赏。

▶**致危因素**　未知。

厚唇兰

Dendrobium mariae Schuit. & P.B.Adams

国家重点保护级别	CITES 附录	IUCN 红色名录
二级	附录 II	

▶**形态特征**　附生植物。根状茎匍匐，粗 2～3 mm，每相距 1.5 cm 生 1 个假鳞茎，假鳞茎斜立，一侧略偏鼓，中部以下贴伏于根状茎上，近卵形，长 1.5 cm，粗 0.5～0.8 cm，顶生 1 枚叶。叶片倒卵形，长 2.5～4.7 cm，宽 0.9～1.3 cm，先端凹入，基部收狭成柄。花序生于假鳞茎顶端，具 1 朵花，花紫褐色。花苞片卵形；中萼片呈卵形；侧萼片呈斜卵状披针形，基部贴于蕊柱足上形成明显的长约 5 mm 的萼囊；花瓣卵状披针形，比侧萼片小；唇瓣小

提琴状，长 20 mm，后唇两侧直立，前唇伸展，圆形，先端浅凹，边缘略波状，比后唇宽，唇盘具 2 条纵向的龙骨脊，其末端终止于前唇的基部并增粗乳头状；蕊柱长 5 mm。

▶**花果期**　花期 10—11 月。

▶**分　　布**　海南（坝王岭、黎母山）、云南（屏边）、贵州（梵净山）；越南、老挝。

▶**生　　境**　生于海拔 1000～1300 m 的密林中树干上。

▶**用　　途**　药用和观赏。

▶**致危因素**　生境破碎化或丧失、过度采集、自然种群过小。

细茎石斛

Dendrobium moniliforme (L.) Sw.

国家重点保护级别	CITES 附录	IUCN 红色名录
二级	附录 II	

▶**形态特征**　茎细圆柱形，干后淡黄色带污黑色。叶 2 列，互生于茎的上部，狭长圆形，长 3～5（～7）cm，宽 6～12（～15）mm；叶鞘革质。总状花序从落了叶的老茎上部发出，具 1～2 朵花；花乳白色；中萼片长圆状披针形；侧萼片三角状披针形；萼囊半球形；花瓣近椭圆形；唇瓣卵状披针形，基部楔形，其中央具 1 个胼胝体；侧裂片半圆形；中裂片卵形；唇盘中央具 1 个黄绿色的斑块，密布短毛；蕊柱长约 4 mm；蕊柱足内面常具淡紫色斑点；药帽近半球形，密布细乳突。

▶**花果期**　花期 5 月。

▶**分　　布**　福建（德化）、湖北（咸丰、巴东、利川、鹤峰）、湖南北部（桑植、安化、石门）、广东（乐昌、阳山、信宜）、广西（金秀、武鸣）、四川南部（峨眉山、雷坡、洪雅）、贵州（习水、遵义、梵净山）、云南（思茅）、西藏。

▶**生　　境**　生于海拔 700～2800 m 的林中。

▶**用　　途**　药用和观赏。

▶**致危因素**　生境破碎化或丧失、过度采集。

藏南石斛

Dendrobium monticola P.F.Hunt & Summerhayes

国家重点保护级别	CITES 附录	IUCN 红色名录
二级	附录 II	易危（VU）

▶**形态特征**　附生植物。茎肉质，长达 10 cm。叶 2 列互生于整个茎上，狭长圆形，长 25 ~ 45 mm，宽 5 ~ 6 mm。总状花序顶生；花白色；中萼片狭长圆形；侧萼片镰状披针形，长 7 ~ 9 mm，宽约 3.5 mm；花瓣狭长圆形，长 6 ~ 8 mm，宽约 1.8 mm；唇瓣近椭圆形，长 5.5 ~ 6.5 mm，宽 3.5 ~ 4.5 mm；侧裂片直立；中裂片卵状三角形，边缘鸡冠状皱褶；唇盘中央具 2 ~ 3 条褶片连成一体的脊突；蕊柱长 3 mm，中部较粗；蕊柱足长约 5 mm，具紫红色斑点，边缘密被细乳突。

▶**花　果　期**　花期 7—8 月，果期未知。

▶**分　　　布**　云南、西藏；印度、尼泊尔、泰国、越南。

▶**生　　　境**　生于海拔 1750 ~ 2200 m 的山谷岩石上。

▶**用　　　途**　药用和观赏。

▶**致危因素**　生境破碎化或丧失、过度采集、自然种群过小。

枸唇石斛

（兰科　Orchidaceae）

Dendrobium moschatum (Buch.-Ham.) Sw.

国家重点保护级别	CITES 附录	IUCN 红色名录
二级	附录 II	濒危（EN）

▶**形态特征**　茎粗壮，质地较硬。叶革质，2 列互生，长圆形至卵状披针形，长 10 ~ 15 cm，宽 1.5 ~ 3 cm。总状花序出自老茎顶端，下垂；花深黄色；中萼片长圆形，长 2.4 ~ 3.5 cm，宽 1.1 ~ 1.4 cm；侧萼片长圆形，先端稍锐尖；萼囊圆锥形；花瓣斜宽卵形，长 2.6 ~ 3.5 cm，宽 1.7 ~ 2.3 cm；唇瓣圆形，边缘内卷而形成枸状，长 2.4 cm，宽约 2.2 cm，上面密被短柔毛，下面无毛，唇盘基部两侧各具 1 个浅紫褐色的斑块；蕊柱黄色；药帽紫色，圆锥形，上面光滑。

▶**花 果 期**　花期 4—6 月。

▶**分　　布**　云南（景洪、勐海、瑞丽）；印度、尼泊尔、不丹、缅甸、泰国、老挝、越南。

▶**生　　境**　生于海拔 1300 m 的疏林中树干上。

▶**用　　途**　药用和观赏。

▶**致危因素**　生境破碎化或丧失、过度采集、自然种群过小。

台湾厚唇兰

（兰科　Orchidaceae）

Dendrobium nakaharae Schltr.

国家重点保护级别	CITES 附录	IUCN 红色名录
二级	附录 II	

▶**形态特征**　植株矮小。假鳞茎密生卵状长圆形，长 13～30 mm，顶生 1 枚叶。叶厚革质，椭圆形至长圆状倒卵形，长 2～5 cm，宽 9～15 mm。花序顶生于假鳞茎，单花；萼片和花瓣黄绿色带紫褐色，中萼片卵状披针形，长 10～17 mm，宽 7～8 mm；侧萼片镰刀状披针形，长 12～19 mm，宽 6～8 mm；花瓣狭长圆形，宽约 4 mm；唇瓣小提琴形；前唇圆形或宽倒卵形，长 7～8 mm；后唇上面具 2 条纵向褶片；蕊柱具长 6～10 mm 的蕊柱足；药帽僧帽状，前端钝。

▶**花 果 期**　花期 10 月至次年 2 月。

▶**分　　布**　台湾（宜兰、台东、屏东、南投）。

▶**生　　境**　生于海拔 700～2400 m 的阔叶林中树干上。

▶**用　　途**　药用和观赏。

▶**致危因素**　生境破碎化或丧失、过度采集、自然种群过小。

瑙蒙石斛

（兰科　Orchidaceae）

Dendrobium naungmungense Q. Liu & X.H. Jin

国家重点保护级别	CITES 附录	IUCN 红色名录
二级	附录 II	濒危（EN）

▶**形态特征**　附生植物。植物下垂。茎分枝。叶长圆形，长 3 ~ 4.2 cm，宽 4 ~ 5.5 mm。花序具 1 ~ 2 朵花；花芳香，黄绿色，唇部有稀疏的紫色条纹和斑点；中萼片椭圆形，长 11.2 ~ 12.3 mm，宽 6 ~ 6.5 mm；侧萼片三角形；花瓣披针形，长 10.5 ~ 11 mm，宽 4 ~ 4.5 mm；唇瓣 3 浅裂，倒卵形，长 14.5 ~ 15 mm，宽 7.5 ~ 8 mm；侧裂片椭圆形；中裂片长圆形，长 7.5 ~ 8 mm，宽 3.5 ~ 3.8 mm；唇盘具垫状附属物。

▶**花 果 期**　花期 5 月，果期 8—9 月。

▶**分　　布**　云南（德宏）；缅甸。

▶**生　　境**　生于海拔 700 ~ 1100 m 的森林中。

▶**用　　途**　药用和观赏。

▶**致危因素**　生境破碎化或丧失、过度采集、自然种群过小。

石斛

Dendrobium nobile Lindl.

国家重点保护级别	CITES 附录	IUCN 红色名录
二级	附录 II	易危（VU）

▶**形态特征**　茎肉质状，肥厚，基部明显收狭。叶革质，长圆形，基部具抱茎的鞘。总状花序从老茎中部以上发出；花白色带淡紫色先端；中萼片长圆形，长 2.5～3.5 cm，宽 1～1.4 cm；侧萼片相似于中萼片；花瓣长 2.5～3.5 cm，宽 1.8～2.5 cm；唇瓣宽卵形，长 2.5～3.5 cm，宽 2.2～3.2 cm，两面密布短茸毛，唇盘中央具 1 个紫红色大斑块；蕊柱绿色，长 5 mm，具绿色的蕊柱足；药帽紫红色，圆锥形。

▶**花　果　期**　花期 4—5 月。

▶**分　　布**　台湾、湖北（宜昌）、香港、海南（白沙）、广西（百色、平南、兴安、金秀、靖西）、四川（长宁、峨眉山、乐山）、贵州（赤水、习水、罗甸、兴义、三都）、云南（富民、石屏、沧源、勐腊、勐海、思茅、怒江河谷、贡山一带）、西藏（墨脱）；印度、尼泊尔、不丹、缅甸、泰国、老挝、越南。

▶**生　　境**　生于海拔 480～1700 m 的山地林中树干上或山谷岩石上。

▶**用　　途**　药用和观赏。

▶**致危因素**　生境破碎化或丧失、过度采集、自然种群过小。

铁皮石斛

Dendrobium officinale Kimura & Migo

（兰科 Orchidaceae）

国家重点保护级别	CITES 附录	IUCN 红色名录
二级	附录 II	易危（VU）

▶**形态特征** 茎圆柱形。叶长圆状披针形，叶鞘常具紫斑。总状花序常从老茎发出；萼片和花瓣黄绿色，长圆状披针形，长约 1.8 cm，宽 4 ~ 5 mm；侧萼片基部较宽阔，宽约 1 cm；唇瓣白色，基部具 1 个绿色或黄色的胼胝体，卵状披针形，中部以下两侧具紫红色条纹；唇盘密布细乳突状的毛，并且在中部以上具 1 个紫红色斑块；蕊柱黄绿色，长约 3 mm，先端两侧各具 1 个紫点；蕊柱足黄绿色带紫红色条纹；药帽白色，长卵状三角形，顶端近锐尖并且 2 裂。

▶**花 果 期** 花期 3—6 月，果期未知。

▶**分 布** 台湾、安徽（歙县、祁门）、浙江（鄞州、天台、仙居）、福建（宁化）、广西（天峨）、四川、云南（石屏、文山、麻栗坡、西畴）、湖南、湖北、河南；日本。

▶**生 境** 生于海拔 700 ~ 1100 m 的石灰岩灌丛中。

▶**用 途** 药用和观赏。

▶**致危因素** 生境破碎化或丧失、过度采集、自然种群过小。

琉球石斛

Dendrobium okinawense Hatus. & Ida

国家重点保护级别	CITES 附录	IUCN 红色名录
二级	附录 II	

▶形态特征。茎细圆柱形，黄绿色。叶线形至披针形，长 5.5 ~ 10 cm，宽 6 ~ 8 mm。总状花序从落了叶的老茎上部发出，具 1 ~ 3 朵花；花淡黄色；中萼片和侧萼片披针形，长 3 ~ 4 cm，宽 3.5 ~ 4 mm；萼囊长 9 ~ 12 mm；花瓣披针形，长 3 ~ 4 cm，具爪；唇瓣矩圆形至披针形，长 2.5 cm；唇盘具 2 条脊，被毛；蕊柱长约 2 mm；药帽近半球形，长约 1.5 mm。

▶花 果 期 花期 5—6 月，果期未知。

▶分　　布 台湾（台东）；日本。

▶生　　境 生于海拔 900 ~ 1200 m 的林中。

▶用　　途 未知。

▶致危因素 未知。

少花石斛

（兰科　Orchidaceae）

Dendrobium parciflorum Rchb.f. ex Lindl.

国家重点保护级别	CITES 附录	IUCN 红色名录
二级	附录 II	极危（CR）

▶**形态特征**　附生植物。茎质地硬。叶厚肉质，2 列，两侧压扁呈半圆柱形，长 1.7 ~ 3 cm。花淡白色或淡黄色，每 1 ~ 2 朵花为 1 束，侧生于老茎顶端和中部；中萼片长圆形，长 12 mm，宽 5 mm；侧萼片卵状三角形；萼囊长 2 cm，宽约 1 cm；花瓣长圆形，长 12 mm，宽 3 mm；唇瓣匙形，长 2.5 cm，宽约 1 cm，中央具 3 ~ 4 条纵贯的粗厚脉纹，上面近先端处具黄色斑点并且密布乳突状毛；蕊柱具长约 2 cm 的蕊柱足。

▶**花 果 期**　花期 7—8 月。

▶**分　　布**　云南（景洪、绿春）；印度东北部、泰国、老挝、越南。

▶**生　　境**　生于海拔约 1500 m 的山地疏林中。

▶**用　　途**　药用和观赏。

▶**致危因素**　生境破碎化或丧失、过度采集、自然种群过小。

小花石斛

(兰科 Orchidaceae)

Dendrobium parcum Rchb.f.

国家重点保护级别	CITES 附录	IUCN 红色名录
二级	附录 II	

▶**形态特征** 附生植物,高约50 cm。茎紫褐色,老时具沟槽,常分枝。叶顶生,线形至披针形,长4~5 cm,宽4~5 mm。总状花序出自老茎,具2~5朵花。花较小,黄绿色,唇瓣偏绿色。中萼片长圆形,长4~5 mm,宽2~3 mm;侧萼片斜卵状披针形,长3~5 mm,宽2~3 mm;花瓣匙形,长约3 mm,宽约1 mm;唇瓣匙形,长8~10 mm,前部最宽处3~4 mm,先端微凹不裂,基部具2条脊;蕊柱较宽。

▶**花 果 期** 花期11—12月。

▶**分 布** 云南(临沧、盈江);缅甸、泰国、越南。

▶**生 境** 生于海拔750~1450 m的林中。

▶**用 途** 药用和观赏。

▶**致危因素** 未知。

紫瓣石斛

（兰科　Orchidaceae）

Dendrobium parishii Rchb.f.

国家重点保护级别	CITES 附录	IUCN 红色名录
二级	附录 II	濒危（EN）

▶**形态特征**　附生植物。茎粗壮，圆柱形，节间长达 4 cm。叶狭长圆形，长 7.5～12.5 cm，宽 1.6～1.9 cm。总状花序出自老茎上部，具 1～3 朵花；花紫色；中萼片倒卵状披针形，长 2.7 cm，宽 7 mm；侧萼片卵状披针形；萼囊狭圆锥形；花瓣宽椭圆形；唇瓣菱状圆形，长约 2 cm，宽 1.6 cm，两面密布茸毛，唇盘两侧各具 1 个深紫色斑块；蕊柱白色，长约 7 mm；药帽紫色，圆锥形，表面被疣状突起，前端边缘具不整齐的细齿。

▶**花 果 期**　未知。

▶**分　　布**　云南东南部（文山）、贵州（兴义）；印度东北部、缅甸、泰国、老挝、越南。

▶**生　　境**　附生于海拔 250～1700 m 的热带林中树上。

▶**用　　途**　药用和观赏。

▶**致危因素**　生境破碎化或丧失、过度采集、自然种群过小。

肿节石斛

Dendrobium pendulum Roxb.

（兰科　Orchidaceae）

国家重点保护级别	CITES 附录	IUCN 红色名录
二级	附录 II	濒危（EN）

▶**形态特征**　附生植物。茎肉质状，肥厚，节膨大，呈算盘珠子样。叶长圆形，长 9 ~ 12 cm，宽 1.7 ~ 2.7 cm。总状花序出自老茎上部，具 1 ~ 3 朵花。花白色，上部紫红色；中萼片长圆形，长约 3 cm，宽 1 cm；侧萼片与中萼片等大；萼囊紫红色；花瓣阔长圆形，长 3 cm，宽 1.5 cm；唇瓣白色，中部以下金黄色，上部紫红色，近圆形，长约 2.5 cm，两面被短茸毛；蕊柱长约 4 mm。

▶**花 果 期**　花期 3—4 月。

▶**分　　布**　云南（思茅、勐腊）；印度东北部、缅甸、泰国、越南、老挝。

▶**生　　境**　生于海拔 1050 ~ 1600 m 的山地疏林中树干上。

▶**用　　途**　药用和观赏。

▶**致危因素**　生境破碎化或丧失、过度采集、自然种群过小。

流苏金石斛

（兰科　Orchidaceae）

Dendrobium plicatile Lindl.

国家重点保护级别	CITES 附录	IUCN 红色名录
二级	附录 II	

▶**形态特征**　根状茎匍匐，每 6 ~ 7 个节间发出 1 个茎。茎多分枝。假鳞茎扁纺锤形，长 3.5 ~ 6.5 cm，粗 1 ~ 2.3 cm，顶生 1 枚叶。叶长圆状披针形或狭椭圆形，长 10 ~ 20 cm，宽 3 ~ 5 cm。花序出自叶腋，具 1 ~ 3 朵花；萼片和花瓣奶黄色带淡褐色或紫红色斑点；中萼片卵状披针形；侧萼片斜卵状披针形；萼囊与子房交成锐角；花瓣披针形，长 9 mm，宽约 2 mm；唇瓣长 1.5 cm，基部收狭为楔形，3 裂；侧裂片白色，内面密布紫红色斑点；中裂片扩展呈扇形；唇盘具 2 ~ 3 条黄白色的褶脊；蕊柱长约 4 mm，具长约 7 mm 的蕊柱足。

▶**花 果 期**　花期 4—6 月。

▶**分　　布**　海南（三亚市、保亭、琼中）、广西（龙州、靖西）、云南（建水、西畴、麻栗坡）；泰国、越南、菲律宾、马来西亚、印度尼西亚、印度。

▶**生　　境**　生于海拔 760 ~ 1700 m 的山地林中树干上或林下岩石上。

▶**用　　途**　药用和观赏。

▶**致危因素**　生境破碎化或丧失、过度采集、自然种群过小。

报春石斛

（兰科　Orchidaceae）

Dendrobium polyanthum Wall. ex Lindl.

国家重点保护级别	CITES 附录	IUCN 红色名录
二级	附录 II	易危（VU）

▶**形态特征**　附生植物。茎下垂，厚肉质，圆柱形。叶 2 列互生于整个茎上，披针形或卵状披针形，长 8 ~ 10.5 cm，宽 2 ~ 3 cm。总状花序从老茎上部节上发出；花序柄着生的茎节处呈舟状凹下；萼片和花瓣淡玫瑰色；中萼片狭披针形，长 3 cm，宽 6 ~ 8 mm；萼囊狭圆锥形，长约 5 mm；花瓣狭长圆形，长 3 cm，宽 7 ~ 9 cm；唇瓣宽倒卵形，两面密布短柔毛；蕊柱白色，长约 3 mm；药帽紫色，椭圆状圆锥形。

▶**花 果 期**　花期 3—4 月。

▶**分　　布**　云南（文山、思茅、勐腊、勐海、龙陵、镇康）；印度、尼泊尔、缅甸、泰国、老挝、越南。

▶**生　　境**　生于海拔 700 ~ 1800 m 的山地疏林中树干上。

▶**用　　途**　药用和观赏。

▶**致危因素**　生境破碎化或丧失、过度采集、自然种群过小。

单葶草石斛

Dendrobium porphyrochilum Lindl.

国家重点保护级别	CITES 附录	IUCN 红色名录
二级	附录 II	濒危（EN）

▶**形态特征**　附生植物。茎圆柱形或狭长的纺锤形。叶 2 列互生，狭长圆形，长达 4.5 cm，宽 6 ～ 10 mm。总状花序单生于茎顶，高出叶外；花金黄色，萼片和花瓣淡绿色带红色脉纹；中萼片狭卵状披针形，长 8 ～ 9 mm，宽 1.8 ～ 2 mm；侧萼片狭披针形；萼囊近球形；花瓣狭椭圆形，长 6.5 ～ 7 mm，宽约 1.8 mm；唇瓣暗紫褐色，边缘为淡绿色，近菱形或椭圆形，唇盘中央具 3 条多少增厚的纵脊；蕊柱白色带紫，长约 1 mm，蕊柱足长 1.4 mm；药帽半球形，光滑。

▶**花 果 期**　花期 6 月，果期未知。

▶**分　　布**　广东（连南）、云南（腾冲）；尼泊尔、不丹、印度、缅甸至泰国。

▶**生　　境**　生于海拔 2700 m 的山地林中树干上或林下岩石上。

▶**用　　途**　药用和观赏。

▶**致危因素**　生境破碎化或丧失、过度采集、自然种群过小。

独龙石斛

（兰科 Orchidaceae）

Dendrobium praecinctum Rchb.f.

国家重点保护级别	CITES 附录	IUCN 红色名录
二级	附录 II	易危（VU）

▶**形态特征** 茎质地硬，上部常分支。叶生于茎上部，披针形，长 5 ~ 9 cm，宽 0.7 ~ 1.2 cm。总状花序从老茎上部节上发出，具 1 ~ 4 花；花白色，边缘具粉红色，唇瓣中裂片具红色斑点；中萼片披针形，长 0.8 cm，宽 0.4 cm；花瓣狭长圆形至卵形，长 1 cm，宽 0.3 cm；唇瓣 3 裂，具爪，长 1 cm，宽 0.8 cm；侧裂片齿状，边缘具毛状流苏；中裂片椭圆形，边缘具毛状流苏；蕊柱宽，蕊柱足长 4 ~ 5 mm。

▶**花 果 期** 花期 3—4 月。

▶**分 布** 云南（贡山）、西藏（墨脱）；印度、缅甸。

▶**生 境** 生于海拔 1400 m 的林中树干上。

▶**用 途** 药用和观赏。

▶**致危因素** 生境破碎化或丧失、过度采集、自然种群过小。

针叶石斛

（兰科　Orchidaceae）

Dendrobium pseudotenellum Guillaumin

国家重点保护级别	CITES 附录	IUCN 红色名录
二级	附录 II	濒危（EN）

▶**形态特征**　茎质地硬，纤细，基部具 2 个节间膨大呈纺锤形的假鳞茎。叶纤细，2 列疏生，近圆柱形，长 3~9 cm，宽不及 1 mm。花白色，单生；中萼片长圆形，长 6 mm，宽 2.2 mm；侧萼片斜卵状三角形；萼囊长圆锥形，长约 9 mm；花瓣长圆形，长 6 mm，宽 2 mm；唇瓣倒卵形，长 11 mm，宽 7 mm，其边缘具撕裂状流苏，侧裂片直立，中裂片近横长圆形；唇盘中央具 3 条脊突；蕊柱长约 2 mm，具长约 8 mm 的蕊柱足，蕊柱足基部具 1 个胼胝体；药帽前端近截形，表面近光滑。

▶**花　果　期**　花期 9—10 月，果期未知。

▶**分　　　布**　云南（勐腊）；越南。

▶**生　　　境**　生于海拔约 900 m 的山地林中树干上。

▶**用　　　途**　药用和观赏。

▶**致危因素**　生境破碎化或丧失、过度采集、自然种群过小。

双叶厚唇兰

（兰科　Orchidaceae）

Dendrobium rotundatum (Lindl.) Hook.f.

国家重点保护级别	CITES 附录	IUCN 红色名录
二级	附录 II	无危（LC）

▶**形态特征**　附生植物。根状茎多分枝。假鳞茎狭卵形，顶生 2 枚叶，基部被膜质鳞片状鞘。叶革质，长圆形或椭圆形。花序生于假鳞茎顶，具单朵花；花淡黄褐色；中萼片卵状披针形，长 22 ~ 25 mm；侧萼片披针形；花瓣长圆状披针形；唇瓣倒卵状长圆形，长 2 cm，3 裂；侧裂片半卵形；中裂片近肾形或圆形，宽 11 mm，先端锐尖；唇盘在两侧裂片之间具 3 条褶片，中央 1 条较短，在中裂片上面具 1 条三角形宽厚的脊突；蕊柱具长 1 cm 的蕊柱足。

▶**花 果 期**　花期 3—5 月。

▶**分　　布**　云南（金平、大理、泸水、维西、腾冲、福贡）、西藏（墨脱）；尼泊尔、不丹、印度、缅甸。

▶**生　　境**　生于海拔 1300 ~ 2500 m 的林缘岩石上和疏林中树干上。

▶**用　　途**　药用和观赏。

▶**致危因素**　生境破碎化或丧失、过度采集、自然种群过小。

反唇石斛

Dendrobium ruckeri Lindl.

国家重点保护级别	CITES 附录	IUCN 红色名录
二级	附录 II	未予评估（NE）

▶**形态特征**　附生植物。茎下垂，具分枝。叶 2 列，披针形，长 5～7 cm，宽 1.5～2 cm。花序具 1～2 朵花；花淡黄色；萼片相似，椭圆形，长 10～20 mm，宽 5～8 mm，侧萼片稍宽；花瓣长圆形，长 9～11 mm，宽 3 mm；唇瓣 3 裂，近菱形，长 13～16 mm，宽 12～18 mm；唇盘具 1 被毛的脊；蕊柱和蕊柱足长 8～9 mm。

▶**花 果 期**　花期 2—5 月。

▶**分　　布**　西藏（墨脱）；印度、不丹、缅甸。

▶**生　　境**　生于海拔 800 m 的林中树上。

▶**用　　途**　药用和观赏。

▶**致危因素**　生境破碎化或丧失、过度采集、自然种群过小。

竹枝石斛

（兰科 Orchidaceae）

Dendrobium salaccense (Blume) Lindl.

国家重点保护级别	CITES 附录	IUCN 红色名录
二级	附录 II	易危（VU）

▶**形态特征** 茎似竹枝，长达 1 m，近木质，不分枝。叶 2 列，狭披针形，长 10 ~ 14.5 cm，宽 7 ~ 11 mm。花序与叶对生并且穿鞘而出，具 1 ~ 4 朵花；花黄褐色；中萼片近椭圆形，长 8 ~ 9 mm，宽 3.5 ~ 4 mm；侧萼片斜卵状披针形，与中萼片近等大，萼囊长 6 mm；花瓣近长圆形；唇瓣紫色，倒卵状椭圆形，长 12 mm，宽约 5 mm，上面中央具 1 条黄色的龙骨脊，近先端处具 1 个长条形的胼胝体；蕊柱黄色，长约 4 mm；药帽黄色，圆锥形。

▶**花 果 期** 花期 2 ~ 4（~ 7）月。

▶**分 布** 海南（三亚市、保亭、昌江、白沙、儋州）、云南（勐腊）；缅甸、泰国、老挝、越南、马来西亚、印度尼西亚。

▶**生 境** 生于海拔 650 ~ 1000 m 的林中树干上或疏林下岩石上。

▶**用 途** 药用和观赏。

▶**致危因素** 生境破碎化或丧失、过度采集、自然种群过小。

滇桂石斛

兰科　Orchidaceae

Dendrobium scoriarum W.W.Sm.

国家重点保护级别	CITES 附录	IUCN 红色名录
二级	附录 II	极危（CR）

▶**形态特征**　茎圆柱形。叶 2 列，长圆状披针形，长 3 ~ 4 cm，宽 7 ~ 9 mm。总状花序出自老茎上部，1 ~ 3 朵花；萼片淡黄白色或白色，近基部稍带黄绿色；中萼片卵状长圆形，长 13 ~ 16 mm，宽 5 ~ 5.5 mm；侧萼片斜卵状三角形；花瓣近卵状长圆形，长 12 ~ 16 mm，宽 5.5 ~ 6 mm；唇瓣白色或淡黄色，宽卵形，长 11 ~ 14 mm，宽 9 ~ 11 mm，唇盘在中部前方具 1 个大的紫红色斑块并且密布茸毛，后方具 1 个黄色马鞍形的胼胝体；蕊柱长约 4 mm；蕊柱足上半部生有许多先端紫色的毛，中部具 1 个茄紫色的斑块；药帽紫红色，近椭圆形，顶端深 2 裂，裂片尖齿状。

▶**花 果 期**　花期 4—5 月，果期未知。

▶**分　　布**　广西、贵州（兴义）、云南（文山、西畴、河口、腾冲）；越南。

▶**生　　境**　生于海拔 1200 m 的石灰岩山石上或树干上。

▶**用　　途**　药用和观赏。

▶**致危因素**　生境破碎化或丧失、过度采集、自然种群过小。

士富金石斛

(兰科　Orchidaceae)

Dendrobium shihfuanum (T.P.Lin & Kuo Huang) Schuit. & P.B.Adams

国家重点保护级别	CITES 附录	IUCN 红色名录
二级	附录 II	无危（LC）

▶**形态特征**　茎纤细，丛生，分枝。假鳞茎扁平，长纺锤形。叶长圆形至卵状长圆形，长 4 cm，宽 1.1~1.6 cm。花序具 1 或 2 朵花。花白色带粉红色斑纹；萼片长圆形，约 5 mm×2.5 mm，边缘反折；花瓣长约 5.5 mm，宽约 1 mm；唇瓣菱形至卵圆形，长约 5 mm，宽约 5 mm；唇盘具有肉质附属物，长约 2.3 mm，宽约 2.3 mm；距圆形。蕊柱长约 2 mm。

▶**花　果　期**　花期 6—10 月。

▶**分　　　布**　台湾；印度尼西亚。

▶**生　　　境**　生于海拔 1200 m 的山地雨林。

▶**用　　　途**　未知。

▶**致危因素**　生境破碎化或丧失、过度采集、自然种群过小。

始兴石斛

Dendrobium shixingense Z.L.Chen , S.J.Zeng & J.Duan

国家重点保护级别	CITES 附录	IUCN 红色名录
二级	附录 II	极危（CR）

▶**形态特征**　茎聚生。叶生茎上端，长圆形至披针形，长 3 ~ 6 cm，宽 1 ~ 1.5 cm。花序从老茎长出，具 1 ~ 3 朵花；花白色，萼片和花瓣上端粉红色，唇瓣上具 1 个扇形的紫斑；中萼片卵形至披针形，长 20 mm，宽 7 mm；侧萼片呈偏斜的卵形至披针形，长 20 mm，宽 10 mm；花瓣椭圆形，长 20 mm，宽 13 mm；唇瓣宽卵形，长 15 mm，宽 8 mm，上面密被毛，后方具 1 个舌状的胼胝体；蕊柱长 4 mm；蕊柱足长 9 mm，中间具粉色长毛；蕊柱齿 2 个。

▶**花 果 期**　花期 9—10 月，果期未知。

▶**分　　布**　广东、江西。

▶**生　　境**　生于海拔 400 ~ 600 m 的林中树上或石上。

▶**用　　途**　药用和观赏。

▶**致危因素**　生境破碎化或丧失、过度采集、自然种群过小。

华石斛

Dendrobium sinense Tang & F.T.Wang

国家重点保护级别	CITES 附录	IUCN 红色名录
二级	附录 II	濒危（EN）

▶**形态特征**　附生植物。叶互生，长圆形，长 2.5~4.5 cm，宽 6~11 mm，幼时两面被黑色毛；叶鞘被黑色粗毛。花单生茎上端，白色；中萼片卵形，长约 2 cm，宽 7~9 mm；侧萼片斜三角状披针形；萼囊宽圆锥形，长约 1.3 cm；花瓣近椭圆形；唇瓣的整体轮廓倒卵形，长达 3.5 cm，3 裂；侧裂片近扇形；中裂片扁圆形，先端紫红色，2 裂；唇盘具 5 条纵贯的褶片；褶片红色，在中部呈小鸡冠状；蕊柱长约 5 mm；蕊柱齿大，三角形；药帽近倒卵形，顶端微 2 裂，被细乳突。

▶**花 果 期**　花期 8—12 月。

▶**分　　布**　海南（保亭、乐东、白沙、琼中）；越南。

▶**生　　境**　生于海拔达 1000 m 的山地疏林中树干上。

▶**用　　途**　药用和观赏。

▶**致危因素**　生境破碎化或丧失、过度采集、自然种群过小。

勐海石斛

（兰科　Orchidaceae）

Dendrobium sinominutiflorum S.C.Chen , J.J.Wood & H.P.Wood

国家重点保护级别	CITES 附录	IUCN 红色名录
二级	附录 II	濒危（EN）

▶**形态特征**　附生植物，植株矮小。茎长 1.5～3 cm。叶狭长圆形，长 1.5～5.5 cm，宽 4～7 mm。总状花序生于当年生的茎上部；花绿白色或淡黄色；中萼片狭卵形，宽 2.5 mm；侧萼片卵状三角形；萼囊长圆形，长约 5 mm，末端钝；花瓣长圆形，长 6 mm，宽 2 mm；唇瓣近长圆形，长 5 mm，宽 4 mm，中部以上 3 裂；侧裂片先端尖牙齿状；中裂片横长圆形；唇盘具由 3 条褶片连成一体的宽厚肉脊；蕊柱长 2 mm。

▶**花 果 期**　花期 8—9 月。

▶**分　　布**　云南（勐腊、勐海）。

▶**生　　境**　生于海拔 1000～1400 m 的山地疏林中树干上。

▶**用　　途**　药用和观赏。

▶**致危因素**　生境破碎化或丧失、过度采集、自然种群过小。

小双花石斛

（兰科 Orchidaceae）

Dendrobium somae Hayata

国家重点保护级别	CITES 附录	IUCN 红色名录
二级	附录 II	濒危（EN）

▶**形态特征** 附生植物。茎丛生，细圆柱形。叶 2 列互生，狭披针形，长 7～10 cm，宽 5～6 mm。伞状花序侧生于具叶的茎上部，具 2 朵花；花黄绿色；中萼片狭披针形，长 13～17 mm，宽 2.5～3.5 mm；侧萼片基部歪斜而贴生在蕊柱足上，萼囊长 4～6 mm；花瓣线形，长 13～15 mm，宽 1～2 mm；唇瓣黄色，卵形，长 13～14 mm，宽 5～6.5 mm，3 裂；侧裂片直立，长圆状三角形；中裂片卵形，长 6 mm，宽 4 mm；唇盘具 3 条带流苏的脊突；蕊柱长约 3 mm。

▶**花 果 期** 花期 5—9 月，间歇性开花，但花的寿命仅约 2 天。

▶**分 布** 台湾（台北、台东、恒春）。

▶**生 境** 生于海拔 500～1500 m 的山地林中树干上。

▶**用 途** 药用和观赏。

▶**致危因素** 生境破碎化或丧失、过度采集、自然种群过小。

剑叶石斛

（兰科　Orchidaceae）

Dendrobium spatella Rchb.f.

国家重点保护级别	CITES 附录	IUCN 红色名录
二级	附录 II	易危（VU）

▶**形态特征**　附生植物。茎近木质，扁三棱形。叶 2 列，厚革质或肉质，两侧压扁呈短剑状或匕首状。花序侧生于无叶的茎上部，具 1～2 朵花；花小，白色；中萼片近卵形，长 3～5 mm，宽 1.6～2 mm；侧萼片斜卵状三角形，近蕊柱一侧边缘长 3.5～6 mm；花瓣长圆形；唇瓣白色带微红色，近匙形，前端边缘具圆钝的齿，唇盘中央具 3～5 条纵贯的脊突；蕊柱很短，药帽前端边缘具微齿。

▶**花 果 期**　花期 3—9 月，果期 10—11 月。

▶**分　　布**　福建（南靖）、香港、海南（三亚、保亭、乐东）、广西（大新）、云南（勐腊、景洪、勐海）；印度、缅甸、老挝、越南、柬埔寨、泰国。

▶**生　　境**　生于海拔 260～270 m 的山地林缘树干上和林下岩石上。

▶**用　　途**　药用和观赏。

▶**致危因素**　生境破碎化或丧失、过度采集、自然种群过小。

梳唇石斛

（兰科　Orchidaceae）

Dendrobium strongylanthum Rchb.f.

国家重点保护级别	CITES 附录	IUCN 红色名录
二级	附录 II	

▶**形态特征**　附生植物。茎圆柱形或多少呈长纺锤形。叶 2 列，互生于整个茎上，长圆形，长 4 ~ 10 cm，宽达 1.7 cm。总状花序生于茎的上部，高出叶外，长达 13 cm；花黄绿色，但萼片在基部紫红色；中萼片狭卵状披针形，长 11 mm，宽 2 mm；侧萼片镰状披针形，长达 14 mm；花瓣卵状披针形；唇瓣紫堇色，长 8 mm，宽 4 mm，中部以上 3 裂；侧裂片卵状三角形，边缘具梳状的齿；中裂片三角形，边缘皱褶呈鸡冠状；唇盘具 1 条厚肉质脊；蕊柱淡紫色，长约 2 mm；蕊柱足边缘密被细乳突；药帽半球形，前端边缘撕裂状。

▶**花 果 期**　花期 9—10 月。

▶**分　　布**　海南（昌江）、云南（景洪、思茅、双江、景东、绿春、腾冲、盈江）、西藏；缅甸、泰国。

▶**生　　境**　生于海拔 1000 ~ 2100 m 的山地林中树干上。

▶**用　　途**　药用和观赏。

▶**致危因素**　生境破碎化或丧失、过度采集、自然种群过小。

叉唇石斛

（兰科　Orchidaceae）

Dendrobium stuposum Lindl.

国家重点保护级别	CITES 附录	IUCN 红色名录
二级	附录 II	易危（VU）

▶**形态特征**　附生植物。茎具多数纵条棱。叶狭长圆状披针形，长 4 ~ 7.5 cm，宽 4 ~ 15 mm。总状花序出自老茎上部，长 1 ~ 2.5 cm；花白色；中萼片长圆形，长 8 mm，宽 3 mm；侧萼片斜卵状披针形，在背面中肋呈翅状；花瓣倒卵状椭圆形，长约 8 mm，宽 3 mm；唇瓣倒卵状三角形，长约 9 mm，前端 3 裂；侧裂片卵状三角形，先端尖牙齿状，边缘密布白色交织状的长绵毛；中裂片卵状三角形，先端钝，边缘亦密布白色交织状的长绵毛；唇盘密布长柔毛，从唇瓣基部至先端具 1 条宽的龙骨脊；蕊柱齿三角形。

▶**花　果　期**　花期 6 月。

▶**分　　　布**　云南（勐海、景洪、绿春、腾冲）；不丹、印度、缅甸、泰国。

▶**生　　　境**　生于海拔约 1800 m 的山地疏林中树干上。

▶**用　　　途**　药用和观赏。

▶**致危因素**　生境破碎化或丧失、过度采集、自然种群过小。

具槽石斛

（兰科　Orchidaceae）

Dendrobium sulcatum Lindl.

国家重点保护级别	CITES 附录	IUCN 红色名录
二级	附录 II	濒危（EN）

▶**形态特征**　附生植物。茎肉质，扁棒状，从基部向上逐渐增粗，下部收狭为细圆柱形，节间长 2 ~
5 cm。叶互生于茎的近顶端，长圆形，长 18 ~ 21 cm，宽 4.5 cm。总状花序从当年生具叶的茎上端
发出，密生少数至多数花；花奶黄色；中萼片长圆形，长约 2.5 cm，宽 9 mm；侧萼片与中萼片近等大；
花瓣近倒卵形，长 2.4 cm，宽 1.1 cm；唇瓣的颜色较深，呈橘黄色，近基部两侧各具 1 个褐色斑块，
近圆形，长、宽约 2 cm，唇盘上面的前半部密被短柔毛；
蕊柱长约 5 mm；药帽前后呈压扁的半球形或圆锥形。

▶**花 果 期**　花期 6 月，果期未知。

▶**分　　布**　云南（勐腊）、西藏；印度、缅甸、泰国、
老挝。

▶**生　　境**　生于海拔 700 ~ 800 m 的密林中树干上。

▶**用　　途**　药用和观赏。

▶**致危因素**　生境破碎化或丧失、过度采集、自然种群
过小。

刀叶石斛

Dendrobium terminale C.S.P.Parish & Rchb.f.

国家重点保护级别	CITES 附录	IUCN 红色名录
二级	附录 II	易危（VU）

▶**形态特征** 附生植物。茎近木质，扁三棱形。叶疏松套叠，厚革质或肉质，两侧压扁呈短剑状或匕首状，长 3～4 cm，宽 6～10 mm。总状花序常具 1～3 朵花；花小，淡黄白色；中萼片卵状长圆形，长 3～4 mm，宽 1.4 mm；侧萼片斜卵状三角形，近蕊柱一侧的边缘长 4 mm；萼囊狭长，长 7 mm；花瓣狭长圆形，长 3～4 mm；唇瓣近匙形，长 1 cm，宽约 7 mm，上面近先端处增厚呈胼胝体或呈小鸡冠状突起。

▶**花 果 期** 花期 9—11 月，果期未知。

▶**分　　布** 云南（勐腊）；印度、缅甸、泰国、越南、马来西亚。

▶**生　　境** 生于海拔 850～1080 m 的山地林缘树干上或山谷岩石上。

▶**用　　途** 药用和观赏。

▶**致危因素** 生境破碎化或丧失、过度采集、自然种群过小。

球花石斛

Dendrobium thyrsiflorum Rchb.f.

国家重点保护级别	CITES 附录	IUCN 红色名录
二级	附录 II	

▶**形态特征** 附生植物。茎圆柱形，基部收狭为细圆柱形，有数条纵棱。叶 3~4 枚互生于茎的上端，长圆形或长圆状披针形，长 9~16 cm，宽 2.4~5 cm。总状花序侧生于老茎上端，密生多花；萼片和花瓣白色，唇瓣金黄色；中萼片卵形，长约 1.5 cm，宽 8 mm；侧萼片稍斜卵状披针形，长 1.7 cm，宽 7 mm；花瓣近圆形，长 14 mm，宽 12 mm；唇瓣半圆状三角形，长 15 mm，宽 19 mm，上面密布短茸毛；爪的前方具 1 枚倒向的舌状物；蕊柱白色，长 4 mm；蕊柱足淡黄色；药帽白色，为前后压扁的圆锥形。

▶**花 果 期** 花期 4—5 月。果期未知。

▶**分　　布** 云南（屏边、金平、马关、勐海、思茅、普洱、墨江、景东、沧源、澜沧、腾冲一带）；印度、缅甸、泰国、老挝、越南。

▶**生　　境** 生于海拔 420~1000 m 的常绿阔叶林中树干上或山谷岩石上。

▶**用　　途** 药用和观赏。

▶**致危因素** 生境破碎化或丧失、过度采集、自然种群过小。

绿春石斛（紫婉石斛）

（兰科　Orchidaceae）

Dendrobium transparens Wall.

国家重点保护级别	CITES 附录	IUCN 红色名录
二级	附录 II	濒危（EN）

▶**形态特征**　附生植物。茎圆柱状。叶披针形，长 7.5～10 cm，宽约 1.3 cm。花序生于老茎上；萼片和花瓣白色泛淡紫红色，唇瓣基部两侧具紫红色的条纹，唇瓣中央有 1 个大的深紫红色斑块；萼片近相等，长约 2.5 cm，宽 0.5 cm，披针形；花瓣卵形，长约 2.5 cm，宽 0.9 cm；唇瓣倒卵形或近圆形，长约 2.7 cm，宽 1.5 cm，正面具短柔毛；蕊柱长 4 mm，具 2 个角状的蕊柱齿。

▶**花 果 期**　花期 4—5 月，果期未知。

▶**分　　布**　云南（绿春）；孟加拉国、印度、尼泊尔、不丹、斯里兰卡、缅甸。

▶**生　　境**　生于海拔 500～2100 m 的林中树上。

▶**用　　途**　药用和观赏。

▶**致危因素**　生境破碎化或丧失、过度采集、自然种群过小。

354

长爪厚唇兰

（兰科 Orchidaceae）

Dendrobium treutleri (Hook.f.) Schuit. & Peter.B.Adams

国家重点保护级别	CITES 附录	IUCN 红色名录
二级	附录 II	易危（VU）

▶**形态特征** 附生植物。根状茎具分枝。假鳞茎狭卵形，顶生 2 枚叶。叶革质，长圆形，长 4～6.5 cm，宽 12～14 mm。花序在假鳞茎上顶生，具单花；花淡紫红色；中萼片披针形，长 23 mm，宽约 5 mm；侧萼片稍斜披针形；花瓣线形，与萼片等长，宽 2.5 mm；唇瓣基部具长约 5 mm 的爪，长 14～16 mm，3 裂；侧裂片直立，狭长圆形；中裂片近圆形，宽约 11 mm，先端具细尖；唇盘具 3 条褶片。蕊柱长 1～1.2 cm，具长 7 mm 的蕊柱足。

▶**花 果 期** 花期 9—10 月，果期未知。

▶**分 布** 云南（怒江上游和独龙江一带）；印度。

▶**生 境** 生于海拔 2300 m 的密林中树干上。

▶**用 途** 药用和观赏。

▶**致危因素** 生境破碎化或丧失、过度采集、自然种群过小。

三脊金石斛

（兰科　Orchidaceae）

Dendrobium tricristatum Schuit. & Peter.B.Adams

国家重点保护级别	CITES 附录	IUCN 红色名录
二级	附录 II	极危（CR）

▶**形态特征**　附生植物。根状茎匍匐，每相距 7 个节间发出 1 个茎。茎常分枝。假鳞茎稍扁纺锤形，长 4.5 ~ 6.5 cm，粗 8 ~ 15 mm，顶生 1 枚叶。叶狭卵状披针形，长 11.5 ~ 12 cm，宽 2.5 cm。花序通常具 1 朵花；花梗和子房长约 6 mm；花淡黄色；中萼片卵状长圆形，长 14 mm，宽 5 mm；侧萼片斜卵状三角形；萼囊与子房交成钝角或直角，长约 6 mm；花瓣长圆形，长 10 mm，宽 3.2 mm；唇瓣整体轮廓倒卵形，3 裂；唇盘具 3 条褶脊；蕊柱粗短，长约 4 mm，具长约 5 mm 的蕊柱足；药帽前端平截，其边缘具细齿。

▶**花 果 期**　花期 6 月。

▶**分　　布**　云南（勐腊）；缅甸等。

▶**生　　境**　生于海拔 800 m 的山地疏林中树干上。

▶**用　　途**　药用和观赏。

▶**致危因素**　生境破碎化或丧失、过度采集、自然种群过小。

翅梗石斛

（兰科　Orchidaceae）

Dendrobium trigonopus Rchb.f.

国家重点保护级别	CITES 附录	IUCN 红色名录
二级	附录 II	

▶**形态特征**　茎肉质状，粗厚，呈纺锤形或有时棒状。叶长圆形，长 8 ~ 9.5 cm，宽 15 ~ 25 mm，在背面的脉上被稀疏的黑色粗毛。总状花序出自茎中部或近顶端，具 2 朵花；子房三棱形；花下垂，除唇盘稍带浅绿色外，均为蜡黄色；中萼片和侧萼片狭披针形，长约 3 cm，宽 1 cm，在背面中肋隆起呈翅状；花瓣卵状长圆形，长约 2.5 cm，宽 1.1 cm；唇瓣直立，3 裂；中裂片近圆形，唇盘密被乳突；蕊柱长约 6 mm；药帽圆锥形，长约 5 mm。

▶**花　果　期**　花期 3—4 月。

▶**分　　　布**　云南（勐海、思茅、墨江至普洱、石屏）；缅甸、泰国、老挝。

▶**生　　　境**　生于海拔 1150 ~ 1600 m 的山地林中树干上。

▶**用　　　途**　药用和观赏。

▶**致危因素**　生境破碎化或丧失、过度采集、自然种群过小。

二色金石斛

Dendrobium tsii Schuit. & P.B.Adams

国家重点保护级别	CITES 附录	IUCN 红色名录
二级	附录 II	数据缺乏（DD）

▶**形态特征**　根状茎，每 3 ~ 4 个节间发出 1 个茎。茎分枝。假鳞茎为稍扁的纺锤形，长 3.5 ~ 5 cm，粗 13 ~ 17 mm，顶生 1 枚叶。叶椭圆状披针形，长 12.5 ~ 13.5 cm，宽 17 ~ 23 mm。花序具 1 ~ 5 朵花；中萼片乳白色，中部以下密布许多紫红色小斑点，长圆形，长 12 ~ 15 mm，宽 4 ~ 5 mm；侧萼片乳白色带紫红色斑点，长圆披针形；萼囊几与子房交成直角；花瓣乳白色，长圆形，长 10 mm，宽 3 mm；唇瓣白色，倒卵形，3 裂；两侧裂片卵状三角形，长 8 mm，宽约 3 mm；中裂片从基部向先端扩大，先端呈 "V" 形，2 裂；唇盘具 2 条褶脊。

▶**花 果 期**　花期 6—7 月。

▶**分　　布**　云南（勐腊）。

▶**生　　境**　生于海拔 900 m 的疏林中树干上。

▶**用　　途**　药用和观赏。

▶**致危因素**　生境破碎化或丧失、过度采集、自然种群过小。

王氏石斛

（兰科　Orchidaceae）

Dendrobium wangliangii G.W.Hu, C.L.Long & X.H.Jin

国家重点保护级别	CITES 附录	IUCN 红色名录
二级	附录 II	极危（CR）

▶**形态特征**　茎丛生，纺锤形，长 1.5 ~ 3 cm，粗约 0.8 cm。叶 2 ~ 4 枚，椭圆形，长 1 ~ 2 cm，宽 0.5 ~ 0.8 cm。花序从老茎发出，具 1 朵花；花白色先端粉红色，唇瓣中部具 2 个黄色斑块；中萼片卵状椭圆形，长 16 mm，宽 4 ~ 6 mm；侧萼片呈偏斜的三角状长圆形，长 20 mm，宽 6 mm；萼囊囊状，长 5 mm；花瓣椭圆形，长 17 mm，宽 9 mm；唇瓣宽倒卵形，长 20 ~ 22 mm，宽 15 ~ 18 mm；唇盘密被柔毛；蕊柱长 2 ~ 3 mm，蕊柱齿三角形。

▶**花 果 期**　花期 5 月，果期未知。

▶**分　　布**　云南（禄劝）。

▶**生　　境**　生于海拔 2200 m 的落叶阔叶林和常绿阔叶混交林中树上。

▶**用　　途**　药用和观赏。

▶**致危因素**　生境破碎化或丧失、过度采集、自然种群过小。

大苞鞘石斛

Dendrobium wardianum R.Warner

国家重点保护级别	CITES 附录	IUCN 红色名录
二级	附录 II	易危（VU）

▶**形态特征**　附生植物。茎肉质状肥厚，圆柱形；节间多少膨胀呈棒状。叶狭长圆形，长 5.5～15 cm，宽 1.7～2 cm。总状花序从老茎发出，具 1～3 朵花；花白色带紫色先端；中萼片长圆形，长 4.5 cm，宽 1.8 cm；萼囊近球形，长约 5 mm；花瓣宽长圆形，达 2.8 cm；唇瓣白色带紫色先端，宽卵形，长约 3.5 cm，宽 3.2 cm，两面密布短毛，唇盘两侧各具 1 个暗紫色斑块；药帽宽圆锥形，无毛，前端边缘具不整齐的齿。

▶**花 果 期**　花期 3—5 月，果期未知。

▶**分　　布**　云南（金平、勐腊、镇康、腾冲、盈江）；不丹、印度东北部、缅甸、泰国、越南。

▶**生　　境**　生于海拔 1350～1900 m 的山地疏林中树干上。

▶**用　　途**　药用和观赏。

▶**致危因素**　生境破碎化或丧失、过度采集、自然种群过小。

高山石斛

（兰科　Orchidaceae）

Dendrobium wattii (Hook.f.) Rchb.f.

国家重点保护级别	CITES 附录	IUCN 红色名录
二级	附录 II	濒危（EN）

▶**形态特征**　附生植物。茎质地坚硬，具纵条棱。叶长圆形，长 5～8 cm，宽 1.2～2.3 cm，幼时在下面被黑色硬毛。总状花序出自具叶的茎顶端，具 1～2 朵花；花白色，唇盘基部橘红色；中萼片长圆形，长 2.5～3 cm，宽 7～10 mm；侧萼片斜披针形；萼囊狭长，呈角状，长约 2.5 cm；花瓣倒卵形，长 2.5～3.7 cm，宽 1.2～2.2 cm；唇瓣长 3.5 cm，3 裂；侧裂片倒卵形；中裂片近圆形，先端 2 裂；唇盘从唇瓣基部至中裂片基部具 4～5 条并行的小龙骨脊。

▶**花　果　期**　花期 8—11 月。

▶**分　　　布**　云南（勐腊、景洪）；印度东北部、缅甸、泰国、老挝。

▶**生　　　境**　生于海拔 2000 m 的密林中树干上。

▶**用　　　途**　药用和观赏。

▶**致危因素**　生境破碎化或丧失、过度采集、自然种群过小。

黑毛石斛

Dendrobium williamsonii Day & Rchb.f.

国家重点保护级别	CITES 附录	IUCN 红色名录
二级	附录 II	濒危（EN）

▶**形态特征**　附生植物。叶长圆形，长 7 ~ 9.5 cm，宽 1 ~ 2 cm，密被黑色粗毛。总状花序出自具叶的茎端，具 1 ~ 2 朵花；萼片和花瓣淡黄色或白色，狭卵状长圆形，长 2.5 ~ 3.4 cm，宽 6 ~ 9 mm；中萼片的中肋在背面具矮的狭翅；侧萼片与中萼片近等大；萼囊劲直，角状，长 1.5 ~ 2 cm；唇瓣淡黄色或白色，带橘红色的唇盘，长约 2.5 cm，3 裂；侧裂片近倒卵形；中裂片近圆形或宽椭圆形；唇盘沿脉纹疏生粗短的流苏；药帽短圆锥形，前端边缘密生短髯毛。

▶**花 果 期**　花期 4—5 月。

▶**分　　布**　海南（五指山）、广西（凌云、隆林、融水、东兰）、云南；印度东北部、缅甸、越南。

▶**生　　境**　生于海拔 1000 m 的林中树干上。

▶**用　　途**　药用和观赏。

▶**致危因素**　生境破碎化或丧失、过度采集、自然种群过小。

大花石斛

Dendrobium wilsonii Rolfe

国家重点保护级别	CITES 附录	IUCN 红色名录
二级	附录 II	极危（CR）

▶**形态特征**　附生植物。茎细圆柱形。叶狭长圆形，长 3~7 cm，宽 10~12 mm。总状花序从老茎发出，具 1~2 朵花；花白色至淡紫色；中萼片长圆状披针形，长 2.5~4 cm，宽 7~10 mm；侧萼片三角状披针形，宽 7~10 mm；萼囊半球形，长 1~1.5 cm；花瓣近椭圆形，长 2.5~4 cm，宽 1~1.5 cm；唇瓣卵状披针形，3 裂或不明显 3 裂，其中央具 1 个胼胝体；侧裂片半圆形；中裂片卵形；唇盘中央具 1 个斑块，密布短毛；蕊柱长约 4 mm；蕊柱足长约 1.5 cm。

▶**花果期**　花期 5 月。

▶**分　　布**　福建（德化）、湖北（咸丰、巴东、利川、鹤峰）、湖南（桑植、安化、石门）、广西（金秀、武鸣）、四川（峨眉山、雷坡、洪雅）、贵州（习水、遵义、梵净山）、云南（思茅）。

▶**生　　境**　生于海拔 1000~1300 m 的山地阔叶林中树干上或林下岩石上。

▶**用　　途**　药用和观赏。

▶**致危因素**　生境破碎化或丧失、过度采集、自然种群过小。

西畴石斛

（兰科　Orchidaceae）

Dendrobium xichouense S.J.Cheng & C.Z.Tang

国家重点保护级别	CITES 附录	IUCN 红色名录
二级	附录 II	极危（CR）

▶**形态特征**　附生植物。叶长圆形或长圆状披针形，长达 4 cm，宽约 1 cm。总状花序侧生老茎上部，具 1 ~ 2 朵花；花白色稍带淡粉红色；中萼片近长圆形，长 12 mm，宽 4 mm；侧萼片与中萼片近等大，基部歪斜；花瓣倒卵状菱形，比中萼片稍短，宽约 4 mm；唇瓣近卵形，长约 1.6 cm，最宽处约 9 mm，中部以下两侧边缘向上卷曲，唇盘黄色并且密布卷曲的淡黄色长柔毛，边缘流苏状。

▶**花果期**　花期 7 月。

▶**分　　布**　云南（西畴）。

▶**生　　境**　生于海拔 1900 m 的石灰岩山地林中树干上。

▶**用　　途**　药用和观赏。

▶**致危因素**　生境破碎化或丧失、过度采集、自然种群过小。

镇沅石斛

（兰科 Orchidaceae）

Dendrobium zhenyuanense D.P.Ye ex Jian W.Li , D.P.Ye & X.H.Jin

国家重点保护级别	CITES 附录	IUCN 红色名录
二级	附录 II	未予评估（NE）

▶**形态特征**　茎纺锤形。叶 2～3 枚，披针形，长 1.5～2 cm，宽 0.4～0.6 cm。花序 1～3 个生于当年生茎上。花绿色；中萼片狭卵形，长 3.5 mm，宽 1 mm；侧萼片卵状三角形，长 3.5 mm，宽 1.5 mm；花瓣披针形，长 3 mm，宽 1 mm；唇瓣椭圆形，长 2.5 mm，宽 1.5 mm，基部具 2 条半圆形的褶片。

▶**花　果　期**　花期 9—10 月，果期未知。

▶**分　　　布**　云南（镇沅）。

▶**生　　　境**　生于海拔 1900 m 的林中树上。

▶**用　　　途**　药用和观赏。

▶**致危因素**　生境破碎化或丧失、过度采集、自然种群过小。

原天麻

Gastrodia angusta S. Chow et S.C. Chen

国家重点保护级别	CITES 附录	IUCN 红色名录
二级	附录 II	极危（CR）

▶**形态特征** 菌类寄生植物。根状茎块茎状，椭圆状梭形，肉质，长 5 ~ 15 cm，直径 3 ~ 5 cm，具较密的节。茎无绿叶。总状花序通常具 20 ~ 30 朵花。花乳白色；萼片和花瓣合生成的花被筒近宽圆筒状，长 1 ~ 1.2 cm，顶端具 5 枚裂片，但前方即侧萼片合生处的裂口很深；中萼片卵圆形，长约 3 mm；侧萼片斜三角形，长 6 ~ 7 mm；花瓣卵圆形，长约 2.5 mm；唇瓣长圆状梭形，长达 1.5 cm，宽 5 ~ 6 mm，上半部边缘皱波状，内有 2 条紫黄色稍隆起的纵脊；基部收狭并在两侧具 1 对新月形胼胝体；蕊柱长 7 ~ 8 mm。

▶**花 果 期** 3—4 月。

▶**分 布** 云南（石屏）。

▶**生 境** 生于海拔 1600 m 竹林下。

▶**用 途** 药用。

▶**致危因素** 生境破碎化或丧失、过度采集。

天麻

Gastrodia elata Blume

（兰科　Orchidaceae）

国家重点保护级别	CITES 附录	IUCN 红色名录
二级	附录 II	无危（LC）

▶**形态特征**　菌类寄生植物。根状茎肥厚，块茎状，椭圆形至近哑铃形，肉质，长 8～12 cm，直径 3～5（～7）cm。总状花序具 30～50 朵花；花扭转，橙黄、淡黄、蓝绿或黄白色；萼片和花瓣合生成的花被筒长约 1 cm，直径 5～7 mm，近斜卵状圆筒形，顶端具 5 枚裂片；外轮裂片（萼片离生部分）卵状三角形；内轮裂片（花瓣离生部分）近长圆形；唇瓣长圆状卵圆形，长 6～7 mm，宽 3～4 mm，3 裂；蕊柱长 5～7 mm，有短的蕊柱足。

▶**花 果 期**　5—7 月。

▶**分　　布**　吉林、辽宁、内蒙古、河北、山西、陕西、甘肃、江苏、安徽、浙江、江西、台湾、河南、湖北、湖南、四川、贵州、云南、西藏；尼泊尔、不丹、印度、日本、朝鲜半岛至俄罗斯西伯利亚。

▶**生　　境**　生于海拔 400～3200 m 的疏林下、林中空地、林缘、灌丛边缘。

▶**用　　途**　药用。

▶**致危因素**　过度采集。

手参

（兰科 Orchidaceae）

Gymnadenia conopsea (L.) R. Br.

国家重点保护级别	CITES 附录	IUCN 红色名录
二级	附录 II	濒危（EN）

▶**形态特征**　植株高 20～60 cm。块茎下部掌状分裂。茎上具 4～5 枚叶。叶片线状披针形、狭长圆形或带形，长 5.5～15 cm，宽 1～2 cm。总状花序具多数密生的花；花粉红色，罕为粉白色；中萼片宽椭圆形或宽卵状椭圆形，长 3.5～5 mm，宽 3～4 mm；侧萼片斜卵形；花瓣斜卵状三角形，与中萼片等长；唇瓣宽倒卵形，长 4～5 mm，前部 3 裂，中裂片较侧裂片大，三角形；距细而长，长约 1 cm，长于子房。

▶**花 果 期**　花期 6—8 月，果期未知。

▶**分　　布**　黑龙江、吉林、辽宁、内蒙古、河北、山西、陕西、甘肃东南部、四川西部至北部、云南西北部、西藏（察隅）；朝鲜半岛、日本、俄罗斯西伯利亚至欧洲一些国家。

▶**生　　境**　生于海拔 265～4700 m 的山坡林下、草地或砾石滩草丛中。

▶**用　　途**　药用。

▶**致危因素**　生境破碎化或丧失、过度采集。

西南手参

（兰科　Orchidaceae）

Gymnadenia orchidis Lindl.

国家重点保护级别	CITES 附录	IUCN 红色名录
二级	附录 II	易危（VU）

▶**形态特征**　块茎下部掌状分裂。茎上具 3 ~ 5 枚叶。叶片椭圆形或椭圆状长圆形，长 4 ~ 16 cm，宽 3 ~ 4.5 cm。花紫红色或粉红色；中萼片卵形，长 3 ~ 5 mm，宽 2 ~ 3.5 mm；侧萼片反折，斜卵形；花瓣斜宽卵状三角形；唇瓣宽倒卵形，长 3 ~ 5 mm，前部 3 裂，中裂片较侧裂片稍大或等大，三角形；距狭圆筒形，下垂，长 7 ~ 10 mm。

▶**花 果 期**　花期 7—9 月。

▶**分　　布**　陕西南部、甘肃东南部、青海南部、湖北（兴山）、四川西部、云南西北部、西藏东部至南部；克什米尔地区至不丹、印度东北部。

▶**生　　境**　生于海拔 2800 ~ 4100 m 的山坡林下、灌丛下或高山草地中。

▶**用　　途**　药用。

▶**致危因素**　生境破碎化或丧失、过度采集。

血叶兰

Ludisia discolor (Ker Gawl.) Blume

国家重点保护级别	CITES 附录	IUCN 红色名录
二级	附录 II	

▶**形态特征**　石上附生。茎在近基部具 2 ~ 4 枚叶。叶片卵形或卵状长圆形，长 3 ~ 7 cm，宽 1.7 ~ 3 cm，上面黑绿色，具金红色有光泽的脉。花白色或带淡红色；中萼片卵状椭圆形，长 8 ~ 9 mm，宽 4.5 ~ 5 mm，与花瓣黏合呈兜状；侧萼片偏斜的卵形或近椭圆形，长 9 ~ 10 mm，宽 4.5 ~ 5 mm；花瓣近半卵形，长 8 ~ 9 mm，宽 2 ~ 2.2 mm；唇瓣长 9 ~ 10 mm，下部与蕊柱的下半部合生成管，顶部扩大成横长方形片，宽 5 ~ 6 mm；唇瓣基部的囊具 2 浅裂，囊内具 2 枚肉质的胼胝体；蕊柱长约 5 mm。

▶**花 果 期**　花期 2—4 月，果期未知。

▶**分　　布**　广东、香港、海南、广西、云南；缅甸、越南、泰国、马来西亚、印度尼西亚、大洋洲的纳吐纳群岛。

▶**生　　境**　生于海拔 900 ~ 1300 m 的山坡或沟谷常绿阔叶林下阴湿处。

▶**用　　途**　观赏。

▶**致危因素**　过度采集。

卷萼兜兰

Paphiopedilum appletonianum (Gower) Rolfe

国家重点保护级别	CITES 附录	IUCN 红色名录
一级	附录 I	濒危（EN）

▶**形态特征** 地生植物。叶基生，2 列；叶上面有深浅绿色相间的网格斑，背面淡绿色并在基部有紫晕，基部收狭而成叶柄状并对折而互相套叠。花葶直立；花苞片 2 枚，围抱子房。中萼片长 3.5 ~ 4 cm，宽 2 ~ 2.6 cm，绿白色并有绿色脉，基部常有紫晕；花瓣近匙形，长 4.5 ~ 6 cm，上部宽 1.5 ~

2 cm，下半部有暗褐色与灰白色相间的条纹或斑及黑色斑点，上半部淡紫红色；唇瓣倒盔状，囊近狭椭圆形，长 2 ~ 3 cm，宽 1.5 ~ 1.8 cm，末端淡黄绿色至灰色，其余部分淡紫红色并有绿色的囊口边缘，囊口极宽阔，两侧各具 1 个直立的耳。

▶**花 果 期** 花期 1—5 月。

▶**分　　布** 海南（东方、陵水、定安）、广西；越南、老挝、柬埔寨、泰国。

▶**生　　境** 生于海拔 300 ~ 1200 m 的林下阴湿、腐殖质多的土壤上或岩石上。

▶**用　　途** 观赏。

▶**致危因素** 生境退化或丧失、直接采挖。

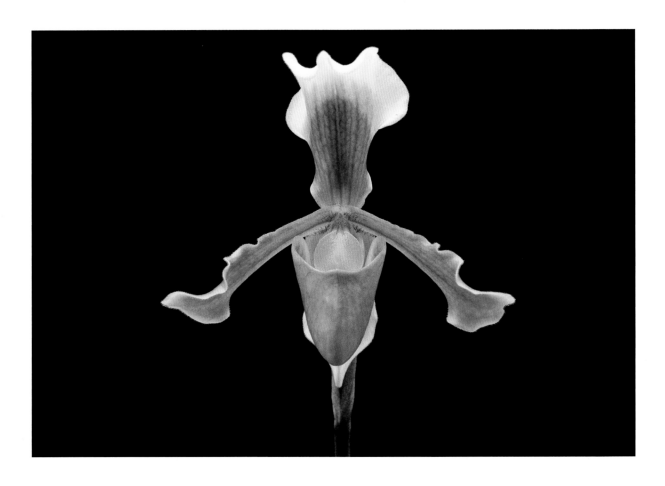

根茎兜兰

Paphiopedilum areeanum O. Gruss

国家重点保护级别	CITES 附录	IUCN 红色名录
一级	附录 I	濒危（EN）

▶**形态特征**　附生植物。根状茎直立，长 8 ~ 10 cm，直径约 1 cm，彼此相连，节间长 5 ~ 20 mm，末端通常数簇叶。叶先端常稍 2 裂，上面暗绿色。花葶近直立，顶生在 1 单生花。中萼片浅褐绿色，具宽阔白色边缘，下半部具褐色条纹；合萼片淡黄绿色；花瓣狭长圆状匙形，黄绿色，具紫褐色中脉，稍波状，边缘具缘毛，长 4.5 ~ 5.5 cm，宽 1.4 ~ 1.6 cm；唇瓣盔状；退化雄蕊倒卵形，中央具 1 脐状凸起。

▶**花 果 期**　花期 10—11 月。

▶**分　　布**　云南（潞西、高黎贡山）；缅甸。

▶**生　　境**　生于林下枯木上。

▶**用　　途**　观赏。

▶**致危因素**　生境退化或丧失、过度采集。

▶**备　　注**　本种在国内是否有分布，有待进一步考证。

杏黄兜兰

（兰科　Orchidaceae）

Paphiopedilum armeniacum S.C. Chen et F.Y. Liu

国家重点保护级别	CITES 附录	IUCN 红色名录
一级	附录 I	极危（CR）

▶**形态特征**　地生或半附生植物，地下具细长而横走的根状茎。叶基生，2 列；叶上面具深浅绿色相间的网格斑，边缘具细齿。花大，纯黄色，仅退化雄蕊上具浅栗色纵纹；花瓣宽卵状椭圆形、宽卵形或近圆形，长 2.8～5.3 cm，宽 2.5～4.8 cm；唇瓣深囊状，近椭圆状球形或宽椭圆形，长宽相近，基部具短爪，囊口近圆形，整个边缘内折，但先端边缘较狭窄，囊底具白色长柔毛和紫色斑点。

▶**花 果 期**　花期 2—4 月。

▶**分　　布**　云南（福贡、泸水、云龙）。

▶**生　　境**　生于海拔 1400～2100 m 的石灰岩壁积土处或多石而排水良好的草坡上。

▶**用　　途**　观赏。

▶**致危因素**　生境退化或丧失、过度采集。

小叶兜兰

Paphiopedilum barbigerum T. Tang et F.T. Wang

国家重点保护级别	CITES 附录	IUCN 红色名录
一级	附录 I	濒危（EN）

▶**形态特征**　地生或半附生植物。叶基生，2 列；叶片宽线形，上面绿色，长 8 ~ 19 cm，宽 7 ~ 18 mm。花葶直立，顶端生 1 花；中萼片中央黄绿色至黄褐色，上端与边缘白色，花瓣边缘奶油黄色至淡黄绿色，中央具密集的褐色脉纹或整个呈褐色，唇瓣浅红褐色；中萼片宽 2.2 ~ 2.7（~ 4）cm；合萼片卵形或卵状椭圆形；花瓣狭长圆形或略带匙形，长 3 ~ 4 cm，宽约 1 cm，边缘波状；唇瓣倒盔状，囊底有毛；退化雄蕊宽倒卵形，上面中央具 1 个脐状突起。

▶**花　果　期**　花期 10—12 月。

▶**分　　　布**　广西、贵州（乌当、福泉、荔波、普安）；越南。

▶**生　　　境**　生于海拔 800 ~ 1500 m 的石灰岩山丘荫蔽岩隙中。

▶**用　　　途**　观赏。

▶**致危因素**　生境退化或丧失。

374

巨瓣兜兰

Paphiopedilum bellatulum (Rcnb. F.) Stein

国家重点保护级别	CITES 附录	IUCN 红色名录
一级	附录 I	濒危（EN）

▶**形态特征**　地生或半附生植物。叶基生，2 列；叶片先端钝并有不对称的裂口，上面具深浅绿色相间的网格斑，背面密布紫色斑点。花葶直立，顶端生 1 花。花白色或带淡黄色，具紫红色或紫褐色粗斑点，仅退化雄蕊上的斑点较细；花瓣巨大，宽椭圆形或宽卵状椭圆形，长 5 ~ 6 cm，宽 3 ~ 4.5 cm，边缘具细缘毛；唇瓣深囊状，椭圆形，长 2.5 ~ 4 cm，宽 1.5 ~ 2 cm，基部具很短的爪，囊口宽阔，整个边缘内弯，但前方内弯边缘狭窄，囊底具毛；退化雄蕊近圆形或略带方形，先端钝或略有 3 齿。

▶**花 果 期**　花期 4—6 月。

▶**分　　布**　广西、云南、贵州；缅甸、泰国。

▶**生　　境**　生于海拔 1000 ~ 1800 m 的石灰岩岩隙积土处。

▶**用　　途**　观赏。

▶**致危因素**　生境退化或丧失。

红旗兜兰

（兰科　Orchidaceae）

Paphiopedilum charlesworthii (Rolfe) Pfitzer

国家重点保护级别	CITES 附录	IUCN 红色名录
一级	附录 I	濒危（EN）

▶**形态特征**　地生植物。叶 2 列，狭矩圆形，长 8～20 cm，上面深绿色，背面淡绿色且在近基部处具密集的紫褐色斑点。花葶直立。中萼片粉红色或粉红白色，具深色脉纹；花瓣与唇瓣浅绿黄色，具褐色网状脉纹；中萼片直立，近圆形或横椭圆形，长 3.9～4.6 cm，宽 4.5～5.9 cm；合萼片卵形；花瓣矩圆状匙形，长 3.8～4.4 cm，宽 1.3～1.6 cm，基部具深紫色长柔毛，边缘波状且具缘毛；唇瓣盔状；囊近椭圆状卵形，囊口两侧呈耳状；退化雄蕊倒卵形，白色，中央具黄色脐状突起。

▶**花　果　期**　花期 9—10 月。

▶**分　　　布**　云南（保山、临沧）；印度、缅甸、泰国。

▶**生　　　境**　生于海拔 1300～1600 m 的常绿阔叶林下或石缝积土处。

▶**用　　　途**　观赏。

▶**致危因素**　生境破坏、过度采集。

同色兜兰

（兰科　Orchidaceae）

Paphiopedilum concolor (Lindl.ex Bateman) Pfitzer.

国家重点保护级别	CITES 附录	IUCN 红色名录
一级	附录 I	易危（VU）

▶**形态特征**　地生或半附生植物，具粗短的根状茎和少数稍肉质而被毛的纤维根。叶基生，2 列；叶片狭椭圆形至椭圆状长圆形，先端钝并略有不对称，上面具深浅绿色相间的网格斑，背面具极密集的紫点或几乎完全紫色。花葶直立，顶端通常具 1~2 花；花直径 5~6 cm，淡黄色或罕有近象牙白色，具紫色细斑点；花瓣呈斜的椭圆形、宽椭圆形或菱状椭圆形，长 3~4 cm，宽 1.8~2.5 cm；唇瓣深囊状，狭椭圆形至圆锥状椭圆形，长 2.5~3 cm，宽约 1.5 cm，囊口宽阔，整个边缘内弯，

但前方内弯边缘宽仅 1~2 mm，基部具短爪，囊底具毛；退化雄蕊宽卵形至宽卵状菱形，先端略具 3 小齿，基部收狭并具耳。

▶**花 果 期**　花期 6—8 月。

▶**分　　布**　广西、贵州、云南；缅甸、越南、老挝、柬埔寨、泰国。

▶**生　　境**　生于海拔 300~1400 m 的石灰岩多腐殖质土壤上、岩壁缝隙、积土处。

▶**用　　途**　观赏。

▶**致危因素**　生境质量下降或丧失、过度采集。

德氏兜兰

Paphiopedilum delenatii Guillaumin

国家重点保护级别	CITES 附录	IUCN 红色名录
一级	附录 I	数据缺失（DD）

▶**形态特征**　地生植物。叶 4～6 枚，矩圆形，长 8～12 cm，宽 3.5～4.2 cm，上面具明显深浅绿色相间的网格斑，背面具密集的紫色斑点，先端钝，近叶面先端具金黄色的鸟足状斑纹，基部对折并在边缘具缘毛。花葶近直立，长 21～30 cm，紫褐色，具密集的白色长硬毛；苞片近卵形，淡绿色，具紫褐色小斑点，背面被毛；花梗和子房淡绿色，具密集紫红色斑点和白色长硬毛。花 2 朵或单朵；中萼片、合萼片和花瓣白色，具模糊的浅粉红色斑点和脉纹，尤其在背面；唇瓣粉红色至浅紫红色；退化雄蕊白色，前半部具紫红色晕，中央具浅黄色斑块；中萼片卵形，先端近急尖，两面被短柔毛；花瓣宽椭圆形，先端浑圆；唇瓣深囊状，近球形，前端边缘内卷，外面被微柔毛；退化雄蕊菱状卵形，边缘具缘毛。

▶**花 果 期**　花期 3—4 月。

▶**分　　布**　广西（柳州以北）、云南（富宁、西畴、麻栗坡）；越南。

▶**生　　境**　生于海拔 1000～1300 m 的石灰岩地区灌木和杂草丛生之地。

▶**用　　途**　观赏。

▶**致危因素**　生境退化或丧失。

▶**备　　注**　德氏兜兰野外分布有待确认。

长瓣兜兰

（兰科　Orchidaceae）

Paphiopedilum dianthum T.（Linll.ex Batemen）Pfitzer

国家重点保护级别	CITES 附录	IUCN 红色名录
一级	附录 I	易危（VU）

▶**形态特征**　附生植物，较高大。叶基生，2 列；叶片宽带形或舌状，厚革质。花葶近直立；总状花序具 2 ~ 4 朵花；花梗和子房长达 5.5 cm，无毛；花瓣下垂，长带形，长 8.5 ~ 12 cm，宽 6 ~ 7 mm，扭曲，从中部至基部边缘波状，可见数个具毛的黑色疣状突起或长柔毛，有时疣状突起与长柔毛均不存在；唇瓣倒盔状，基部具宽阔的、长达 2 cm 的柄；囊近椭圆状圆锥形或卵状圆锥形，长 2.5 ~ 3 cm，宽 2 ~ 2.5 cm，囊口极宽阔，两侧各具 1 个直立的耳，两耳前方边缘不内折，囊底具毛；退化雄蕊倒心形或倒卵形，先端具弯缺，上面基部具 1 个角状突起，沿突起至蕊柱具微柔毛，背面具龙骨状突起，边缘具细缘毛。

▶**花 果 期**　花期 7—9 月，果期 11 月。

▶**分　　布**　广西（靖西）、贵州（兴义、罗甸、紫云、望谟）、云南（麻栗坡）。

▶**生　　境**　生于海拔 1000 ~ 2250 m 的林缘或疏林中的树干上或岩石上。

▶**用　　途**　观赏。

▶**致危因素**　生境质量下降或丧失、过度采集。

379

白花兜兰

Paphiopedilum emersonii Koop. & P.J.Cribb

国家重点保护级别	CITES 附录	IUCN 红色名录
一级	附录 I	极危（CR）

▶**形态特征**　地生或半附生植物。叶基生，2 列；叶片上面深绿色，通常无深浅绿色相间的网格斑。花葶直立顶端生 1 花；花白色，有时带极淡的紫蓝色晕，花瓣基部具少量栗色或红色细斑点，唇瓣上有时具淡黄色晕，通常具不甚明显的淡紫蓝色斑点，退化雄蕊淡绿色并在上半部具大量栗色斑纹；中萼片两面被短柔毛；合萼片背面略具 2 条龙骨状突起；花瓣宽椭圆形至近圆形，长约 6 cm，宽约 5 cm，先端钝或浑圆，两面略被细毛；唇瓣深囊状；近卵形或卵球形，长宽相近，基部具短爪，囊口近圆形，整个边缘内折，囊底具毛；退化雄蕊鳄鱼头状，长达 2 cm，宽约 1 cm，上面中央具宽阔的纵槽，两侧边缘粗厚并近直立。

▶**花 果 期**　花期 4—5 月。

▶**分　　布**　广西、贵州（荔波）。

▶**生　　境**　生于海拔 780 m 的石灰岩灌丛中覆有腐殖土的岩壁上或岩石缝隙中。

▶**用　　途**　观赏。

▶**致危因素**　生境退化或丧失、物种内在因素。

格力兜兰

（兰科　Orchidaceae）

Paphiopedilum gratrixianum Rolfe

国家重点保护级别	CITES 附录	IUCN 红色名录
一级	附录 I	濒危（EN）

▶**形态特征**　地生或石上附生植物。叶 4～8 枚，2 列，长 28～40 cm，宽 2.6～3.4 cm，革质，先端不等的 2 浅裂或具 3 小齿，上面深绿色，背面绿色，近基部具紫色斑点。花葶被紫色短柔毛；花单朵；中萼片白色，近基部常为浅绿色或浅褐绿色，从基部向上 2/3 处具深紫色斑点；合萼片白色，中央常具 2 行紫色斑点；花瓣黄褐色，中脉上侧的色泽较下侧为深；唇瓣浅黄褐色；退化雄蕊浅黄色，稍有浅褐色晕；中萼片宽 3.8～4.6 cm；合萼片椭圆形或卵状椭圆形；花瓣匙形，长 5.2～5.5 cm，宽 2～2.5 cm；唇瓣盔状；囊卵形，囊口两侧略呈耳状；退化雄蕊倒心形，先端急尖，上面具泡状乳突和 1 个中央脐状突起，近基部具紫色毛。

▶**花 果 期**　花期 9—12 月。

▶**分　　布**　云南；老挝、越南。

▶**生　　境**　生于海拔 1800～1900 m 的林下多石处。

▶**用　　途**　观赏。

▶**致危因素**　生境破碎化或丧失、过度采集。

绿叶兜兰

Paphiopedilum hangianum Perner & O. Gruss

国家重点保护级别	CITES 附录	IUCN 红色名录
一级	附录 I	极危（CR）

▶**形态特征** 石上附生植物。叶 2 列，革质，狭椭圆形，上面深绿色，具光泽，背面淡绿色并具龙骨状突起，基部边缘具紫色缘毛。花单朵，稍具香气，淡黄色至浅黄绿色；花瓣近基部有淡紫红色晕；唇瓣囊底具紫色斑点；退化雄蕊具紫红色横脉纹；中萼片宽卵状椭圆形，两面具细柔毛，边缘具细缘毛；合萼片宽椭圆形，两面亦具毛；花瓣宽卵状椭圆形，两面被微柔毛，基部具密集的白色长柔毛，边缘具缘毛；唇瓣深囊状，近球形，长 3.5 ~ 5 cm，宽 2.5 ~ 3.4 cm，前端边缘内卷；蕊柱基部被白色短柔毛；退化雄蕊宽倒卵状三角形，长 1.6 ~ 2.1 cm，宽 1.8 ~ 2.2 cm，先端钝圆，基部骤然收狭成短爪。

▶**花 果 期** 花期 4—5 月。

▶**分 布** 云南（金平）可能有分布；越南。

▶**生 境** 生于海拔 450 ~ 750 m 的常绿阔叶林中。

▶**用 途** 观赏。

▶**致危因素** 生境退化或丧失、物种内在因素。

▶**备 注** 绿叶兜兰野外分布有待确认。

巧花兜兰

Paphiopedilum helenae Aver.

国家重点保护级别	CITES 附录	IUCN 红色名录
一级	附录 I	濒危（EN）

▶**形态特征**　石上附生植物。叶狭矩圆形或线状倒披针形，长 8 ~ 12.5 cm，宽 0.8 ~ 1.6 cm，厚革质或肉革质，先端急尖或不等的 2 裂，上面暗绿色，背面浅绿色并在近基部处具紫色细斑点，边缘黄白色。花单朵；合萼片浅黄色至乳白色；花瓣浅黄绿色或浅褐黄色，中脉的上侧常具枣红色晕；中萼片浅黄色或略呈金黄色，边缘白色，近圆形至宽椭圆形，先端钝或微缺，边缘稍波状，具细缘毛；花瓣线状匙形或狭矩圆形，长 2.5 ~ 3.2 cm，宽 4 ~ 8 mm；唇瓣盔状，浅黄绿色，

具枣红色晕；囊近椭圆形，通常在前方表面膨胀凸出，囊口两侧呈耳状；退化雄蕊浅黄绿色，宽倒卵形至倒卵状圆形，上面具小乳突并在中央具脐状突起。

▶**花 果 期**　花期 9—11 月。

▶**分　　布**　广西（那坡）；越南。

▶**生　　境**　生于海拔 450 ~ 750 m 的灌木丛生的岩壁缝隙中。

▶**用　　途**　观赏。

▶**致危因素**　生境退化或丧失、过度采挖。

亨利兜兰

（兰科　Orchidaceae）

Paphiopedilum henryanum Braem

国家重点保护级别	CITES 附录	IUCN 红色名录
一级	附录 I	极危（CR）

▶**形态特征**　地生或半附生植物。叶基生，2 列，通常 3 枚；叶片狭长圆形，长 12 ~ 17 cm，宽 1.2 ~ 1.7 cm，先端钝，上面深绿色，背面淡绿色或有时在基部具淡紫色晕。花葶密生褐色或紫褐色毛，顶端生 1 朵花；合萼片色泽相近但无斑点或具少数斑点；中萼片奶油黄色或近绿色，具许多不规则的紫褐色粗斑点，近圆形或扁圆形，长 3 ~ 3.4 cm，宽 3 ~ 3.8 cm；合萼片较狭窄；花瓣玫瑰红色，基部具紫褐色粗斑点，狭倒卵状椭圆形至近长圆形，长 3.2 ~ 3.6 cm，宽 1.4 ~ 1.6 cm；唇瓣玫瑰红色并略具黄白色晕的边缘，倒盔状；囊近宽椭圆形，囊口极宽阔，两侧各具 1 个直立的耳，两耳前方边缘不内折，囊底具毛；退化雄蕊倒心形至宽倒卵形，基部具耳，上面中央具 1 枚齿状突起。

▶**花 果 期**　花期 7—8 月。

▶**分　　布**　广西、云南（麻栗坡、马关）；越南。

▶**生　　境**　生于海拔 900 ~ 1300 m 的常绿阔叶林或石灰岩地区的灌丛中。

▶**用　　途**　观赏。

▶**致危因素**　生境退化或丧失、过度采挖。

带叶兜兰

（兰科　Orchidaceae）

Paphiopedilum hirsutissimum (Lindl. ex Hook.) Stein

国家重点保护级别	CITES 附录	IUCN 红色名录
二级	附录 I	易危 VU

▶**形态特征**　地生或半附生植物。叶基生，2 列；叶片带形，革质，长 16～45 cm，宽 1.5～3 cm，先端急尖并常具 2 小齿，上面深绿色。花葶直立，顶端生 1 朵花；中萼片和合萼片除边缘淡绿黄色外，中央至基部具浓密的紫褐色斑点或甚至连成一片；合萼片卵形；花瓣下半部黄绿色而具浓密的紫褐色斑点，上半部玫瑰紫色并具白色晕，匙形或狭长圆状匙形，长 5～7.5 cm，宽 2～2.5 cm；唇瓣淡绿黄色而具紫褐色小斑点，倒盔状；囊椭圆状圆锥形或近狭椭圆形，囊口极宽阔，两侧各具 1 个直立的耳，两耳前方边缘不内折，囊底具毛；退化雄

蕊与唇瓣色泽相似，具 2 个白色"眼斑"，近正方形，顶端近截形或具极不明显的 3 裂，基部具钝耳，上面中央和基部两侧各具 1 枚突起物，中央 1 枚较大，背面具龙骨状突起。

▶**花 果 期**　花期 4—5 月。

▶**分　　布**　广西（龙州、天峨、乐业等）、贵州（兴义、罗甸、望谟）、云南（富宁、文山、麻栗坡）；印度东部、越南、老挝、泰国。

▶**生　　境**　生于海拔 700～1500 m 的林下、林缘岩石缝中、多石湿润土壤上。

▶**用　　途**　观赏。

▶**致危因素**　生境退化或丧失、过度采集。

波瓣兜兰

Paphiopedilum insigne (Wall.ex Lindl.) Pfitzer.

国家重点保护级别	CITES 附录	IUCN 红色名录
一级	附录 I	极危（CR）

▶**形态特征**　叶基生，2 列；叶片带形或线状舌形，长 15～40 cm，宽 2～3 cm，上面深绿色，背面色稍浅并在近基部处具紫褐色斑点。顶端生 1 朵花；中萼片淡黄绿色而在中央至基部具较密的紫红色斑点，上部边缘为白色，宽倒卵形或宽椭圆形，长 4～6.5 cm，宽 4～5 cm；合萼片椭圆状卵形，色泽与中萼片相似，但无白色边缘；花瓣黄绿色或黄褐色而具红褐色脉纹与斑点，狭长圆形或近匙形，长 5～6 cm，宽 1.5～2 cm；唇瓣紫红色或紫褐色，具黄绿色边缘或晕，倒盔状；囊卵状圆锥形或椭圆状卵形，囊口极宽阔，两侧各具 1 个直立的耳，两耳前方边缘不内折，囊底具毛；退化雄蕊倒卵形或近倒心形，黄色，先端近截形或微凹，略具紫毛，中央具 1 个小突起。

▶**花 果 期**　花期 10—12 月。

▶**分　　布**　云南；印度。

▶**生　　境**　生于海拔 1200～1600 m 的杂草丛生的多石山坡或常绿阔叶林下。

▶**用　　途**　观赏。

▶**致危因素**　生境退化或丧失、过度采集。

麻栗坡兜兰

（兰科　Orchidaceae）

Paphiopedilum malipoense S.C. Chen et Z.H. Tsi

国家重点保护级别	CITES 附录	IUCN 红色名录
一级	附录 I	濒危（EN）

▶**形态特征**　地生或半附生植物，具短的根状茎。叶基生，2 列；叶片长圆形或狭椭圆形，革质，先端急尖且稍具不对称的弯缺，上面具深浅绿色相间的网格斑，背面紫色或不同程度地具紫色斑点，极少紫点几乎消失。花葶直立，长（26～）30～40 cm，紫色，具锈色长柔毛；花黄绿色或淡绿色；花瓣上具紫褐色条纹或多少由斑点组成的条纹，倒卵形、卵形或椭圆形，长 4～5 cm，宽 2.5～3 cm；唇瓣上有时具不明显的紫褐色斑点，深囊状，近球形，囊口近圆形，整个边缘内折，囊底具长柔毛；退化雄蕊白色而近先端具深紫色斑块，较少斑块完全消失，长圆状卵形，先端截形，基部近无柄，基部边缘具细缘毛，背面具龙骨状突起，上表面具 4 个脐状隆起，其中 2 个近顶端，另 2 个近基部。

▶**花 果 期**　花期 12 月至次年 3 月。

▶**分　　布**　广西（那坡）、贵州（兴义）、云南（麻栗坡、文山、马关）；越南。

▶**生　　境**　生于海拔 1100～1600 m 的石灰岩山坡林下多石处或积土岩壁上。

▶**用　　途**　观赏。

▶**致危因素**　生境退化或丧失、过度采集。

▶**备　　注**　钩唇兜兰 *Paphiopedilum malipoense* var. *hiepii* (Aver.) P.J. Cribb，根肉质，密被长柔毛。叶背面有紫色斑点或有时连成斑纹。唇瓣小，囊口前端呈钩状；花瓣狭窄；退化雄蕊近卵形，宽 1～1.3 cm，前半部浅绿色至白色并具深紫红色细脉纹。

硬叶兜兰

（兰科　Orchidaceae）

Paphiopedilum micranthum Tang et F.T. Wang

国家重点保护级别	CITES 附录	IUCN 红色名录
二级	附录 I	易危（VU）

▶**形态特征**　地生或半附生植物，地下具细长而横走的根状茎。叶基生，2 列；叶片长圆形或舌状，坚革质，上面具深浅绿色相间的网格斑，背面具密集的紫斑点并具龙骨状突起。花葶直立，长 10 ~ 26 cm，顶端具 1 朵花；中萼片与花瓣通常白色而具黄色晕和淡紫红色粗脉纹，唇瓣白色至淡粉红色，退化雄蕊黄色并具淡紫红色斑点和短纹；花瓣宽卵形、宽椭圆形或近圆形，长 2.8 ~ 3.2 cm，宽 2.6 ~ 3.5 cm；唇瓣深囊状，卵状椭圆形至近球形，基部具短爪，囊口近圆形，整个边缘内折，囊底具白色长柔毛；退化雄蕊椭圆形，长 1 ~ 1.5 cm，宽 7 ~ 8 mm，先端急尖，两侧边缘尤其中部边缘近直立并多少内弯，使中央貌似具纵槽；2 枚能育雄蕊由于退化雄蕊边缘的内卷而清晰可辨。

▶**花果期**　花期 3—5 月。

▶**分　　布**　广西、重庆、贵州（荔波、兴义）、云南（麻栗坡、西畴、文山）；越南。

▶**生　　境**　生于海拔 1000 ~ 1700 m 的石灰岩山坡草丛中、石壁缝隙、积土处。

▶**用　　途**　观赏。

▶**致危因素**　生境退化或丧失、过度采挖。

飘带兜兰

Paphiopedilum parishii (Rchb. f.) Stein

国家重点保护级别	CITES 附录	IUCN 红色名录
一级	附录 I	极危（CR）

▶**形态特征** 附生植物。叶基生，2 列；叶片宽带形，厚革质。花葶近直立，密生白色短柔毛；总状花序具 3～5（～8）朵花；花梗和子房被短柔毛；中萼片与合萼片奶油黄色并具绿色脉，花瓣基部至中部淡绿黄色并具栗色斑点和边缘，中部至末端近栗色，唇瓣绿色而具栗色晕，但囊内紫褐色；花瓣长带形，下垂，长 8～9 cm，宽 6～8（～10）mm，强烈扭转，下部（尤其近基部处）边缘波状，偶见被毛的疣状突起或长的缘毛；唇瓣倒盔状；囊近卵状圆锥形，囊口极宽阔，两侧各具 1 个直立的耳，两耳前方的边缘不内折，囊底具毛；退化雄蕊倒卵形，先端具弯缺或凹缺，基部收狭。

▶**花 果 期** 花期 6—7 月。

▶**分　　布** 云南（勐腊、普洱）；缅甸、泰国。

▶**生　　境** 生于海拔 1000～1100 m 的林中树干上。

▶**用　　途** 观赏。

▶**致危因素** 生境退化或丧失、过度采集。

紫纹兜兰

（兰科　Orchidaceae）

Paphiopedilum purpuratum (Lindl.) Stein

国家重点保护级别	CITES 附录	IUCN 红色名录
一级	附录 I	濒危（EN）

▶**形态特征**　地生或半附生植物。叶基生，2 列；叶片上面具暗绿色与浅黄绿色相间的网格斑，背面浅绿色。花葶直立，顶端生 1 朵花；中萼片白色而具紫色或紫红色粗脉纹，卵状心形；合萼片淡绿色而具深色脉，卵形或卵状披针形；花瓣紫红色或浅栗色而具深色纵脉纹、绿白色晕和黑色疣点，近长圆形，上面仅具疣点而通常无毛，边缘具缘毛；唇瓣紫褐色或淡栗色，倒盔状；囊近宽长圆状卵形，向末略变狭，囊口极宽阔，两侧各具 1 个直立的耳，两耳前方的边缘不内折，囊底具毛，囊外被小乳突；退化雄蕊具淡黄绿色晕，肾状半月形或倒心状半月形，先端具明显凹缺，凹缺中具 1～3 个小齿，上面具极微小的乳突状毛。

▶**花 果 期**　花期 10 月至次年 1 月。

▶**分　　布**　广东（阳春）、香港、广西（上思十万大山）、云南（文山）；越南。

▶**生　　境**　生于海拔 700 m 以下的林下腐殖质丰富的多石处、溪谷旁苔藓丛生的砾石处、岩石上。

▶**用　　途**　观赏。

▶**致危因素**　生境退化或丧失、过度采挖。

白旗兜兰

Paphiopedilum spicerianum (Rchb.f.) Pfitzer

国家重点保护级别	CITES 附录	IUCN 红色名录
一级	附录 I	极危（CR）

▶**形态特征** 地生或石上附生植物。叶革质，通常长 14～30 cm，上面暗绿色，背面浅绿色并在近基部处具紫色斑点，沿基部边缘稍波状。花葶近直立，花单朵或极罕见 2 朵；中萼片白色，具栗色中脉和浅绿色基部，宽卵状圆形至横椭圆形，向前俯倾，先端钝或浑圆，基部边缘外弯，边缘具细缘毛，两面被微柔毛；合萼片卵状椭圆形，浅黄绿色或白绿色，两面被微柔毛或上表面变无毛；花瓣浅黄绿色，具褐紫色中脉，沿侧脉具许多浅色细斑点，狭匙形或狭矩圆形，长 2.6～5.2 cm，宽 6～18 mm，先端浑圆或钝，边缘波状，上面基部被白色长柔毛；唇瓣浅绿褐色或浅黄褐色，具暗色脉，盔状；囊卵形，囊口两侧呈耳状；退化雄蕊白色，中央具紫色斑块，倒卵形或近倒卵状圆形，先端钝，基部边缘上卷。

▶**花 果 期** 花期 9—11 月。

▶**分　　布** 云南（思茅）；缅甸、印度。

▶**生　　境** 生于海拔 900～1400 m 的林下多石之地或岩石上。

▶**用　　途** 观赏。

▶**致危因素** 生境退化或丧失。

虎斑兜兰

Paphiopedilum tigrinum Koop. et N.Haseg.

国家重点保护级别	CITES 附录	IUCN 红色名录
一级	附录 I	极危（CR）

▶**形态特征**　地生或半附生植物。叶基生，2 列；叶片狭长圆形，长 15 ~ 25 cm，绿色，背面色略浅。花葶直立，顶端生 1 朵花；合萼片淡黄绿色并在基部具紫褐色细纹；中萼片黄绿色而具 3 条紫褐色粗纵条纹，宽卵形至极宽的倒卵形，先端常具短尖头，背面具微柔毛；合萼片椭圆状卵形；花瓣基部至中部黄绿色并在中央具 2 条紫褐色粗纵条纹，上部淡紫红色，近匙形，长 6 ~ 6.5 cm，宽 3 ~ 4 cm；唇瓣淡黄绿色而具淡褐色晕，倒盔状；囊近椭圆形，向末端略变狭，囊口极宽阔，两侧各具 1 个直立的耳，两耳前方的边缘不内折，囊底具毛；退化雄蕊黄绿色但在中央具紫斑，近椭圆形或倒卵状椭圆形，中央具脐形突起。

▶**花 果 期**　花期 6—8 月。

▶**分　　布**　云南（泸水）；缅甸。

▶**生　　境**　生于海拔 1500 ~ 2200 m 的林下荫蔽多石处或山谷旁灌丛边缘。

▶**用　　途**　观赏。

▶**致危因素**　生境退化或丧失、过度采挖。

天伦兜兰

（兰科 Orchidaceae）

Paphiopedilum tranlienianum O. Gruss & Perner

国家重点保护级别	CITES 附录	IUCN 红色名录
一级	附录 I	濒危（EN）

▶**形态特征**　地生或石上附生植物。叶长 10 ~ 24 cm，先端 2 浅裂或略具 3 小齿，上面深绿色并具浅色边缘，背面淡绿色。花梗和子房密被紫色短柔毛；花单朵；合萼片浅绿色，略具紫褐色脉，倒卵形；花瓣与唇瓣浅绿色，具紫褐色脉与晕；中萼片白色，下部 2/3 具紫褐色纵条纹近圆形，长、宽各为 2.5 ~ 3.5 cm，基部边缘外弯，边缘具细缘毛；花瓣狭矩圆形，长 2.7 ~ 3.9 cm，宽 8 ~ 10 mm，先端钝，近基部具紫色毛，边缘强烈波状并具白色缘毛；唇瓣盔状；囊椭圆形，囊口两侧稍呈耳状；退化雄蕊宽倒卵形，浅黄绿色，在下部具 1 个脐状突起。

▶**花 果 期**　花期 9 月。

▶**分　　布**　云南（麻栗坡）；越南。

▶**生　　境**　生于海拔 1000 m 的灌丛中多石及排水良好之处。

▶**用　　途**　观赏。

▶**致危因素**　生境退化或丧失、过度采挖。

▶**备　　注**　天伦兜兰的分布信息来自刘仲健等编写的《中国兜兰属植物》。

秀丽兜兰

（兰科 Orchidaceae）

Paphiopedilum venustum Wall.ex Sims Pfitz.

国家重点保护级别	CITES 附录	IUCN 红色名录
一级	附录 I	濒危（EN）

▶**形态特征**　地生植物。叶上面具深绿色与灰绿色或浅褐绿色相间的网格斑，背面密生紫色斑点，先端急尖并 2 浅裂。花葶直立，被短硬毛；花梗和子房被短柔毛；花单朵或罕具 2 朵；中萼片与合萼片白色，具绿色纵脉；唇瓣和退化雄蕊浅黄色，稍具浅紫褐色晕，具明显的绿色脉纹；中萼片宽卵形或卵状心形，边缘具缘毛，背面特别是沿中脉被短柔毛；合萼片卵形，边缘具缘毛，背面被短柔毛；花瓣下半部浅黄绿色并具深绿色脉，上半部浅紫褐色，从基部至全长 2/3 处具少数栗色的疣状突起，近矩圆状倒披针形，先端急尖或钝，具长缘毛，上半部边缘波状；唇瓣盔状，内弯的侧裂片上具疣状突起；囊椭圆状卵形，囊口两侧呈耳状；退化雄蕊肾状倒心形，微被柔毛，先端具宽阔的弯缺并在中央具 1 个短尖头。

▶**花 果 期**　花期 1—3 月。

▶**分　　布**　西藏（墨脱、定结）；孟加拉国、不丹、印度、尼泊尔。

▶**生　　境**　生于海拔 1100～1600 m 的灌丛中或林缘腐殖质丰富之地。

▶**用　　途**　观赏。

▶**致危因素**　生境退化或丧失、过度采挖。

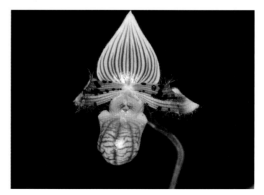

紫毛兜兰 （兰科　Orchidaceae）

Paphiopedilum villosum (Lindl.) Stein

国家重点保护级别	CITES 附录	IUCN 红色名录
一级	附录 I	易危（VU）

▶**形态特征**　地生或附生植物。叶基生，2 列；叶片宽线形或狭长圆形，先端常为不等的 2 尖裂，深黄绿色，背面近基部具紫色细斑点。花葶具紫色斑点和较密的长柔毛，顶端生 1 朵花；合萼片淡黄绿色，卵形；中萼片中央紫栗色而具白色或黄绿色边缘，倒卵形至宽倒卵状椭圆形；花瓣具紫褐色中脉，中脉的一侧（上侧）为淡紫褐色，另一侧（下侧）色较淡或呈淡黄褐色，倒卵状匙形，边缘波状并具缘毛，基部明显收狭成爪并在内表面具少量紫褐色长柔毛；唇瓣亮褐黄色而略具暗色脉纹，倒盔状；囊近椭圆状圆锥形，两侧各具 1 个直立的耳，两耳前方边缘不内折，囊底具毛；退化雄蕊椭圆状倒卵形，先端近截形而略具凹缺，基部具耳，中央具脐状突起，脐状突起上有时具不明显的小疣。

▶**花 果 期**　花期 11 月至次年 3 月。

▶**分　　布**　云南（文山、勐腊、景洪、镇沅）；缅甸、越南、老挝、泰国。

▶**生　　境**　生于海拔 1100 ~ 1700 m 的林缘、林中树上透光处，多石、有腐殖质及苔藓的草坡上。

▶**用　　途**　观赏。

▶**致危因素**　生境退化或丧失。

▶**备　　注**　包氏兜兰 *Paphiopedilum villosum* var. *boxallii* (H.G. Reichenbach) Pfitzer，中萼片具黑栗色的粗斑点。

彩云兜兰

Paphiopedilum wardii Summerh.

（兰科　Orchidaceae）

国家重点保护级别	CITES 附录	IUCN 红色名录
一级	附录 I	濒危（EN）

▶**形态特征**　地生植物。叶基生，2 列；叶片狭长圆形，先端钝的 3 浅裂，上面具深浅蓝绿色相间的网格斑，背面具较密集的紫色斑点。花葶顶端生 1 朵花；中萼片与合萼片白色而具绿色粗脉纹；花瓣绿白色或淡黄绿色而具

密集的暗栗色斑点或有时具紫褐色晕，近长圆形，长 5 ~ 6.5 cm，宽约 1.5 cm；唇瓣绿黄色而具暗色脉和淡褐色晕以及栗色小斑点，倒盔状；囊近长圆状卵形，向末端略变狭，囊口极宽阔，两侧各具 1 个直立的耳，两耳前方的边缘不内折，囊底具毛，囊外表面被小乳突状毛，内弯侧裂片上常具小疣状突起；退化雄蕊淡黄绿色而具深绿色和紫褐色脉纹，倒心状半月形，先端具宽阔的弯缺，弯缺中央具短尖。

▶**花　果　期**　花期 12 月至次年 3 月。

▶**分　　　布**　云南；缅甸。

▶**生　　　境**　生于海拔 1200 ~ 1700 m 的山坡草丛多石积土中。

▶**用　　　途**　观赏。

▶**致危因素**　生境退化或丧失、过度采集。

文山兜兰

Paphiopedilum wenshanense Z.J. Liu & J. Yong Zhang

（兰科 Orchidaceae）

国家重点保护级别	CITES 附录	IUCN 红色名录
一级	附录 I	濒危（EN）

▶**形态特征** 地生植物。叶先端钝圆并具不对称 2 裂，上面具深浅绿色相间的网格斑和略带浊白色斑，背面除基部为绿色并具紫点外均呈紫色。花葶绿色并具紫褐色斑点，被短柔毛；花 1～3 朵，乳白色或黄白色；中萼片与花瓣具褐红色粗斑点和 1 条由褐红色斑点组成的中央纵条纹；合萼片、唇瓣和退化雄蕊具较细小的褐红色斑点；中萼片宽卵形至近圆形；合萼片卵形；花瓣宽椭圆形或矩圆状椭圆形；唇瓣深囊状，椭圆形外表面被白色微柔毛，前端内折边缘狭窄；退化雄蕊宽椭圆形，基部近心形，尾状先端长达 1.5～2 mm。

▶**花 果 期** 花期 5 月。

▶**分 布** 云南。

▶**生 境** 生于海拔 1000～1200 m 的石灰岩地区灌丛或草坡。

▶**用 途** 观赏。

▶**致危因素** 生境退化或丧失、过度采集。

海南鹤顶兰

Phaius hainanensis C.Z. Tang & S.J. Cheng

（兰科 Orchidaceae）

国家重点保护级别	CITES 附录	IUCN 红色名录
二级	附录 II	极危（CR）

▶**形态特征** 地生植物。假鳞茎卵状圆锥形，长 5～9 cm。叶长圆状卵形或宽披针形，长 25～70 cm；叶柄和鞘均被褐色鳞片状毛。花葶从假鳞茎基部发出；总状花序约具 10 朵花；花象牙白色；中萼片卵状披针形，长约 4.3 cm，宽 1.2 cm，背面疏被黄褐色刺毛；侧萼片披针形，背面亦疏被黄褐色刺毛；花瓣倒卵状披针形，长 4 cm，宽 1.2 cm；唇瓣贴生于蕊柱的基部至基部上方，长约 4 cm，宽 3.2 cm，3 裂；侧裂片半圆形；中裂片扁的半圆形；唇盘柠檬黄色，具 3 条褶片；距淡黄色稍带柠檬黄色；药帽被毛。

▶**花 果 期** 花期 5 月，果期未知。

▶**分　　布** 海南（琼中）。

▶**生　　境** 生于海拔 110 m 的山谷石缝中。

▶**用　　途** 观赏。

▶**致危因素** 生境破碎化或丧失、过度采集、自然种群过小。

文山鹤顶兰

Phaius wenshanensis F.Y. Liu

（兰科　Orchidaceae）

国家重点保护级别	CITES 附录	IUCN 红色名录
二级	附录 II	极危（CR）

▶**形态特征**　假鳞茎细圆柱形，通常长 40~50 cm。叶 6~7 枚，椭圆形，长 10~34 cm。花葶侧生于假鳞茎的下部或近基部；花被片在背面黄色，内面紫红色；中萼片和侧萼片近相似，椭圆形，长约 4 cm，宽约 1.4 cm；花瓣倒披针形，长 3.7~3.9 cm，宽约 1 cm；唇瓣倒卵状三角形，长 3.5 cm，宽 3.2 cm，3 裂；侧裂片近倒卵形，密布紫红色斑点；中裂片近倒卵形，长 8 mm，宽 1.5 cm；唇盘具 3 条黄色的脊突；距黄色，长约 2 cm；蕊柱上端扩大而呈棒状，无毛。

▶**花 果 期**　花期 9 月，果期未知。

▶**分　　布**　云南（文山）。

▶**生　　境**　生于海拔 1300 m 的林下。

▶**用　　途**　观赏。

▶**致危因素**　生境破碎化或丧失、过度采集、自然种群过小。

罗氏蝴蝶兰

Phalaenopsis lobbii (Rchb. f.) H.R. Sweet

国家重点保护级别	CITES 附录	IUCN 红色名录
二级	附录 II	濒危（EN）

▶**形态特征**　附生植物。根扁平。叶片宽椭圆形，长 5 ~ 8 cm，宽 3.5 ~ 4 cm。花序具 2 ~ 4 朵花，花白色，基部具不规则的棕色斑点；中萼片长圆状椭圆形，长 10 mm，宽 5 mm；侧萼片斜卵形，长 8 mm，宽 7 mm；花瓣倒卵形，长 8 mm，宽 4 mm；唇瓣 3 裂；侧裂片直立，镰状，近平行，长 3 mm，宽 1 mm；中裂片肾形，长 6 mm，宽 10 mm，基部具 1 枚有 4 条丝状物的胼胝体，边缘具不规则的稍具齿的附属物；蕊柱长 5 mm。

▶**花 果 期**　花期 4—5 月，果期未知。

▶**分　　布**　云南。

▶**生　　境**　生于海拔 300 ~ 1200 m 的石灰岩山林中树上。

▶**用　　途**　观赏。

▶**致危因素**　生境破碎化或丧失、过度采集、自然种群过小。

麻栗坡蝴蝶兰

(兰科　Orchidaceae)

Phalaenopsis malipoensis Z.J. Liu & S.C. Chen

国家重点保护级别	CITES 附录	IUCN 红色名录
二级	附录 II	濒危（EN）

▶**形态特征**　附生植物。根扁平。叶片长圆形，长 4.5～7 cm，宽 3～3.6 cm。花序从茎基部发出；花白色，唇瓣白色带橘黄色；中萼片长圆状椭圆形，长 7～9 mm，宽 3～4 mm；侧萼片斜卵状椭圆形，长 6～7 mm，宽 4～5 mm；花瓣匙形，长 6～8 mm，宽 2～3 mm；唇瓣 3 裂；侧裂片披针形，长 2～3 mm，两侧裂片之间具 2 个橘黄色的胼胝体；中裂片宽三角形，长 4～5 mm，宽 6～7 mm，基部具 1 个深叉开的胼胝体，中央具 1 个新月形的附属物，每个叉开的胼胝体分裂成 2 条丝，丝长约 3 mm；蕊柱长 4～5 mm，蕊柱足长 1～2 mm。

▶**花 果 期**　花期 4—5 月，果期未知。

▶**分　　布**　云南（麻栗坡）、广西（环江）；印度。

▶**生　　境**　生于海拔 600～1300 m 的石灰岩山林中树上或林下岩石上。

▶**用　　途**　观赏。

▶**致危因素**　生境破碎化或丧失、过度采集。

华西蝴蝶兰

（兰科 Orchidaceae）

Phalaenopsis wilsonii Rolfe

国家重点保护级别	CITES 附录	IUCN 红色名录
二级	附录 II	易危（VU）

▶**形态特征** 附生植物。气生根表面密生疣状突起。叶长圆形或近椭圆形，通常长 6.5～8 cm，宽 2.6～3 cm。花序从茎的基部发出；萼片和花瓣白色或全部淡粉红色；中萼片长圆状椭圆形；侧萼片与中萼片相似；花瓣匙形或椭圆状倒卵形，长 1.4～1.5 cm，宽 6～10 mm；唇瓣 3 裂；侧裂片中部缢缩，上部扩大而先端斜截；中裂片肉质，深紫色，倒卵状椭圆形，长 8～13 mm，上部宽 6～9 mm，基部具 1 枚紫色而先端深裂为 2 叉状的附属物，上面中央具 1 条纵向脊突；蕊柱淡紫色，长约 6 mm；花粉团 2 个。

▶**花 果 期** 花期 4—7 月，果期 8—9 月。

▶**分　　布** 广西（隆林）、贵州（兴义、盘州）、四川（木里、天全、泸定）、云南（文山、屏边、楚雄），西藏可能有分布。

▶**生　　境** 生于海拔 800～2150 m 的山地疏生林中树干上或林下阴湿的岩石上。

▶**用　　途** 观赏。

▶**致危因素** 生境破碎化或丧失、过度采集、自然种群过小。

象鼻兰

（兰科 Orchidaceae）

Phalaenopsis zhejiangensis (Z.H.Tsi) Schuit.

国家重点保护级别	CITES 附录	IUCN 红色名录
一级	附录	濒危（EN）

▶**形态特征** 附生植物。冬季落叶。叶倒卵形或倒卵状长圆形，长 2 ~ 6.8 cm，宽 1.2 ~ 2.1 cm。萼片和花瓣白色；中萼片卵状椭圆形，长 6 mm，宽 3 mm；侧萼片呈歪斜的宽倒卵形，长 6 mm，宽约 6 mm；花瓣倒卵形，长 5 mm，宽 2.5 mm；唇瓣 3 裂；侧裂片长约 7 mm；中裂片舟状，与侧裂片几乎交成直角向外伸展，长 8 mm，宽 1.2 mm，两侧面白色，内面深紫色，基部具囊；囊白色，近半球形，在囊口处具 1 枚白色的附属物；附属物直立，长方形，凹槽状；蕊柱长 5 mm，粗 1.2 mm，两侧淡黄色，近基部具 1 枚长约 1.2 mm 的黄绿色附属物；蕊喙狭长，似象鼻；黏盘柄狭长，长 5.5 mm。

▶**花 果 期** 花期 6 月，果期 7—8 月。

▶**分 布** 浙江（临安、宁波）、安徽（歙县、黄山区）、江西（婺源）、陕西。

▶**生 境** 生于海拔 350 ~ 900 m 的山地林中或林缘树枝上。

▶**用 途** 观赏。

▶**致危因素** 生境破碎化或丧失、过度采集、自然种群过小。

白花独蒜兰

（兰科　Orchidaceae）

Pleione albiflora P.J.Cribb & C.Z.Tang

国家重点保护级别	CITES 附录	IUCN 红色名录
二级	附录 II	极危（CR）

▶**形态特征**　附生草本。假鳞茎顶端具 1 枚叶。叶镰刀状披针形。花葶顶端具 1 朵花；花苞片倒卵形，略长于花梗和子房；花下垂，白色，唇瓣上有时具赭色或棕色斑；萼片 3 枚相似，狭椭圆形，先端钝；花瓣倒披针形，先端钝或近浑圆；唇瓣宽卵形，不明显 3 裂，上部边缘撕裂状，基部具囊状距，上面通常具 5 条长乳突或短流苏的褶片。

▶**花 果 期**　花期 4—5 月。

▶**分　　布**　云南（大理）；缅甸北部。

▶**生　　境**　生于海拔 2400～3250 m 的覆盖有苔藓的树干上或林下岩石上，也见于荫蔽的岩壁上。

▶**用　　途**　经济价值。

▶**致危因素**　狭域分布、种群数量均下降。

藏南独蒜兰

Pleione arunachalensis Hareesh, P. Kumar & M. Sabu

国家重点保护级别	CITES 附录	IUCN 红色名录
二级	附录 II	濒危（EN）

▶**形态特征**　附生草本。假鳞茎顶端具 1 枚叶，叶片褶皱，倒披针形，无毛。花葶具 1~2 朵花。花深粉红色；中萼片矩圆形；侧萼片卵状长圆形；花瓣展开，镰状线形；唇瓣阔卵形，顶端不明显 3 裂，边缘微波状，啮齿状；中裂片圆形，橙红色斑块；唇盘上具 4 行沿脉而生的髯毛。

▶**花 果 期**　花期 4—5 月，果期 9—10 月。

▶**分　　布**　西藏（墨脱）。

▶**生　　境**　附生于海拔 1980 m 的常绿阔叶林中。

▶**用　　途**　经济价值。

▶**致危因素**　生境破碎化或丧失。

艳花独蒜兰

Pleione aurita P.J.Cribb & H.Pfennig

国家重点保护级别	CITES 附录	IUCN 红色名录
二级	附录 II	

▶**形态特征**　附生草本。假鳞茎具 1 枚叶。叶直立，倒披针形。花单生，艳丽，淡粉红色、玫瑰粉红色或紫色，花瓣基部颜色较淡，唇瓣中部具一黄色或橘黄色的条纹；中萼片狭椭圆形或长椭圆形；侧萼片直立或平展，斜椭圆形。花瓣反折，倒披针形或匙形，先端钝或圆形；唇瓣开展时宽扇形，先端不明显 3 浅裂，顶端边缘波状和不规则侵蚀，先端微缺。柱头棒状，先端具不规则锯齿。

▶**花 果 期**　花期 4—5 月。

▶**分　　布**　云南。

▶**生　　境**　生于海拔 1400 ~ 2800 m 的山地森林。

▶**用　　途**　经济价值。

▶**致危因素**　生境破碎化或丧失、过度采集。

长颈独蒜兰

Pleione autumnalis S.C.Chen & G.H.Zhu

（兰科　Orchidaceae）

国家重点保护级别	CITES 附录	IUCN 红色名录
二级	附录 II	濒危（EN）

▶**形态特征**　附生草本。假鳞茎顶端具 2 枚叶。花苞片长圆状倒卵形，顶端边缘通常卷曲。单花，白色；中萼片长圆状倒披针形；侧萼片稍斜。花瓣长圆状披针形，稍斜向先端，先端锐尖；唇瓣宽卵形或近圆形，中部以上 3 浅裂；侧裂片边缘波状，先端圆形；中裂片近正方形卵形或近正方形圆形，边缘波状，先端微缺；在侧裂片上具 2 或 3 条宽条纹和浓密疣点，沿中脉具 7 条稀疏的乳突，其中 5 条从唇的近基部延伸。

▶**花 果 期**　花期 11 月。

▶**分　　布**　云南。

▶**生　　境**　生于岩石上。

▶**用　　途**　观赏。

▶**致危因素**　生境退化或丧失。

▶**备　　注**　本种有待深入研究。

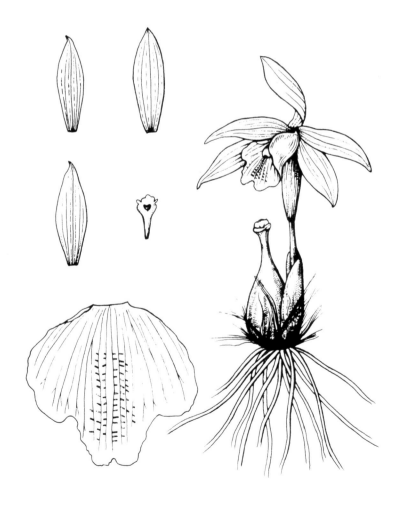

刘平　绘

独蒜兰

（兰科　Orchidaceae）

Pleione bulbocodioides (Franch.) Rolfe

国家重点保护级别	CITES 附录	IUCN 红色名录
二级	附录 II	濒危（EN）

▶**形态特征**　半附生草本。假鳞茎顶端具 1 枚叶。叶狭椭圆状披针形或近倒披针形。花葶顶端具 1~2 朵花；花苞片明显长于花梗和子房；花粉红色至淡紫色，唇瓣上具深色斑；中萼片近倒披针形；侧萼片稍斜歪，狭椭圆形或长圆状倒披针形；花瓣倒披针形，稍斜歪；唇瓣轮廓为倒卵形或宽倒卵形，不明显 3 裂，上部边缘撕裂状，通常具 4~5 条褶片；褶片啮蚀状；中央褶片常较短而宽，有时不存在。

▶**花 果 期**　花期 4—6 月。

▶**分　　布**　陕西、甘肃、安徽、湖南、湖北、四川、贵州、云南、西藏、福建、广东、广西。

▶**生　　境**　生于海拔 900~3600 m 的常绿阔叶林下、灌木林缘腐殖质丰富的土壤中、苔藓覆盖的岩石上。

▶**用　　途**　药用价值和经济价值。

▶**致危因素**　生境退化或丧失、过度采集。

保山独蒜兰

Pleione × baoshanensis W. Zhang & S.B. Zhang

国家重点保护级别	CITES 附录	IUCN 红色名录
二级	附录 II	未予评估（NE）

▶**形态特征** 石上附生草本。假鳞茎绿色或暗橄榄绿色，圆锥形至卵形，长 2 ~ 2.5 cm，直径 1 ~ 2 cm，绿色，顶端具 1 枚叶。叶在花期尚幼嫩，披针形至狭椭圆形，长 15 ~ 25 cm，宽 3 ~ 4 cm。花葶直立，长 8 ~ 10 cm，顶端具 1 朵花；花苞片长 3 ~ 3.6 cm。花淡紫色。中萼片披针形，先端锐尖，长 4.2 ~ 4.8 cm；侧萼片长 4 ~ 4.6 cm，似中萼片，略宽。花瓣倒披针形，长 4.5 ~ 5 cm，明显窄于中萼片，先端稍尖；唇瓣卵形，长 4 ~ 4.8 cm，宽 2.5 ~ 3.2 cm，前部边缘具流苏，上面具 4 条褶片；褶片略具撕裂；蕊柱长 2.8 ~ 3 cm。

▶**花 果 期** 花期 4—5 月。

▶**分　　布** 云南（隆阳）。

▶**生　　境** 生于海拔 2500 m 的林中。

▶**用　　途** 具观赏、经济价值和药用价值。

▶**致危因素** 生境退化或丧失。

陈氏独蒜兰

（兰科　Orchidaceae）

Pleione chunii C.L.Tso

国家重点保护级别	CITES 附录	IUCN 红色名录
二级	附录 II	濒危（EN）

▶**形态特征**　地生或附生草本。假鳞茎顶端具 1 枚叶。花葶顶端具 1 花；花苞片明显长于花梗和子房；花大，淡粉红色至玫瑰紫色，色泽通常向基部变浅，唇瓣中央具 1 条黄色或橘黄色条纹及多数同样色泽的流苏状毛；中萼片狭椭圆形或长圆状椭圆形；侧萼片斜椭圆形；花瓣倒披针形或匙形，强烈反折；唇瓣展开时宽扇形，边缘上弯并围抱蕊柱，近先端不明显 3 裂，先端微缺，上部边缘具齿或呈不规则啮蚀状，具 4～5 行沿脉而生的髯毛或流苏状毛，均从基部延伸到上部。

▶**花 果 期**　花期 3 月。

▶**分　　布**　广东北部、云南西部。

▶**生　　境**　未知。

▶**用　　途**　经济价值。

▶**致危因素**　生境退化或丧失。

芳香独蒜兰

（兰科　Orchidaceae）

Pleione confusa P.J.Cribb & C.Z.Tang

国家重点保护级别	CITES 附录	IUCN 红色名录
二级	附录 II	

▶**形态特征**　地生或附生草本。假鳞茎顶端具 1 枚叶。叶椭圆状披针形或倒披针形。花葶顶端具 1 朵花；花苞片明显长于花梗和子房，先端急尖，淡栗色并具深色脉；唇瓣上具红色斑点，芳香；中萼片椭圆状披针形；侧萼片椭圆状倒披针形；花瓣倒披针形；唇瓣宽椭圆形，不明显 3 裂，基部囊状，先端微缺，上部边缘撕裂状，上面具 4～6 条褶片，外侧 2 条褶片较短；褶片波状，明显具齿或有啮蚀状裂缺。

▶**花 果 期**　花期 4—5 月。

▶**分　　布**　云南。

▶**生　　境**　未知。

▶**用　　途**　经济价值。

▶**致危因素**　生境退化或丧失。

台湾独蒜兰

（兰科　Orchidaceae）

Pleione formosana Hayata

国家重点保护级别	CITES 附录	IUCN 红色名录
二级	附录 II	易危（VU）

▶**形态特征**　半附生或附生草本。假鳞茎顶端具 1 枚叶。叶椭圆形或倒披针形。花葶顶端通常具 1 花，偶见 2 花；花苞片明显长于花梗和子房；花白色至粉红色，唇瓣色泽常略浅于花瓣，上面具黄色、红色或褐色斑，有时略芳香；花瓣线状倒披针形；唇瓣宽卵状椭圆形至近圆形，不明显 3 裂，先端微缺，上部边缘撕裂状，上面具 2～5 条褶片，中央 1 条褶片短或不存在；褶片常具间断，全缘或啮蚀状。

▶**花 果 期**　花期 3—4 月。

▶**分　　布**　台湾、福建、浙江、江西。

▶**生　　境**　生于海拔 600～2500 m 的林下或林缘腐殖质丰富的土壤中和岩石上。

▶**用　　途**　经济价值。

▶**致危因素**　生境退化或丧失、直接采挖。

黄花独蒜兰

（兰科 Orchidaceae）

Pleione forrestii Schltr.

国家重点保护级别	CITES 附录	IUCN 红色名录
二级	附录 II	濒危（EN）

▶**形态特征** 附生草本。假鳞茎顶端具 1 枚叶。叶近椭圆形至狭椭圆状披针形。花葶顶端具 1 朵花；花苞片明显长于花梗和子房；花黄色、淡黄色或黄白色，较少象牙白色或白色，仅唇瓣上具红色或褐色斑点；中萼片倒披针形；侧萼片长圆状倒披针形；花瓣镰刀状倒披针形；唇瓣宽倒卵状椭圆形或近宽菱形，明显或不明显 3 裂；侧裂片多少直立并围抱蕊柱；中裂片上部边缘撕裂状或多少流苏状；唇盘上具 5～7 条褶片；褶片全缘，常略呈波状，几乎贯穿整个唇瓣。

▶**花 果 期** 花期 4—5 月。

▶**分　　布** 云南。

▶**生　　境** 生于海拔 2200～3100 m 的疏林下或林缘腐殖质丰富的岩石上，也见于岩壁和树干上。

▶**用　　途** 药用和观赏。

▶**致危因素** 狭域分布、数量稀少。

大花独蒜兰

（兰科　Orchidaceae）

Pleione grandiflora (Rolfe) Rolfe

国家重点保护级别	CITES 附录	IUCN 红色名录
二级	附录 II	极危（CR）

▶**形态特征**　附生草本。假鳞茎顶端具 1 枚叶。叶披针形。花葶从无叶的老假鳞茎基部发出，顶端具 1 朵花；花苞片明显长于花梗和子房；花白色，较大，唇瓣上有时具深紫红色或褐色的斑；中萼片倒披针形；侧萼片狭椭圆形，多少偏斜；花瓣镰刀状倒披针形；唇瓣不明显 3 裂，先端微缺，中部至上部边缘撕裂状，上面具 5 ~ 7 条褶片；褶片呈不规则的撕裂状；蕊柱顶部两侧具极窄的翅；翅在顶端全缘，围绕蕊柱。

▶**花 果 期**　花期 5 月。

▶**分　　布**　云南。

▶**生　　境**　生于海拔 2650 ~ 2850 m 的林下岩石上。

▶**用　　途**　药用和观赏。

▶**致危因素**　种群减少过快。

毛唇独蒜兰

（兰科　Orchidaceae）

Pleione hookeriana (Lindl.) Rollisson

国家重点保护级别	CITES 附录	IUCN 红色名录
二级	附录 II	易危（VU）

▶**形态特征**　附生草本。假鳞茎顶端具 1 枚叶。叶椭圆状披针形或近长圆形。花葶顶端具 1 朵花；花苞片与花梗和子房近等长；花较小；萼片与花瓣淡紫红色至近白色，唇瓣白色而具黄色唇盘、褶片以及紫色或黄褐色斑点；中萼片近长圆形或倒披针形；侧萼片镰刀状披针形；花瓣倒披针形；唇瓣扁圆形或近心形，不明显 3 裂，先端微缺，上部边缘具不规则细齿或近全缘，通常具 7 行沿脉而生的髯毛或流苏状毛；蒴果近长圆形。

▶**花 果 期**　花期 4—6 月，果期 9 月。

▶**分　　布**　广东、广西、贵州、云南、西藏；尼泊尔、不丹、印度、缅甸、老挝、泰国。

▶**生　　境**　生于海拔 1600～3100 m 的树干、灌木林缘苔藓覆盖的岩石或岩壁上。

▶**用　　途**　药用和观赏。

▶**致危因素**　栖息地衰退、人为采挖、种群数量减少。

江西独蒜兰

（兰科　Orchidaceae）

Pleione hui Schltr.

国家重点保护级别	CITES 附录	IUCN 红色名录
二级	附录 II	

▶**形态特征**　地生草本，直立。根状茎极短；根丝状，缠绕，无毛。假鳞茎卵圆形，上半部明显渐细，近花期无叶。花葶顶端具 1 朵花，基部被幼叶包围，苞片狭长圆形，稍长于子房；花直立，纤细，无毛，粉色；萼片倒披针形，先端近尖；花瓣斜圆形，先端钝；唇瓣倒卵形，先端微缺，边缘具流苏状锯齿，上面具 2 条褶片。

▶**花　果　期**　花期 4 月。

▶**分　　　布**　江西（安福武功山）。

▶**生　　　境**　生于海拔 1450 m 的潮湿岩石缝隙中。

▶**用　　　途**　观赏、经济价值。

▶**致危因素**　生境丧失或退化。

矮小独蒜兰

（兰科　Orchidaceae）

Pleione humilis (Sm.) D.Don

国家重点保护级别	CITES 附录	IUCN 红色名录
二级	附录 II	极危（CR）

▶**形态特征**　附生或岩生草本。假鳞茎具 1 片叶，叶片倒披针形至椭圆形。花序具 1～2 花；花苞片倒卵形。萼片、花瓣和唇瓣白色，唇瓣上具深红色或黄棕色的斑点和条纹，唇瓣中央具淡黄色带；中萼片线性倒披针形；侧萼片斜倒披针形。花瓣斜倒披针形；唇瓣长圆状椭圆形，先端不明显 3 浅裂，基部囊肿，上半部边缘撕裂状，先端微凹，侧裂片直立并弯曲，胼胝体由 5～7 条具髯毛的褶片组成。

▶**花 果 期**　花期 9—11 月，果期未知。

▶**分　　布**　西藏；印度、不丹、缅甸、尼泊尔。

▶**生　　境**　附生于海拔 2500 m 的山顶苔藓矮林杜鹃树上。

▶**用　　途**　观赏、经济价值。

▶**致危因素**　生境丧失或退化。

卡氏独蒜兰

（兰科 Orchidaceae）

Pleione kaatiae P.H.Peeters

国家重点保护级别	CITES 附录	IUCN 红色名录
二级	附录 II	未予评估（NE）

▶**形态特征**　陆地草本。假鳞茎长 1～2 cm，直径 1.5～1.8 cm，顶生 2 枚叶。叶披针形、倒披针形或狭椭圆形，长 4～10 cm，宽 1～2 cm。花苞片短于或几乎等长于子房。花单生，玫瑰紫色、浅紫蓝色，唇瓣中心通常具黄色和深紫色斑点。背萼片椭圆形披针形，长 30～32 mm，宽 7～9 mm；侧萼片斜椭圆形，长 28～30 mm，宽 8～10 mm；花瓣狭倒披针形，长 30～32 mm，宽 7 mm；唇瓣不明显 3 裂，长 20～25 mm，宽 25～30 mm，先端边缘被蚀；花盘具从唇盘基部延伸 5～9 条褶片，褶片在中裂片成啮齿状。蒴果纺锤状长圆形。

▶**花 果 期**　花期 6—7 月，果期 10 月。

▶**分　　布**　四川。

▶**生　　境**　生于针叶林中的岩石草地、沿溪流的苔藓岩石、亚高山的灌木草地。

▶**用　　途**　经济价值和药用价值。

▶**致危因素**　生境退化或丧失。

四川独蒜兰

（兰科　Orchidaceae）

Pleione limprichtii Schltr.

国家重点保护级别	CITES 附录	IUCN 红色名录
二级	附录 II	易危（VU）

▶**形态特征**　半附生草本。假鳞茎顶端具 1 枚叶。叶披针形。花葶顶端具 1 朵花或稀为 2 朵花；花苞片长于花梗和子房；花紫红色至玫瑰红色，唇瓣色泽较浅但具紫红色斑和白色褶片；中萼片狭椭圆形；侧萼片与中萼片相似；花瓣镰刀状倒披针形；唇瓣近圆形，不明显 3 裂，先端微缺，上部边缘撕裂状，上面具 4 条褶片；褶片具不规则齿或呈啮蚀状。

▶**花 果 期**　花期 4—5 月。

▶**分　　布**　四川、云南。

▶**生　　境**　生于海拔 2000～2500 m 的腐殖质多、苔藓覆盖的岩石或岩壁上。

▶**用　　途**　观赏、经济价值和药用价值。

▶**致危因素**　生境退化或丧失。

秋花独蒜兰

（兰科　Orchidaceae）

Pleione maculata (Lindl.) Lindl. & Paxton

国家重点保护级别	CITES 附录	IUCN 红色名录
二级	附录 II	易危（VU）

▶**形态特征**　附生草本。假鳞茎陀螺状，顶端具 2 枚叶。叶椭圆状披针形至倒披针形。花葶顶端具 1 朵花；花苞片较花梗和子房长；花近芳香，白色或略带淡紫红色晕，唇瓣前部具深紫红色粗斑纹，中央具黄色斑块；中萼片长圆状披针形；侧萼片宽镰刀状披针形；花瓣倒披针形，多少镰刀状；唇瓣卵状长圆形，明显 3 裂；侧裂片较小；中裂片先端微缺，边缘具啮蚀状齿，上面具 5 ~ 7 条褶片；褶片分裂成乳突状齿，向上延伸至中裂片顶端，其中 2 ~ 3 条直达唇瓣基部。

▶**花 果 期**　花期 10—11 月。

▶**分　　布**　云南；尼泊尔、不丹、印度、缅甸、泰国。

▶**生　　境**　生于海拔 600 ~ 1600 m 的阔叶林中树干上或苔藓覆盖的岩石上。

▶**用　　途**　经济价值和药用价值。

▶**致危因素**　生境退化或丧失。

猫耳山独蒜兰

（兰科　Orchidaceae）

Pleione × maoershanensis W. Zhang & S.B. Zhang

国家重点保护级别	CITES 附录	IUCN 红色名录
二级	附录 II	未予评估（NE）

▶**形态特征**　石上附生草本。假鳞茎卵状至圆锥形，长 1.5～2.5 cm，直径 1～2 cm，顶端具 1 枚叶。叶披针形至狭椭圆形，长 10～20 cm，宽 3～4 cm。花葶直立，长 2.5～5 cm，顶端具 1 朵花；花苞片长 1.8～2.8 cm。花亮玫瑰色。中萼片狭椭圆形，先端锐尖，长 4.0～5 cm；侧萼片长 3.5～5 cm，略宽中萼片。花瓣倒披针形，长 3.5～6 cm，窄于中萼片，先端稍尖；唇瓣近菱形，展开时为倒卵形或者近圆形，长 3.5～5 cm，宽 3～4.9 cm，前部边缘具小齿，上面具 4～6 条褶片；褶片撕裂状；蕊柱长 3～4 cm。

▶**花 果 期**　花期 3—5 月。

▶**分　　布**　广西（兴安）。

▶**生　　境**　生于海拔 1600 m 的林中。

▶**用　　途**　具观赏、经济价值和药用价值。

▶**致危因素**　生境退化或丧失。

小叶独蒜兰

（兰科　Orchidaceae）

Pleione microphylla S.C.Chen & Z.H.Tsi

国家重点保护级别	CITES 附录	IUCN 红色名录
二级	附录 II	濒危（EN）

▶**形态特征**　附生草本。假球茎顶端具 1 枚叶。叶狭长圆形或长圆状披针形。花单生，唇盘上白色具黄色条纹，花瓣在先端淡粉红色；中萼片长圆状披针形；侧萼片斜。花瓣倒披针形；唇瓣圆状菱形，不明显 3 浅裂，侧裂片边缘稍波状，具啮蚀状齿；中裂片顶端边缘被不规则侵蚀，先端微缺；花盘上具从中裂片基部延伸到中部的 2 片髯毛。

▶**花 果 期**　花期 4 月。

▶**分　　布**　广东。

▶**生　　境**　未知。

▶**用　　途**　经济价值。

▶**致危因素**　生境退化或丧失。

美丽独蒜兰

（兰科 Orchidaceae）

Pleione pleionoides (Kraenzl.) Braem & H.Mohr

国家重点保护级别	CITES 附录	IUCN 红色名录
二级	附录 II	易危（VU）

▶**形态特征** 地生或半附生草本。假鳞茎顶端具 1 枚叶。叶在花期尚幼嫩，长成后椭圆状披针形。花葶顶端具 1 朵花，稀为 2 朵花；花苞片长于花梗和子房；花玫瑰紫色，唇瓣上具黄色褶片；中萼片狭椭圆形；侧萼片亦狭椭圆形；花瓣倒披针形，多少镰刀状；唇瓣近菱形至倒卵形，极不明显的 3 裂，前部边缘具细齿，上面具 2 或 4 条褶片；褶片具细齿。

▶**花 果 期** 花期 6 月。

▶**分 布** 湖北、贵州、四川。

▶**生 境** 生于海拔 1750～2250 m 的林下腐殖质或苔藓覆盖的岩石上或岩壁上。

▶**用 途** 经济价值和药用价值。

▶**致危因素** 种群急剧减少。

疣鞘独蒜兰

（兰科　Orchidaceae）

Pleione praecox (Sm.) D.Don

国家重点保护级别	CITES 附录	IUCN 红色名录
二级	附录 II	易危（VU）

▶**形态特征**　附生草本。假鳞茎顶端具 2 枚叶或极罕见 1 枚叶。叶椭圆状倒披针形至椭圆形。花葶顶端具 1 朵花或罕见 2 朵花；花苞片长于花梗和子房；花大，淡紫红色，稀白色，唇瓣上的褶片黄色；中萼片近长圆状披针形；侧萼片与中萼片相似；花瓣线状披针形，多少镰刀状；唇瓣倒卵状椭圆形或椭圆形，略 3 裂；侧裂片不明显；中裂片先端微缺，边缘具啮蚀状齿；唇盘至中裂片基部具 3~5 条褶片；褶片分裂成流苏状或乳突状齿。

▶**花 果 期**　花期 9—10 月。

▶**分　　布**　云南、西藏；缅甸。

▶**生　　境**　生于海拔 1200~2500（~3400）m 的林中树干或苔藓覆盖的岩石或岩壁上。

▶**用　　途**　经济价值和药用价值。

▶**致危因素**　种群极剧减少。

岩生独蒜兰

Pleione saxicola Tang & F.T.Wang ex S.C.Chen

（兰科　Orchidaceae）

国家重点保护级别	CITES 附录	IUCN 红色名录
二级	附录 II	濒危（EN）

▶**形态特征**　附生草本。假鳞茎顶端具 1 枚叶。叶近长圆状披针形至倒披针形。花葶顶端具 1 朵花；花苞片长于花梗和子房；花大，直径达 10 cm，玫瑰红色；中萼片倒披针形；侧萼片与中萼片相似；花瓣倒披针形；唇瓣宽椭圆形，明显 3 裂，基部楔形；侧裂片宽卵形，边缘有皱波状圆齿；中裂片先端近浑圆且略具不规则小圆齿，基部至唇盘中部具 3 条褶片；褶片全缘或有时稍波状。

▶**花 果 期**　花期 9 月。

▶**分　　布**　西藏；尼泊尔。

▶**生　　境**　生于海拔 2400 ~ 2500 m 的溪谷旁的岩壁上。

▶**用　　途**　药用和观赏。

▶**致危因素**　生境退化或丧失。

二叶独蒜兰

（兰科　Orchidaceae）

Pleione scopulorum W.W.Sm.

国家重点保护级别	CITES 附录	IUCN 红色名录
二级	附录 II	易危（VU）

▶**形态特征**　附生或地生草本。假鳞茎顶端具 2 枚叶。叶披针形、倒披针形或狭椭圆形。花葶顶端具 1 朵花，罕有 2～3 朵花；花苞片短于或近等长于花梗和子房；花玫瑰红色或较少白色而带淡紫蓝色，唇瓣上常具黄色和深紫色斑；中萼片椭圆状披针形或狭卵形；侧萼片斜椭圆形；花瓣倒披针形或狭卵状长圆形；唇瓣横椭圆形或近扁圆形，几不裂，前部边缘具齿，上面有 5～9 条褶片；褶片具不规则的鸡冠状缺刻，从唇瓣基部延伸到上部。蒴果纺锤状长圆形。

▶**花 果 期**　花期 5—7 月，果期 10 月。

▶**分　　布**　云南、西藏；缅甸、印度。

▶**生　　境**　生于海拔 2800～4200 m 的针叶林下多砾石草地、苔藓覆盖的岩石、溪谷旁岩壁或亚高山灌丛草地上。

▶**用　　途**　经济价值和药用价值。

▶**致危因素**　直接采挖或砍伐。

大理独蒜兰

（兰科　Orchidaceae）

Pleione × taliensis P.J. Cribb & Butterf.

国家重点保护级别	CITES 附录	IUCN 红色名录
二级	附录 II	

▶**形态特征**　附生草本。假鳞茎具 1 枚叶；开花时叶未完全发育；叶矩圆状倒披针形，叶面具 6 ~ 8 条折棱；苞片短于子房；花粉红色略带紫色，有时微染白色，唇瓣顶端边缘具宽紫色条纹；唇盘具 4 或 5 条不规则的褶片，先端杂紫色斑点，边缘流苏状。

▶**花 果 期**　花期 3 月。

▶**分　　布**　云南（大理）。

▶**生　　境**　生于海拔 2500 m 的阴湿石上。

▶**用　　途**　经济价值和药用价值。

▶**致危因素**　生境退化或丧失。

云南独蒜兰

（兰科　Orchidaceae）

Pleione yunnanensis (Rolfe) Rolfe

国家重点保护级别	CITES 附录	IUCN 红色名录
二级	附录 II	易危（VU）

▶**形态特征**　地生或附生草本。假鳞茎顶端具 1 枚叶。叶披针形至狭椭圆形。花葶顶端具 1 朵花，罕见 2 朵花；花苞片明显短于花梗和子房；花淡紫色、粉红色或有时近白色，唇瓣上具紫色或深红色斑；中萼片长圆状倒披针形；侧萼片长圆状披针形或椭圆状披针形；花瓣倒披针形；唇瓣明显或不明显 3 裂；中裂片先端微缺，边缘具不规则缺刻或多少呈撕裂状；唇盘上通常具 3 ~ 5 条褶片自基部延伸至中裂片基部；褶片近全缘或略呈波状并有细微缺刻。蒴果纺锤状圆柱形。

▶**花 果 期**　花期 4—5 月，果期 9—10 月。

▶**分　　布**　四川、贵州、云南、西藏。

▶**生　　境**　生于海拔 1100 ~ 3500 m 的林下和林缘多石地上或苔藓覆盖的岩石上，也见于草坡稍荫蔽的砾石地上。

▶**用　　途**　经济价值和药用价值。

▶**致危因素**　种群急剧减少。

中华火焰兰

(兰科　Orchidaceae)

Renanthera citrina Aver.

国家重点保护级别	CITES 附录	IUCN 红色名录
二级	附录 II	

▶**形态特征**　茎攀缘，具多叶，质地坚硬，长 20 ~ 80 cm。叶狭长圆形，长 7 ~ 10 cm，宽 9 ~ 11 mm。花序粗壮而坚硬，长 12 ~ 26 cm，具 5 ~ 10 朵花；花黄色具紫红色斑点；中萼片狭长矩圆形至匙形，长 1.8 ~ 2.2 cm，宽 3 ~ 46 mm；侧萼片狭长矩圆形至匙形，长 2.6 ~ 3.1 cm，宽 4.5 ~ 5.5 cm；花瓣线形，长 1.3 ~ 1.7 cm；唇瓣 3 裂，基部具囊；侧裂片卵形至披针形，基部具 1 对肉质、全缘的半圆形胼胝体；中裂片反卷，基部具 3 条脊，长 2 mm；囊圆锥形，长约 2 mm；蕊柱长 3.5 ~ 4 mm。

▶**花 果 期**　花期 9—10 月，果期未知。

▶**分　　布**　云南（文山、马关）；越南。

▶**生　　境**　生于海拔 500 ~ 800 m 的石灰岩林下。

▶**用　　途**　观赏。

▶**致危因素**　生境破碎化或丧失、过度采集、自然种群过小。

火焰兰

（兰科　Orchidaceae）

Renanthera coccinea Lour.

国家重点保护级别	CITES 附录	IUCN 红色名录
二级	附录 II	濒危（EN）

▶**形态特征**　茎攀缘，质地坚硬，长 1 m 以上，粗约 1.5 cm。叶舌形或长圆形，长 7~8 cm，宽 1.5~3.3 cm。花序粗壮而坚硬，长达 1 m，疏生多数花；花火红色；中萼片狭匙形，长 2~3 cm，宽 4.5~6 mm；侧萼片长圆形，长 2.5~3.5 cm，宽 0.8~1.2 cm；花瓣相似于中萼片而较小；唇瓣 3 裂；侧裂片近半圆形或方形，基部具 1 对肉质、全缘的半圆形胼胝体；中裂片卵形，长 5 mm，宽 2.5 mm；距圆锥形，长约 4 mm；蕊柱长约 5 mm。

▶**花 果 期**　花期 4—6 月，果期未知。

▶**分　　布**　海南（三亚市、陵水、保亭、乐东、儋州、琼中）、广西（资源）；缅甸、泰国、老挝、越南。

▶**生　　境**　生于海拔 1400 m 的沟边林缘、疏林中树干上和岩石上。

▶**用　　途**　观赏。

▶**致危因素**　生境破碎化或丧失、过度采集、自然种群过小。

云南火焰兰

Renanthera imschootiana Rolfe

国家重点保护级别	CITES 附录	IUCN 红色名录
二级	附录 II	极危（CR）

▶**形态特征**　附生植物。茎长达 1 m，具 2 列叶且多数彼此紧靠。叶长圆形，长 6~8 cm，宽 1.3~2.5 cm，先端稍斜 2 圆裂。花序长达 1 m，具分枝，具多数花；中萼片黄色，近匙状倒披针形，长 2.4 cm，宽 5 mm；侧萼片斜椭圆状卵形，长 3 cm，宽 1 cm；花瓣黄色带红色斑点，狭匙形，长 2 cm，宽 4 mm；唇瓣 3 裂；侧裂片红色，三角形，长 3 mm，基部具 2 条上缘不整齐的膜质褶片；中裂片卵形，长 4.5 cm，宽 3 mm，深红色，基部具 3 个肉瘤状突起物；距黄色；蕊柱深红色。

▶**花　果　期**　花期 5 月，果期未知。

▶**分　　　布**　云南（元江）；越南。

▶**生　　　境**　生于海拔 500 m 以下的河谷林中树干上。

▶**用　　　途**　观赏。

▶**致危因素**　生境破碎化或丧失、过度采集、自然种群过小。

钻喙兰

（兰科　Orchidaceae）

Rhynchostylis retusa (L.) Blume

国家重点保护级别	CITES 附录	IUCN 红色名录
二级	附录 II	濒危（EN）

▶**形态特征**　附生植物。叶肉质，2 列，宽带状，长 20 ~ 40 cm，宽 2 ~ 4 cm，先端不等侧 2 圆裂。花序轴密生许多花；花白色而密布紫色斑点；中萼片椭圆形，长 7 ~ 11 mm，宽 4.2 ~ 5 mm；侧萼片斜长圆形；花瓣狭长圆形，长 7 ~ 7.5 mm，宽 2.5 ~ 3 mm；唇瓣贴生于蕊柱足末端；后唇囊状，两侧压扁，长 6 ~ 8 mm，宽约 4 mm；前唇中部以上紫色，中部以下白色，长 8 ~ 10 mm，宽 5 ~ 6 mm；蕊柱圆柱形，长 4 mm，粗 2 mm；蕊柱足长约 2 mm。

▶**花 果 期**　花期 5—6 月，果期 5—7 月。

▶**分　　布**　贵州（兴义）、云南（金平、麻栗坡、屏边、勐腊、勐海、景洪、沧源、思茅、镇康）；亚洲热带地区，从斯里兰卡、印度到热带喜马拉雅经老挝、越南、柬埔寨、马来西亚至印度尼西亚、菲律宾。

▶**生　　境**　生于海拔 310 ~ 1400 m 的疏林中或林缘树干上。

▶**用　　途**　观赏。

▶**致危因素**　生境破碎化或丧失、过度采集、自然种群过小。

大花万代兰

（兰科　Orchidaceae）

Vanda coerulea Griff. ex Lindl.

国家重点保护级别	CITES 附录	IUCN 红色名录
二级	附录 II	濒危（EN）

▶**形态特征**　附生植物。茎粗壮，粗 1.2 ~ 1.5 cm。叶带状，长 17 ~ 18 cm，宽 1.7 ~ 2 cm，先端近斜截且具 2 ~ 3 个尖齿状的缺刻。花天蓝色；萼片相似于花瓣，宽倒卵形，长 3.5 ~ 5 cm，宽 2.5 ~ 3.5 cm；花瓣长 3 ~ 4 cm，宽 1.8 ~ 2.5 cm；唇瓣 3 裂；侧裂片白色，狭镰刀状，长约 4 mm；中裂片深蓝色，长 2 ~ 2.5 cm，宽 7 ~ 8 mm，基部具 1 对胼胝体，上面具 3 条纵向的脊突；距圆筒状，长 5 ~ 6 mm；蕊柱长约 6 mm。

▶**花 果 期**　花期 10—11 月，果期未知。

▶**分　　布**　云南（石屏、思茅、澜沧、镇康、富宁、勐腊、景洪、勐海）；越南、缅甸。

▶**生　　境**　生于海拔 1000 ~ 1600 m 的河岸或山地疏林中树干上。

▶**用　　途**　观赏。

▶**致危因素**　生境破碎化或丧失、过度采集、自然种群过小。

深圳香荚兰

（兰科　Orchidaceae）

Vanilla shenzhenica Z.J. Liu & S.C. Chen

国家重点保护级别	CITES 附录	IUCN 红色名录
二级	附录 II	

▶**形态特征**　草质攀缘藤本，长达 1～1.5 m。叶椭圆形，长 13～20 cm，宽 5.5～9.5 cm。总状花序具 4 朵花；花不完全开放，萼片与花瓣淡黄绿色，唇瓣紫红色而具黄色的刷状附属物；中萼片长圆形至狭卵形，长 4.5～4.75 cm，宽 1.6～1.8 cm；侧萼片椭圆形，长 4.6～4.8 cm，宽 1.8～1.9 cm；花瓣长圆形，长 4.6～4.8 cm，宽 2.6～2.8 cm；唇瓣成筒状，展开成宽倒卵形，长 4.4～4.6 cm，宽 3～3.2 cm，基部 3/4 与蕊柱边缘合生，不裂，边缘波状；唇盘中部以上具 1 个刷状附属物，前部具 2 褶片；蕊柱长 3.8～4.2 cm。

▶**花 果 期**　花期 8 月，果期未知。

▶**分　　布**　广东（深圳、佛山）、福建。

▶**生　　境**　生于海拔 300～400 m 的林中或岩石上。

▶**用　　途**　观赏。

▶**致危因素**　生境破碎化或丧失、过度采集、自然种群过小。

中文名索引

拉丁名索引

图片提供者名单表

中文名	图片提供者	张数	中文名	图片提供者	张数
拟花蔺 *	李剑武	2	粗茎贝母 *	牛洋	3
浮叶慈菇 *	林秦文	1	大金贝母 *	林东亮（标本照片）	2
长喙毛茛泽泻 *	喻勋林	2	米贝母 *	赵鑫磊	2
蕉木	郑希龙	2	梭砂贝母 *	赵鑫磊	3
文采木	李剑武	2	鄂北贝母	赵鑫磊	2
囊花马兜铃	谭运洪	3	高山贝母 *	张谢勇	2
金耳环	丁聪	2	湖北贝母	赵鑫磊	3
马蹄香	郭明	4	砂贝母 *	杨宗宗	2
莼菜 *	陈炳华	2	轮叶贝母 *	沐先运	2
夏蜡梅	胡一民	2	额敏贝母 *	杨宗宗	2
莲叶桐	苏凡	2	天目贝母 *	赵鑫磊	2
高雄茨藻 *	李健玲	3	伊贝母 *	林秦文	2
海菜花 *	姚小洪	3	甘肃贝母 *	赵鑫磊	2
龙舌草 *	陈炳华	2	华西贝母 *	赵鑫磊	2
贵州水车前 *	姚小洪	2	中华贝母 *	赵鑫磊	2
水菜花 *	姚小洪	2	太白贝母 *	赵鑫磊	2
凤山水车前 *	姚小洪	2	浙贝母 *	刘成、赵鑫磊	2
灌阳水车前 *	姚小洪	2	托里贝母 *	赵鑫磊	2
嵩明海菜花 *	陈进明	2	暗紫贝母 *	赵鑫磊	2
油樟	胡君	2	平贝母 *	林秦文	2
卵叶桂	李琳、李剑武	2	轮叶贝母 *	杨宗宗	2
茶果樟	李攀	2	瓦布贝母	赵鑫磊	2
天竺桂	胡一民	2	新疆贝母 *	亚吉东	2
孔药楠	刘金刚	4	裕民贝母 *	杨宗宗	2
润楠	李策宏	2	榆中贝母 *	李波卡	2
舟山新木姜子	陈炳华、田旗	2	秀丽百合 *	郑宝江	2
闽楠	陈炳华	2	绿花百合 *	易思荣	2
浙江楠	胡一民	2	乳头百合 *	吴之坤	2
细叶楠	张军	3	天山百合 *	李爱莉（线条图）	1
楠木	张金龙、安明态	2	青岛百合 *	刘冰	2
油丹	李泽贤、金效华	2	阿尔泰郁金香 *	钟鑫	2
皱皮油丹	袁浪兴	2	柔毛郁金香 *	杨宗宗	2
荞麦叶大百合 *	李剑武	2	毛蕊郁金香 *	杨宗宗	2
安徽贝母 *	赵鑫磊	2	异瓣郁金香 *	杨宗宗	2
川贝母 *	赵鑫磊	3	异叶郁金香 *	亚吉东、刘成	2

447

中文名	图片提供者	张数	中文名	图片提供者	张数
伊犁郁金香*	亚吉东	2	海南重楼*	纪运恒	2
迟花郁金香*	钟鑫	2	球药隔重楼*	纪运恒	4
垂蕾郁金香*	迟建才	2	长柱重楼*	纪运恒	2
新疆郁金香*	杨宗宗	2	李氏重楼*	纪运恒	6
塔城郁金香*	林秦文	2	禄劝花叶重楼*	纪运恒	5
四叶郁金香*	钟鑫	2	毛重楼*	纪运恒	4
天山郁金香*	杨宗宗	2	花叶重楼*	纪运恒	6
单花郁金香*	钟鑫	2	启良重楼	纪运恒	7
长蕊木兰	孙卫邦、郭世伟	3	黑籽重楼*	纪运恒	3
厚朴	孙卫邦	3	狭叶重楼*	纪运恒	7
长喙厚朴	孙卫邦、蔡磊	3	平伐重楼*	纪运恒	6
大叶木兰	孙卫邦、蔡磊	3	南重楼*	纪运恒	6
馨香玉兰（馨香木兰）	孙卫邦、蔡磊	3	西畴重楼*	纪运恒	7
鹅掌楸（马褂木）	孙卫邦、蔡磊	4	云龙重楼*	纪运恒	6
香木莲	孙卫邦、蔡磊	4	滇重楼*	纪运恒	4
大叶木莲	孙卫邦、刀志灵	3	风吹楠	李剑武	2
落叶木莲	孙卫邦	3	大叶风吹楠	李剑武	2
大果木莲	孙卫邦	3	云南风吹楠	李剑武	2
厚叶木莲	曾庆文	2	云南肉豆蔻	李剑武	2
毛果木莲	孙卫邦	3	雪白睡莲*	刘成	2
广东含笑	王瑞江、郭世伟	4	香花指甲兰	李剑武	2
香子含笑（香籽含笑）	李剑武	1	泰国金线兰*	李剑武	1
石碌含笑	杨科明	3	保亭金线兰*	田怀珍	3
峨眉含笑	李策宏	2	短唇金线兰*	叶超	2
圆叶天女花（圆叶玉兰）	张品、蔡磊	3	滇南金线兰*	李剑武	2
西康天女花（西康玉兰）	张品、郭世伟	3	灰岩开唇兰*	亚吉东	2
华盖木	孙卫邦、郭世伟	2	滇越金线兰*	吴敏	3
峨眉拟单性木兰	余道平	3	高金线兰*	蒋宏	2
云南拟单性木兰	孙卫邦、蒋宏	3	峨眉金线兰*	田怀珍	2
合果木	蔡磊	3	台湾银线兰*	钟诗文	2
焕镛木（单性木兰）	孙卫邦	2	海南开唇兰*	黄明忠、田怀珍	2
宝华玉兰	刘冰、于胜祥	3	恒春银线兰*	钟诗文	1
巴山重楼*	纪运恒	3	长片金线兰*	叶德平、田怀珍	2
高平重楼*	纪运恒	3	丽蕾金线兰*	蒋宏	2
七叶一支花	纪运恒	6	麻栗坡开唇兰*	谭运洪	2
凌云重楼*	纪运恒	2	墨脱金线兰*	金效华、田怀珍	2
金线重楼*	纪运恒	4	南丹开唇兰*	黄云峰	1
			南方金线兰*	郑丽香	2

续表

中文名	图片提供者	张数	中文名	图片提供者	张数
屏边金线兰 *	吴樟桦（扫描图）、李爱莉（修复）	1	峨眉春蕙	杨柏云	2
金线兰 *	李剑武	2	邱北冬蕙兰	金效华	2
兴仁金线兰 *	杨焱冰	2	薛氏兰	李东	2
浙江金线兰 *	李策宏	2	豆瓣兰	叶超	2
白及 *	李剑武、金效华	2	川西兰	朱仁彬	2
美花卷瓣兰	李剑武	2	墨兰	叶超、李剑武	2
独龙虾脊兰	李恒	2	果香兰	金效华	1
大黄花虾脊兰	胡一民	3	斑舌兰	张伟	2
独花兰	胡一民	3	莲瓣兰	金效华	1
大理铠兰	金效华	2	西藏虎头兰	李剑武	2
杜鹃兰	李剑武	2	文山红柱兰	叶德平	1
纹瓣兰	叶超、李剑武	2	滇南虎头兰	金效华、李剑武	2
椰香兰	黄明忠、周康	2	无苞杓兰	金效华、林东亮	2
保山兰	蒋宏	2	杓兰	金效华	1
垂花兰	金效华	2	褐花杓兰	郭明	3
莎叶兰	金效华	3	白唇杓兰	蔡杰	2
冬凤兰	金效华	2	大围山杓兰	李剑武	1
落叶兰	陈炳华	1	对叶杓兰	张洪强	2
福兰	李剑武	2	雅致杓兰	金效华、林东亮	1
独占春	金效华	2	毛瓣杓兰	易思荣	2
莎草兰	李剑武、金效华	2	华西杓兰	金效华	2
建兰	金效华、陈炳华	3	大叶杓兰	朱大海、郎楷永	2
长叶兰	金效华、李剑武	2	黄花杓兰	金效华	2
蕙兰	金效华	3	台湾杓兰	钟诗文	2
多花兰	叶超、李剑武	2	玉龙杓兰	Holger Perner	2
春兰	李剑武	2	毛杓兰	郭明	2
秋墨兰	刘寿柏	1	紫点杓兰	金效华、郭明	2
虎头兰	金效华	2	绿花杓兰	金效华	2
美花兰	黄明忠	2	高山杓兰	金效华	2
黄蝉兰	李剑武、金效华	2	扇脉杓兰	郭明、叶超	2
寒兰	施晓春、金效华	2	长瓣杓兰	向振勇	1
碧玉兰	金效华、李剑武	2	丽江杓兰	金效华	2
大根兰	叶超、李剑武	2	波密杓兰	王翰臣	2
象牙白	李剑武	1	大花杓兰	金效华	2
硬叶兰	李剑武	2	麻栗坡杓兰	金效华	2
大雪兰	亚吉东	1	斑叶杓兰	金效华	2
珍珠矮	杨柏云	2	小花杓兰	Holger Perner	2

续表

中文名	图片提供者	张数	中文名	图片提供者	张数
巴郎山杓兰	Holger Perner、朱大海	2	叠鞘石斛 *	金效华、李剑武	2
宝岛杓兰	钟诗文	2	密花石斛 *	金效华	2
山西杓兰	沐先运	2	齿瓣石斛 *	金效华、叶超	2
四川杓兰	王俊杰	1	黄花石斛 *	金效华、叶德平	2
暖地杓兰	金效华、王翰臣	2	反瓣石斛 *	叶德平	2
太白杓兰	郭明	2	燕石斛 *	钟诗文	2
西藏杓兰	金效华	2	景洪石斛 *	金效华、李剑武	2
宽口杓兰	林东亮	2	串珠石斛 *	金效华、叶德平	2
乌蒙杓兰	蒋宏	2	梵净山石斛 *	金效华	2
东北杓兰	李东、穆立薇	2	单叶厚唇兰 *	周宁	2
云南杓兰	金效华	2	流苏石斛 *	金效华、叶超	2
茫荡丹霞兰	陈炳华	2	棒节石斛 *	金效华、叶德平	2
丹霞兰	金效华	2	曲茎石斛 *	金效华	1
江西丹霞兰	喻勋林	2	双花石斛 *	钟诗文	2
钩状石斛 *	李剑武	2	景东厚唇兰	李剑武	2
滇金石斛 *	李剑武	2	高黎贡厚唇兰 *	亚吉东	1
宽叶厚唇兰 *	叶德平、叶超	2	曲轴石斛 *	金效华、李剑武	2
狭叶金石斛 *	金效华	2	红花石斛 *	亚吉东	2
兜唇石斛 *	金效华、李剑武	2	杯鞘石斛 *	金效华、李剑武	2
矮石斛 *	金效华	2	海南石斛 *	金效华	2
双槽石斛 *	叶德平	2	细叶石斛 *	金效华、李剑武	2
长苏石斛 *	金效华、李剑武	2	苏瓣石斛 *	金效华、李剑武	2
红头金石斛 *	叶德平	2	河口石斛 *	蒋宏	3
短棒石斛 *	李剑武	2	河南石斛 *	金效华	2
翅萼石斛 *	金效华、李剑武	2	疏花石斛 *	金效华、李剑武	2
长爪石斛 *	钟诗文	1	重唇石斛 *	金效华、李剑武	2
毛鞘石斛 *	金效华	2	尖刀唇石斛 *	金效华、叶德平	2
束花石斛 *	李剑武、叶超	2	金耳石斛 *	金效华、王翰臣	2
线叶石斛 *	钟诗文	1	霍山石斛 *	金效华、胡一民	2
杓唇扁石斛 *	李剑武	2	小黄花石斛 *	金效华、李剑武	2
鼓槌石斛 *	李剑武	2	夹江石斛 *	蒋宏	2
金石斛 *	蒋宏	1	广东石斛 *	陈炳华	2
草石斛 *	金效华、叶德平	2	广坝石斛 *	黄明忠	2
同色金石斛 *	金效华	2	菱唇石斛 *	钟诗文	1
玫瑰石斛 *	金效华、李剑武	2	矩唇石斛 *	陈炳华	2
木石斛 *	金效华	3	聚石斛 *	金效华	2
晶帽石斛 *	金效华、李剑武	2	喇叭唇石斛 *	李剑武	1
			美花石斛 *	叶超	2

中文名	图片提供者	张数	中文名	图片提供者	张数
罗河石斛 *	金效华、陈炳华	2	长爪厚唇兰 *	李剑武	2
长距石斛 *	金效华、李剑武	2	三脊金石斛 *	金效华	1
罗氏石斛 *	陈炳华	2	翅梗石斛 *	金效华	2
吕宋石斛 *	钟诗文	2	二色金石斛 *	金效华	1
厚唇兰 *	李剑武、叶德平	2	王氏石斛 *	金效华	2
细茎石斛 *	金效华、陈炳华	2	大苞鞘石斛 *	李剑武	2
藏南石斛 *	许敏	2	高山石斛 *	李剑武、金效华	2
杓唇石斛 *	金效华、李剑武	2	黑毛石斛 *	李剑武、金效华	2
台湾厚唇兰 *	钟诗文	2	大花石斛 *	金效华	2
瑙蒙石斛 *	金效华	2	西畴石斛 *	亚吉东	1
石斛 *	金效华、李剑武	2	镇沅石斛 *	李剑武	2
铁皮石斛 *	胡一民	2	原天麻 *	李剑武	2
琉球石斛 *	钟诗文	2	天麻 *	金效华	2
少花石斛 *	金效华	2	手参 *	金效华、李剑武	2
小花石斛	亚吉东	2	西南手参 *	叶超、王翰臣	2
紫瓣石斛 *	金效华	2	血叶兰	李剑武、陈炳华	2
肿节石斛 *	金效华	2	卷萼兜兰	黄明忠	2
流苏金石斛 *	金效华	1	根茎兜兰	张伟、王苗苗	2
报春石斛 *	李剑武、叶德平	2	杏黄兜兰	李剑武、金效华	2
单葶草石斛 *	金效华、李剑武	2	小叶兜兰	叶超	2
独龙石斛 *	金效华、亚吉东	3	巨瓣兜兰	王苗苗	2
针叶石斛 *	金效华	2	红旗兜兰	王苗苗	1
双叶厚唇兰 *	叶德平、金效华	2	同色兜兰	李剑武、黄云峰	2
反唇石斛 *	李剑武	2	德氏兜兰	李剑武	1
竹枝石斛 *	金效华	2	长瓣兜兰	叶超	2
滇桂石斛 *	金效华	2	白花兜兰	叶超	2
士富金石斛 *	金效华	2	格力兜兰	李剑武、叶超	2
始兴石斛 *	李剑武、金效华	2	绿叶兜兰	钟鑫	2
华石斛 *	叶超	2	巧花兜兰	黄云峰	2
勐海石斛 *	李剑武	2	亨利兜兰	金效华、郭喜兵	2
小双花石斛 *	钟诗文	3	带叶兜兰	叶超	2
剑叶石斛 *	金效华、李剑武	2	波瓣兜兰	钟鑫	2
梳唇石斛 *	金效华、李剑武	2	麻栗坡兜兰	叶超	2
叉唇石斛 *	金效华、叶德平	2	硬叶兜兰	安明态、叶超	2
具槽石斛 *	李剑武	2	飘带兜兰	李剑武	2
刀叶石斛 *	李剑武	2	紫纹兜兰	李剑武、陈炳华	2
球花石斛 *	金效华、李剑武	2	白旗兜兰	李剑武	2
绿春石斛 *	金效华、李剑武	2	虎斑兜兰	金效华	2

中文名	图片提供者	张数	中文名	图片提供者	张数
天伦兜兰	钟鑫、金效华	2	大花独蒜兰	亚吉东	1
秀丽兜兰	金效华、王翰臣	2	毛唇独蒜兰	金效华	2
紫毛兜兰	李剑武、金效华	3	江西独蒜兰	李家美	2
彩云兜兰	金效华、黄云峰	2	矮小独蒜兰	张伟	2
文山兜兰	金效华、李剑武	2	卡氏独蒜兰	亚吉东	2
海南鹤顶兰	黄明忠	3	四川独蒜兰	金效华	1
文山鹤顶兰	金效华、叶德平	2	秋花独蒜兰	金效华	2
罗氏蝴蝶兰	李剑武、叶德平	2	小叶独蒜兰	吴沙沙	1
麻栗坡蝴蝶兰	李剑武	2	美丽独蒜兰	黄云峰、张伟	2
华西蝴蝶兰	李剑武	2	疣鞘独蒜兰	李剑武、金效华	3
象鼻兰	王翰臣、胡一民	2	岩生独蒜兰	金效华	2
保山独蒜兰	张伟	1	二叶独蒜兰	金效华	3
猫儿山独蒜兰	张伟	1	云南独蒜兰	金效华	1
大理独蒜兰	金效华	1	中华火焰兰	李剑武、叶德平	2
白花独蒜兰	亚吉东	2	火焰兰	金效华	1
藏南独蒜兰	金效华	2	云南火焰兰	李剑武	1
艳花独蒜兰	金效华	1	钻喙兰	李剑武	2
长颈独蒜兰	刘平（线条图）	1	大花万代兰	李剑武	2
独蒜兰	刘晓娟	1	深圳香荚兰	陈炳华	2
陈氏独蒜兰	李剑武	1	冰沼草 *	刘冰	2
芳香独蒜兰	吴沙沙	1	地枫皮	林祁、许为斌	2
台湾独蒜兰	陈炳华	2	大果五味子	林祁，李剑武	2
黄花独蒜兰	施晓春	2	芒苞草	刘成	2